大图数据管理与分析

王宏志　祝园园　编著

电子工业出版社
Publishing House of Electronics Industry
北京·BEIJING

内 容 简 介

图不仅被当成建模工具使用，而且是一种应用广泛的数据结构。如何高效地管理和挖掘大图数据成为具有挑战性的问题。本书将面向大图数据介绍与大图数据的管理、分析相关的理论和技术，特别是最新的研究成果。

本书第 1 章对大图数据的基本概念进行简要介绍，为读者奠定大图数据管理与分析方面的理论基础；第 2 章介绍图的结构与表征，使读者有效定义图模型；第 3～8 章对图计算系统、图相似与图查询、子图挖掘、图聚类、图中的异常检测和图缩减进行深入探讨，以期为读者提供全面的大图数据管理与分析知识。

本书以实用性为导向，通过教科书式的体例安排，对大图数据管理与分析进行全方位的解构，兼顾理论与实践、基础与前沿，适合作为高等学校"数据科学与大数据技术"专业的核心课程教材，也可供相关技术人员参考。

图书在版编目（CIP）数据

大图数据管理与分析 / 王宏志，祝园园编著. — 北京：电子工业出版社，2023.12
ISBN 978-7-121-42633-9

Ⅰ．①大⋯　Ⅱ．①王⋯　②祝⋯　Ⅲ．①数字图像处理－研究　Ⅳ．①TN911.73

中国版本图书馆 CIP 数据核字（2022）第 015177 号

责任编辑：刘　瑀
印　　刷：三河市双峰印刷装订有限公司
装　　订：三河市双峰印刷装订有限公司
出版发行：电子工业出版社
　　　　　北京市海淀区万寿路 173 信箱　邮编：100036
开　　本：787×1 092　1/16　印张：13　字数：291 千字
版　　次：2023 年 12 月第 1 版
印　　次：2023 年 12 月第 1 次印刷
定　　价：66.00 元

前　言

当前，大图数据在社交网络、生物信息、智慧城市等多个领域广泛存在，其价值和应用也得到了许多数据拥有者的重视。这些应用中的大图数据具有局部特征多样性、关联数据复杂性、拓扑结构时变性等鲜明特征，带来了自适应存储难、计算复杂度高、查询结果失效快等问题。目前，大图数据管理已经成为数据库和数据挖掘领域的热点问题之一，也得到了工业界的广泛关注。

本书第 1 章对大图数据的基本概念进行简要介绍，为读者奠定大图数据管理与分析方面的理论基础；第 2 章介绍图的结构与表征，使读者有效定义图模型；第 3～8 章对图计算系统、图相似与图查询、子图挖掘、图聚类、图中的异常检测和图缩减进行深入探讨，以期为读者提供全面的大图数据管理与分析知识。

本书对大图数据管理与分析的理论与技术进行系统、完整的介绍，内容由浅入深、层层递进，全书结构清晰、图文并茂、案例丰富。与国内外同类图书对比，本书以实用性为导向，通过教科书式的体例安排，对大图数据管理与分析进行全方位的解构，兼顾理论与实践、基础与前沿，适合作为高等学校"数据科学与大数据技术"专业的核心课程教材，也可供相关技术人员参考。

本书能够帮助读者理解大图数据管理与分析的基本概念、基本理论、关键技术、实用平台和前沿技术，具有一定的可参考性、可操作性和可读性。本书为读者应对大图管理与分析的挑战提供了必要的理论和实践参考。本书在每章内容中加入了大图管理与分析领域前沿的学术研究成果概述，不但可让读者掌握大图数据管理与分析各个模块的基础知识，而且对读者从事该方面的研究有一定的指导作用。

由于编写时间有限，书中难免有错误之处，请读者批评指正。

作　者

目　　录

第 1 章　大图数据概述

1.1　引　言

1.1.1　什么是图

随着高通量生物实验、全球定位系统、社交平台、知识抽取等现代化数据采集和生成技术的飞速发展，各领域内积累了大量可以用图表示的数据，即图数据，如蛋白质交互网络、道路网络、社交网络、知识图谱等，使图数据成为信息化和智能化社会的基石之一。例如，图 1.1～图 1.3 分别表示了知识图谱，社交网络，某蛋白质交互网络的部分信息。

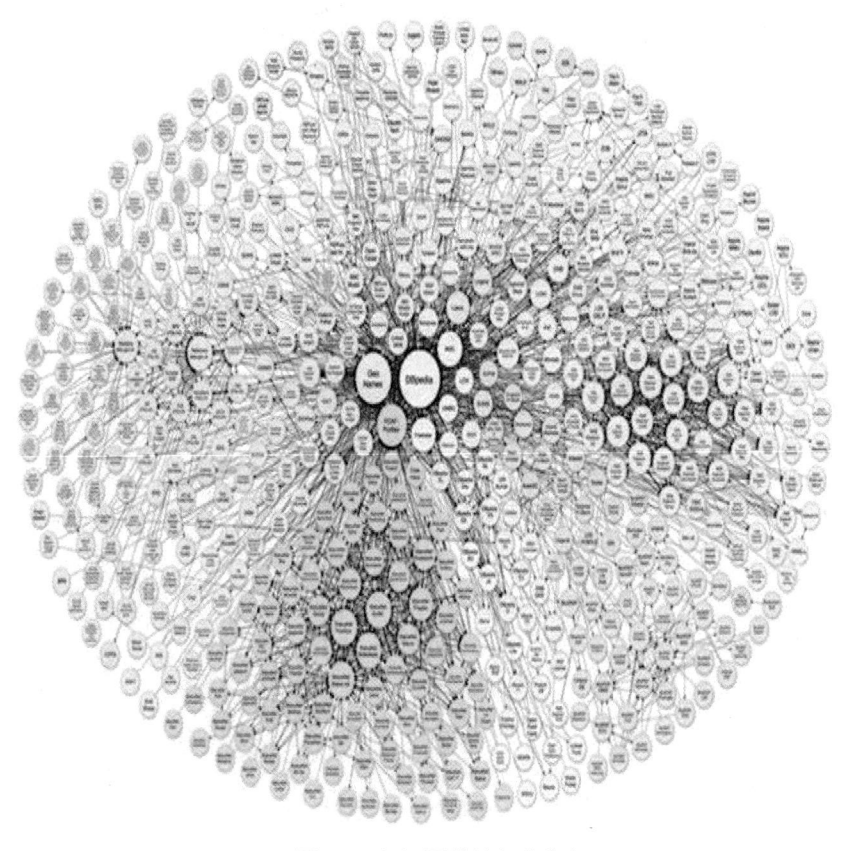

图 1.1　知识图谱的部分信息

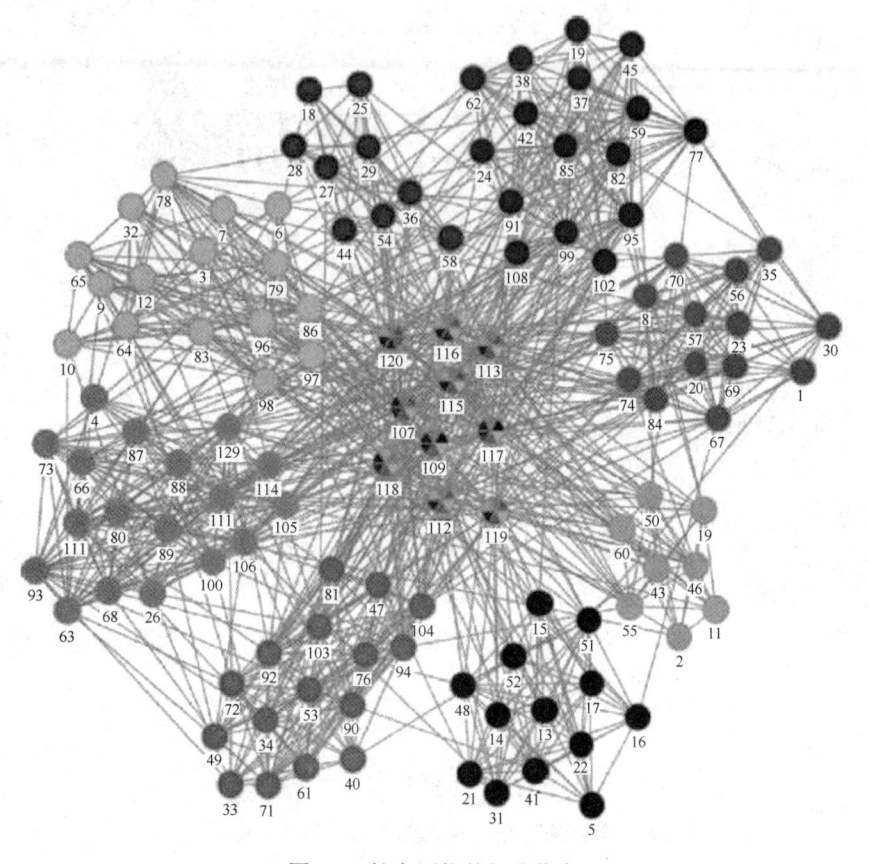

图 1.2　社交网络的部分信息

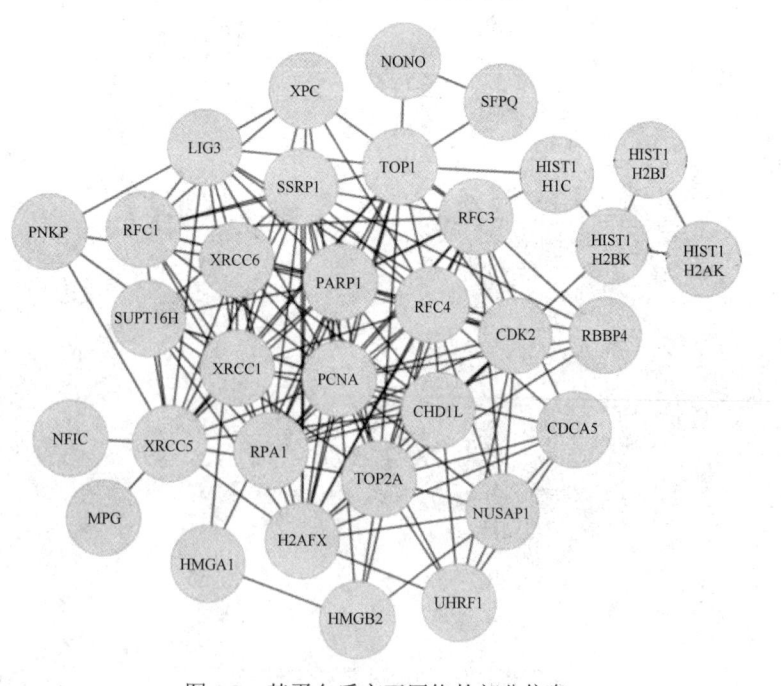

图 1.3　某蛋白质交互网络的部分信息

各应用领域中的图数据普遍具有三个特点：

其一，规模巨大。例如，全球流行的社交网络 Facebook 在 2023 年 1 月的月活跃用户数量为 29.63 亿；2014 年发布的维基百科知识图谱 DBpedia 具有近 30 亿条边；2020年 Google 知识图谱中的实体数量达到近 50 亿。

其二，结构复杂。图数据通常具有复杂的结构，可以表示多种对象类型，同时对象之间的交互关系也是多样化的。边是否有向，边是否有权重，图是同构图还是异构图，属性图还是纯拓扑图，这些都为图数据带来了复杂的结构，使图在应用中具有不同的表现形式。

其三，变化频繁。随着图数据的不断产生和发展，对图数据及其工作负载的更新也愈发频繁。例如，阿里巴巴应用巨大的日交易量使得其用户图每天都在发生着巨大的变化；到 2023 年 9 月，Facebook 个人实体的数量已增加至 2020 年 5 月数量的近 20 倍。当前主流的智能音箱通过知识图谱来回答用户提出的各种问题，随着热点的不同，用户提出的问题不断变化，知识图谱查询负载也随之不断变化。

以图数据为核心的大量应用，如社交网络分析、知识图谱、推荐系统等对图数据的有效管理与分析提出了迫切的需求，图数据管理与分析技术也成为数据库和数据挖掘领域的热点问题之一。

1.1.2　图的基本概念

直观来讲，图是一个由顶点及顶点间的连接边组成的数据集合。形式化地，一个图可以表示为 $G=(V(G),E(G))$，其中 $V(G)$ 表示顶点的集合，简称顶点集，$E(G)\subseteq V(G)\times V(G)$ 表示边的集合，简称边集。对于任意的两个顶点 $u,v\in V$，如果存在一条边将它们连接，则该边可以标记为 (u,v)，且 $(u,v)\in E$。当且仅当 (u,v) 是图的边时，称顶点 v 和 u 是邻接的，也称为关联的。

如果图的每条边都有方向，那么图称为有向图。相反，边没有方向的图称为无向图。在图中，若任意两个顶点之间只有一条边（在有向图中，两个顶点之间每个方向上只有一条边）且边集中不含环，则该图称为简单图。

图论涉及的概念有很多，其相关内容可以参考专业的图论教材和专著，如《图论导引》等，本节将对其中的部分重要概念进行介绍。

1. 常用的图的基本概念

在图的相关知识中，一些常用的基本概念如下。

- 度（Degree）：一个顶点的度指与该顶点相关联的边的条数，顶点 v 的度记作 $d(v)$。
- 入度（In-Degree）和出度（Out-Degree）：对于有向图而言，一个顶点的度可细分为入度和出度。一个顶点的入度指与其关联的各边之中以其为终点的边数；出度则是相对的概念，指以该顶点为起点的边数。
- 阶（Order）：图 G 中顶点集 V 的大小称为图 G 的阶。

- 无向边：若从顶点 u 到 v 的边没有方向，则这条边称为无向边，用无序偶对 (u,v) 表示。如果图中任意两个顶点之间的边都是无向的，那么该图称为无向图。

- 有向边：若从顶点 u 到 v 的边有方向，则这条边称为有向边，也称为弧，用有序偶对 (u, v) 表示，u 称为弧尾，v 称为弧头。如果图中任意两个顶点之间的边都是有向边，那么该图为有向图。

- 权重(Weight)：在一些应用中，要为图的每条边赋予一个表示大小的值，这个值就称为权重。例如，从城市 A 到城市 B 存在一条公路，可以用权重表示这条公路的长度。

- 自环(Loop)：若一条边的两个顶点为同一顶点，则称此边为自环。

- 路径(Path)：路径是由顶点和边构成的一个序列 $v_0,e_1,v_1,e_2,v_2,\cdots,e_k,v_k$，其中 e_i 的顶点为 v_{i-1} 及 v_i，k 为路径的长度。若一条路径的起止顶点相同，则该路径是"闭"的；反之，则是"开"的。

- 行迹(Trace)：若从 u 到 v 的一条路径 $P(u,v)$ 中的边各不相同，则该路径称为从 u 到 v 的一条行迹。

- 轨道(Track)：若从 u 到 v 的一条路径 $P(u,v)$ 中的顶点各不相同，则该路径称为从 u 到 v 的一条轨道。"闭"的行迹称为回路(Circuit)，"闭"的轨道称为圈(Cycle)。

- 子图(Sub-Graph)：对于图 $G'=(V',E')$ 和图 $G=(V,E)$，若 V' 包含于 V, E' 包含于 E, 即图 G' 的顶点集和边集是图 G 顶点集和边集的子集，则 G' 称为图 G 的子图。每个图都是自身的子图。

- 生成子图(Spanning Sub-Graph)：若图 G' 是图 G 的子图，且它们的顶点集相同，即 $V(G') = V(G)$，则称 G' 是 G 的生成子图。

- 生成树：若图 G' 是图 G 的子图，且它们的顶点集相同，并且 G' 是没有环路的无向连通图，则称 G' 是 G 的一棵生成树。

- 导出子图(Induced Sub-Graph)：对于 V 的非空子集 V_1，以 V_1 为顶点集，以 V_1 中所有顶点对间的边为边集的子图，称为 V_1 的导出子图；对 E 的非空子集 E_1，以 E_1 为边集，以 E_1 中边关联的所有顶点为顶点集的 G 的子图，称为 E_1 的导出子图。

- 二分图：若图 G 的顶点集被分为两个子集，而且每条边都是由从一个子集中的顶点到另一个子集中的顶点连接而成的，则称图 G 为二分图。

- 简单图：在图中，若不存在顶点到自身的边，且同一条边不重复出现，则该图称为简单图。

- 无向完全图：在无向图中，若任意两个顶点之间都存在边，则该图称为无向完全图。含有 n 个顶点的无向完全图有 $n(n-1)/2$ 条边。

- 有向完全图：在有向图中，若任意两个顶点之间都存在方向相反的两条弧，则该图称为有向完全图。含有 n 个顶点的有向完全图有 $n(n-1)$ 条边。

- 网络：若图中的边都有权重，则该图称为网络。

2．连通性

在无向图 G 中，若存在一个顶点序列 $v_p, v_1, v_2, \cdots, v_m, v_q$，使得 $(v_p, v_1), (v_1, v_2), \cdots, (v_m, v_q)$ 均属于 $E(G)$，则称从顶点 v_p 到顶点 v_q 存在一条路径。有向图也有路径，由 $E(G)$ 中的有向边组成。路径上的边或弧的数量称为路径长度。起点 v_p 和终点 v_q 相同的路径称为环路或回路。若一条路径上除起点 v_p 和终点 v_q 重合外，其余顶点均不相同，则此路径称为一条简单路径(Simple Path)。起点 v_p 和终点 v_q 重合的简单路径称为简单回路或简单环。

在无向图 G 中，若从顶点 v_i 到顶点 v_j 有路径(当然此时无向图从 v_j 到 v_i 也一定有路径)，则称 v_i 和 v_j 是连通的。若在无向图 G 中，任意两个不同的顶点 v_i 和 v_j 都连通，则称无向图 G 为连通图。若有向图 G 中任意两个不同的顶点 v_i 和 v_j，均存在从 v_i 到 v_j 的路径和从 v_j 到 v_i 的路径，则称有向图 G 是强连通图。

连通分量：图 G 的连通分量是其最大的连通子图，如果一个连通分量没有边，那么它是平凡的；否则它就是非平凡的。

有向图中的极大强连通子图称为有向图的强连通分量。

在图中，若存在一个经过每条边恰好一次而顶点可以重复的环，则此环称为欧拉回路，此图称为欧拉图。

在图中，若存在从某个顶点出发，经过每个顶点一次的环，则此环称为哈密尔顿回路，此图称为哈密尔顿图。

3．顶点中心性

中心性指标可用于衡量图中顶点的重要程度。其应用包括识别社交网络中最有影响力的人，互联网或城市网络中的关键基础设施顶点及疾病的超级传播者等。中心性概念起源于社交网络分析中，许多用于衡量中心性的术语反映了它们的社会学渊源。

中心性指标用于回答"哪些因素刻画重要顶点"。图中顶点的实值函数可以给出答案，其中函数值会根据顶点的重要性给出排名。"重要性"一词具有多种含义，以致产生了许多不同的"中心性"定义。目前主要有两种"中心性"分类方案。一是可以根据网络中的流或传输类型来定义"重要性"，这样就可以根据流类型的"重要性"对"中心性"进行分类。二是"重要性"可以被认为是参与网络的密集程度。这样就可以根据衡量中心度内聚的方式对其进行分类。

不同的顶点中心性概念如下。

- 度中心性(Degree Centrality)：刻画顶点中心性的最直接度量指标。一个顶点的度越大，意味着该顶点的度中心性越高，该顶点在网络中就越重要。
- 接近中心性(Closeness Centrality)：反映在网络中某一顶点与其他顶点之间的接近程度。一个顶点到其他所有顶点的最短路径的累加距离的倒数表示接近中心性。即对于一个顶点来说，它距离其他顶点越近，那么它的接近性中心性越高。

- 中介中心性/中间中心性（Between Centrality）：以经过某个顶点的最短路径数量刻画顶点重要性的指标，即一个顶点在其他任意两个顶点之间最短路径上的次数。次数越多，它的中介中心性就越高。
- 特征向量中心性（Eigenvector Centrality）：一个顶点的重要性既取决于其该顶点的度，又取决于其邻居顶点的重要性。特征向量中心性与度中心性不同，某顶点的度中心性高不代表特征向量中心性也高，因为其所有邻居的特征向量中心性可能很低。同理，某顶点的特征向量中心性高也不代表度中心性高，因为拥有很少但很重要的邻居的顶点也可以拥有高特征向量中心性。

1.1.3　图的存储

对图数据采用合理的存储模型和存储结构，是图数据管理与分析的重要基础。传统方法使用邻接矩阵、十字链表等数据结构对图进行存储。然而随着图规模的增大，这些数据结构无法再高效地存储和管理大规模图数据。同时，传统的关系型数据库在存储和管理大规模图数据上的性能有待提高。

为了更好地表达如社交网络等密集关联的网状模型中的关系结构，同时提高查询效率，近年来图数据库逐渐得到重视并快速发展。

图数据库以图论作为理论基础，以图模型为特点进行数据存储。图数据库的主流图模型包括 RDF 和属性图。

RDF 即资源描述框架，是由 W3C 制定的用于描述实体和资源的标准数据模型。RDF 是专为存储三元组形式的数据而设计的专用数据库，通过六重索引（SPO、SOP、PSO、POS、OSP、OPS）的方式解决了三元组搜索的效率问题。RDF 最大的优点在于语义表达能力强，能够实现互通性和标准化。但同时，RDF 的缺点也很明显，六重索引带来了 6 倍的空间开销，同时也增大了更新维护的代价。

属性图模型一般可以表达为四元组，即 $G = (V, E, P, T)$，包含顶点集 V、关系（边）集 E、属性集 P、标签集 T。其中顶点用于表示图中的实体信息，可以包含一个或多个属性，顶点之间使用关系建立连接。关系用于连接顶点，可以有一个或多个属性，顶点之间可以有多个或递归的关系。属性是命名值，其中名称（键）一般是字符串，属性可以被约束和索引，可以从多个属性创建复合索引。标签用于对顶点进行分组，一个顶点可以有多个标签，可以对标签进行索引以提高查询效率。

在选择图数据存储的指标时，需要考虑数据存储支持、数据操作和管理方式、支持的图结构、实体和关系表示及查询机制几方面。常见的图数据库有 Neo4j、JanusGraph 等。

Neo4j 为原生图数据库，可提供原生的图数据存储、处理和检索，其原生图存储层使用了"无索引邻接"，该方法的特性是每个顶点维护指向它的邻接顶点的直接引用，每个顶点可以看作它的邻接顶点的一个"局部索引"。Neo4j 将属性图的顶点、边、属性和标签保存在不同的存储文件中，通过分离存储方案，提高存储和访问效率。而 JanusGraph 为非原生图数据库，即在底层数据存储的实现上不是直接采用图模型，而是在此之上对图进行封装。其存储端采用了基于 Google Bigtable 的 KCV 的数据模式。它的存储方案中包含两种图划分方法：按边划分和按顶点划分。在默认模式下，JanusGraph 采用按边划分的方式来进行图划分存储。

图的存储相关技术将在第 2 章和第 3 章详细介绍。

1.1.4　大图数据

传统的图数据管理与分析技术通常针对彼此独立的"小图"分别进行处理，尽管图的数量可能较多，但通常不需要复杂的迭代过程，也不会产生大量的信息，算法的时间和空间开销一般较低。但是，真实世界中实体规模的扩张，导致相应图模型的数据规模迅速增长，动辄有数十亿个顶点和上万亿条边，而这些数量庞大的顶点和边构成的结构信息只是大图数据的"冰山一角"。复杂应用中的图数据为了表达复杂的语义，在顶点和边上往往会附带各类属性信息，这些属性信息内容丰富，需要大量的存储空间。而且，相比于基于属性的简单查询和搜索，大图数据上的统计分析算法往往需要基于图的结构进行循环和递归操作，直至达到收敛的条件，因此需要频繁处理并行迭代过程中由于通信交互产生的信息数据等中间结果。此外，除了静态的结构和属性信息，很多情况下大图数据是动态变化的，如时序图、动态图等，这种动态变化随着某种特定的属性，不断改变着大图数据的规模和结构，因此需要对这些变化过程进行详细的记录。面对大规模的静态和动态图数据，其存储、索引、查找和分析等处理的时间开销和空间开销远远超出了传统集中式图数据管理的承受能力，因此如何开发大图数据的分布式存储技术、查询处理与优化技术、挖掘和分析技术、系统的执行保证技术，已经成为数据库领域急需解决的问题，也是一项极具挑战性的工作。

随着研究的不断深入，研究者们已经不满足于仅通过传统的方法探讨基本的图数据管理与分析问题，一些新兴的研究热点也在不断涌现，如图查询语言、基于新硬件的图处理等。对于这些研究方向，虽然早期也有一些相关的探讨，但随着计算机软硬件的不断发展，如何利用更准确、高效的方法来解决这些问题，为大图管理与分析工作带来了新的机遇与挑战。

1.1.5　图与分布式计算

如今，分布式计算是一种流行的大数据计算模式。分布式计算在处理大图数据时，时常需要将图切割成多个子图，再分配到各个集群中的机器上进行处理计算。

图划分是大图数据分布式计算的关键因素。图划分的质量会影响分布式计算的通信复杂度，从而影响计算的整体性能。因此，提高图划分质量是优化分布式计算效率的重要环节。在大图中，某些特定的结构往往蕴含着十分重要的信息。因此，在图划分过程中，需要尽可能保留这样的子结构，以便保留重要信息的完整性，提高分析的质量。

对于图数据处理的需求，使得人们开始研究专门用于分布式图数据计算的框架、引擎和系统。其中既有诸如 Giraph 这样基于原有的 MapReduce 框架改进的图计算框架，也有 PowerLyra、EmptyHeaded、Chaos 这样专门针对图数据计算而设计的计算引擎和系统。

大图处理的相关技术将在第 3 章中详细介绍。

1.2 图数据管理与分析中的相关研究问题

本节将讨论图数据管理与分析中的相关研究问题，图数据管理与分析涉及的研究范围比较广，研究的问题众多，本节仅集中于图查询、图匹配、图的社区检测、图模式挖掘、图中的最短路径问题。

1.2.1 图查询

图查询主要解决如何在一个庞大的图中寻找到感兴趣的信息的问题，是图数据管理系统与图计算引擎的核心问题，也是支撑海量图数据得到高效应用的关键技术。经典的图查询问题有子图匹配和路径查询等，它们在社交网络、生物医药和金融风控等领域都有着重要的应用。图查询中关注的问题包括查询语言和查询处理算法。

由于图数据库和传统数据库存在区别，面向图数据库的查询语言有别于传统的数据库查询语言。此外，由于早期的图数据库通常采用多种不同的模型，因此大部分图数据库都使用自己专有的查询语言。近年来，图数据库厂商和研究者开始致力于推动开源标准以实现查询语言的交叉支持，如 G-core 研究、SQL/PGQ 项目等，都致力于为图查询语言的标准化统一制定方案。目前最常见的图查询语言包括 Gremlin、Cypher、G-SQL、GraphQL、PGQL 等。

本书将在第 4.3 节图查询算法中将详细讨论常见的子图查询处理算法，如最大 Top-k 子图查询算法、动态子图的最短路径搜索算法、异常子图检测算法；以及一般的图查询算法，包括图语义的邻接搜索算法、海量图数据分治 DFS 算法。同时第 4 章还将介绍一些工业界和学术界开发的图查询处理系统，如 NOUS、PhLeGra、Lusail 及 SPARQL 等。

1.2.2 图匹配

图匹配(Graph Matching)是指在两个或多个图之间寻找一种映射关系，使得它们之间的结构相似度最大。图匹配通常分为以下两种类型。

- 图同构(Graph Isomorphism)：给定两个图 G 和 H，寻找一种顶点和边的映射方式，使得 G 和 H 完全相同。
- 子图同构(Subgraph Isomorphism)：给定两个图 G 和 H，寻找 G 中是否存在一个

子图与 H 完全相同。

其中，子图同构是图匹配中较为常见的问题。在子图同构问题中，通常需要对大量数据进行匹配，因此需要设计高效的算法来解决。除了子图同构和图同构，还有其他一些图匹配的问题，如图同构下的最大匹配问题、近似图匹配问题等。

图匹配的应用十分广泛。例如，在生物信息学中，图匹配可以用于蛋白质交互网络比对，帮助人们确定两个蛋白质交互网络是否具有相似的功能成分。在社交网络分析中，图匹配可以帮助系统识别不同的社交网络之间的相似性。在推荐系统中，图匹配可以帮助系统找到和某用户兴趣相似的其他用户，以便推荐相应的内容。在化学分析中，图匹配可以用于分子结构比对、化合物识别等任务。在药物研制中，图匹配可以帮助系统确定不同分子之间的结构相似性，以便进行更好的药物设计和发现。

本书在第 4 章中将详细讨论图匹配经典算法和前沿算法，详细介绍它们的具体思路和流程，包括乌尔曼算法、DELTACON 图相似度函数，以及一些启发式算法如 Isorank、Proper 等。

1.2.3　图的社区检测

图的社区检测又称为社区发现，是用来揭示网络聚集行为的一种方法。其中社区可以理解为一类具有相同特性的顶点的集合，因此可以把社区检测看成是一种网络聚类算法。社区检测算法用于评估顶点如何聚类或分区，以及它们增强或分离的趋势。在分析社交网络时，其中的社区十分重要。例如，社区检测可以发现具有共同兴趣的人并保持他们紧密联系，还可用于机器学习中，以检测具有相似属性的组，并进行提取。社区检测又可用于发现社交网络或股票市场中的操纵群体。

社区检测通常可以分为以下两种不同的类别：

- 社区发现，即在一个图中发现所有的社区，同时社区发现也包括可重叠社区发现和非重叠社区发现；
- 社区搜索，即搜索包含某些点的社区。某些情况下，社区的定义也会对社区检测的方法产生影响，比如一些情况下社区的定义会牵涉到属性。

1.2.4　图模式挖掘

图模式挖掘(GPM)算法是图算法中重要的组成部分，这类算法的目标是在给定的图中挖掘感兴趣的图模式(Pattern)。

图模式挖掘算法包括子图匹配、频繁模式挖掘、频繁子图挖掘、三角形计数、k-clique 等。子图匹配(Subgraph Matching)的目的是在一个给定的大图里面找到与一个给定小图同构的子图，这是一种基本的图查询操作，意在发掘图重要的子结构。子图匹配算法适用于社交网络分析、生物信息学、交通运输、群体发现、异常检测等领域。频繁模式挖掘和频繁子图挖掘都致力于从图数据中发现频繁出现的模式、结构或子图，典型的算法有 Apriori、gSpan 等。k-clique 算法的目的是从图中找到预设大小的小集团(Clique),可以用于密集子图挖掘。本书第 5 章将详细介绍和讨论这些算法。

1.2.5 图中的最短路径

最短路径问题是图论研究中的一个经典问题,旨在寻找图中两顶点之间的最短路径。问题具体的表现形式包括:

- 确定起点的最短路径问题:已知起点,求起点到图中其他所有顶点的最短路径的问题。
- 确定终点的最短路径问题:与确定起点的最短路径问题相反,该问题是已知终点,求其他所有顶点到该点的最短路径的问题。在无向图中,该问题与确定起点的问题完全等同,在有向图中,该问题等同于把所有路径方向反转的确定起点的问题。
- 确定起点、终点的最短路径问题:即已知起点和终点,求两顶点之间的最短路径。

Dijkstra 算法是典型的最短路径算法,用于计算一个顶点到其他所有顶点的最短路径。主要思想是以起点为中心向外逐步扩展,直到扩展到终点为止。Dijkstra 算法能得出最短路径的最优解,但由于它遍历计算的顶点很多,所以效率低。

Floyd-Warshall 算法是一种在边具有权重的加权图中找到最短路径的算法,采用动态规划思想找到所有顶点对之间的最短路径的长度。虽然它不返回路径本身的细节,但是可以通过对算法的简单修改来重建路径。

1.3 发展趋势与展望

目前,随着应用领域的飞速发展和数据的不断增加,图数据逐渐呈现如下特性。

1. 异质性

图中的顶点和边的类型呈现多样化的特点。例如,社交网络中的顶点可以代表用户、地点或事件等,边可以表示用户好友关系或转发、评论关系等;在线购物网站中的顶点可以代表食物、衣服、电器等不同类型的产品,边可以表示产品间的包含关系或等价关系;知识图谱中的顶点可以代表概念、实例、数值等,边可以表示顶点间的子类、共现、相似等关系。这种由多种类型的顶点和边组成的图称为异质图。在异质图中,只有同类型的顶点才可以匹配。

2. 大规模

图的规模呈爆炸性增长。例如,典型的蛋白质交互网络包含上万个顶点,随着研究对象从低等生物向高等生物转移,顶点数量将急剧增长至 30 万个;据报道,2020 年百度知识图谱拥有超 50 亿个实体（对应图中的点）和 5500 亿个事实（对应图中的边）；2023 年第三季度，新浪微博的月活跃用户数超过 6 亿。

3．动态变化

图数据频繁发生动态变化。例如，在在线商店里，商品信息会经常实时更新，包括商品信息的更改、旧商品下架和新商品上架；截至 2023 年 9 月底，新浪微博月度活跃用户同比净增约 2100 万，日均活跃用户同比净增约 800 万。

面对这些特性，图数据管理与分析存在大量需要进一步解决的挑战。

1.3.1　图数据管理与分析面临的挑战

尽管有大量的理论和技术被提出，图数据管理与分析仍然面临巨大挑战，本节将对相关挑战进行讨论。

1．大图数据查询处理和优化

大图数据占用的存储空间将越来越大，严重影响传统的基于内存的图数据查询处理技术。因此当前的一些工作对原始图数据进行压缩，然后将压缩的图数据放入内存中进行处理，但这种方法经常会产生不精确的查询结果。部分工作采用分布式环境来处理查询，该方法将大图数据分割为多部分，分别在不同的计算机内存中处理，但是图数据的高度耦合性和分布式系统高昂的通信代价，使得分布式图处理系统存在负载难以均衡、网络开销大、单点故障频发、难以实现和调试等问题，特别是在大规模分布式异构集群环境下，这些因素成为制约大图查询处理的性能瓶颈。

2．大图数据并行挖掘与分析

大部分针对大图数据的挖掘和分析算法是基于并行迭代模型的，而迭代计算依赖于图类型和算法特点，当前大多数算法中的迭代行为一般是静态的，缺乏对迭代过程状态变化规律的建模、分析和预测方法，也缺乏针对高频迭代计算过程中数据读写和交互的动态调整机制，大大制约了迭代数据分析的执行效率，这为大图分析带来了挑战。同时，在分布式环境下，面向动态图的挖掘和分析技术的研究刚刚起步，特别是针对高频多态迭代任务，数据更新驱动的增量数据概要维护技术和增量的迭代计算方法，尚需充分的重视和研究。

3．大图数据处理系统构建

现有的图数据处理的模型和存储技术主要支持简单图，尚不能有效地支持复杂图和超图等更为复杂的大图，因此无法胜任以复杂图、超图为基础的应用环境。在分布式环境下，目前的大图数据处理系统只使用单一模式的图划分，在具有多样性的图操作负载下，单一模式的图划分无法为所有操作提供良好的性能保证，严重制约了分布式图数据处理系统的可用性。以异构图划分为基础的图数据处理系统尚未开发，现有工作也缺乏对基于异构图划分的查询和分析操作的性能挖掘。而目前的大图数据处理系统的执行保障使用检查点技术或基于单一划分模式的备份技术为系统提供容错性，检查点技术的备份操作 I/O 开销巨大，严重影响系统的运行性能。而基于单一划分模式的备份技术无法在提供容错性的同时高效地支持多样的图计算任务。此外，基于单一划分的系统大幅限制了系统优化的空间，降低了系统潜在的最优性能；在某个划分负载巨大的情况下，单一划分模式可选的后备资源远远少于基于异构图划分的存储模式。

4. 大图数据自动管理

图数据结构复杂的特点使得其存储方式相比关系型数据更为复杂。例如，图数据的存储结构有很多，仅对于知识图谱这类特殊的图数据而言，其存储结构有基于关系型数据库的存储结构和基于原生图的存储结构，基于关系型数据库的存储结构又包含三元组表、水平表、属性表、垂直划分、六重索引、DB2RDF，基于原生图的存储结构有属性图和 RDF 图等。目前图数据存储结构和索引的选择通常交由数据库管理员（DBA）负责，而数据规模巨大的特点使得 DBA 难以掌握图的全貌，因此人工存储结构难以满足各种各样应用中大规模图数据的要求。当图数据或者其工作负载发生变化时，需要对图数据管理系统的存储结构进行适应性调整以保证系统的高效，这要求 DBA 能识别出图数据特征和工作负载的变化并及时调整存储结构，而图数据变化频繁的特点使得人工难以完成这个任务。

图数据结构复杂，使得在其上的查询语言也有着多样、复杂的特点，例如，知识图谱上的 SPARQL，社交网络上的 Cypher，推荐系统上的 Gremlin 等。而对这些查询语言进行优化存在着固有难度，例如，基于关系存储的 SPARQL 查询优化被证明是 NP 难问题。然而，当前的技术仅对某些特定场景有效，难以满足图数据管理系统对多种应用有效支持的要求。因此，人们亟需开发图数据的自动管理技术，基于图数据特征和工作负载实现存储结构的自动设计，依据数据特征和工作负载变化实现存储结构自动调整，以及实现图数据上查询的自动优化，来解决当前存在的问题，从而支撑图数据的多种应用。

5. 有效的图表示

从原始数据到正确的图表示的过程是一个成功的从数据到决策分析框架的构建过程。当过程正确执行时，图表示可捕捉到数据的基本特征，并将噪声和无关部分抽象化。

许多推理算法基于两个基本假设：

- 图已经构建好了；
- 构建的图已经包含对其进行分析所需特征的正确值。

但是在现实中通常只有带有噪声且来自不同来源的原始数据。此外，目前还没有明确的方法论来将这些数据转换为有用的图表示。当前的做法通常是临时聚合不同的图数据源，这使得在不同领域甚至在同一领域使用不同数据源进行比较变得困难。在大数据环境中，对图表示学习的严格方法的研究更加紧迫，因为与数据量和速度的挑战相比，多样性和真实性带来的挑战加剧了问题。

从原始数据构建高质量的图表示是一项具有挑战性的任务。通常，收集的数据代表了想要分析的真实关系的间接测量，例如，想要分析社交关系，但收集的是接近程度的信息。数据收集系统通常会引入许多噪声，如缺失或不相关的连接。此外，如何将不同的、潜在互补的数据源整合成一个统一的表示形式还不清楚。还有一项具有挑战性的任务与对图表示的定性特征的数学理解(或缺乏理解)有关。如果对此有很好的理解，就可以通过设计算法来正确地驱动数据，得到图的映射。实际上，没有确定的真实性，也没有共同认同的质量概念。

更重要的是，图表示的质量通常取决于学习任务的目标，并且对于相同的学习任务，多种图表示可能都是有用的。在这个问题设置中，一个非常需要的能力是利用多源、不完整、有噪声数据构建高质量的网络，并对网络组成部分(边、子图等)进行不确定性/置信度估计。其他的研究包括从在没有确定真值的情况下开发验证图表示质量的方法，到识别融合不同来源时有帮助的场景，再到为不同的图构建或图恢复技术提供性能保证。

6. 网络中多高阶依赖关系的表达

图数据的一项重要应用是从数据中构建网络表征，能使得数据中潜在的现象也被正确地捕捉和表示，传统的用原始数据构建网络的方式通常假设具有马尔可夫性质(一阶依赖)，仅考虑数据中的两两连接。也就是说，在这样的网络中，移动模拟(如车辆轨迹，转发、点击量等)只能遵循一阶概率分布，无法反映数据中可能存在的高阶依赖关系。这在应用基于网络中移动模拟的各种网络分析工具时可能导致不准确性，如应用聚类、PageRank、基于随机游走的各种链路预测方法等时。这时需要构建一个能够精确捕捉变化的和更高阶依赖的网络，来表达数据中的潜在现象，以捕捉数据中的变量和高阶依赖关系，并且允许存在变量阶数的依赖关系，而不是使用固定的高阶依赖，从而提高网络的紧凑性。

7. 可证明的网络感知增强

由于通常只能观察到部分生成网络数据的底层过程，因此，无论数据有多大，它都是不完整和嘈杂的。例如，当前的互联网地图被认为是不完整的且存在显著偏差。挑战在于能否在网络中提供可证明的增强感知能力。具体而言，就是针对不完整、嘈杂且可能存在偏差的网络，是否能够准确推断网络微观、中观和宏观层面上的属性，并基于这些推断，设计主动图探索/学习算法来进行图挖掘。亚线性算法和主动学习等算法可能是解决这个问题的途径。

8. 图数据的噪声处理

在处理网络数据时，重要的问题之一是如何处理噪声。噪声数据可能来自很多过程，包括收集错误(缺失边、假边等)、突变(如在某些生物网络中出现的突变)、实际但不重要/毫无意义的相互作用(即错误的电话号码)，以及顶点试图在网络中隐藏它们的相互作用(如在各种社交或网络安全应用中可能发生的情况)。噪声的存在使许多数据挖掘问题变得复杂。处理带有噪声数据的数据挖掘任务的一个例子是子图/网络模体检测问题。当考虑噪声时,子图检测变得尤为复杂。子图检测在许多领域都很重要。然而,考虑到噪声的存在,寻找精确的子图是没有意义的。相反,寻找"模糊"子图(允许向原始搜索查询、添加或删除少量顶点和边)通常会产生更有意义的结果。然而,仍然缺乏有效执行模糊子图检测的方法。开发噪声鲁棒的方法(用于子图检测和其他图挖掘问题)是一个重要的研究领域。

9. 适合大规模图数据的计算模型

该挑战在于开发和研究最适合大规模数据,特别是大规模图数据的计算模型。现代的计算范式,如流处理和 MapReduce,在开发可扩展到大规模的算法方面非常有用;这些范式现在已经相对成熟,人们对它们的局限性也有了深入理解。新兴的模型,如在机器学习领域受到关注的异步计算模型和参数服务器模型,对于许多新的问题来说很有前景;从理论和应用的角度来看,它们的能力和限制还有待进一步理解。研究这些模型在大规模图问题中的适用性变得非常重要。

10. 图的错误和敏感性分析

当前的大多数图分析算法都假设数据和知识是正确的,然而这种情况很少发生。人们对分析结果、对错误的敏感性了解甚少,对其产生的影响了解更少。图并不能完美地表示某些实际现象。在线社交网络中的"友谊"并不总是反映个人关系,也许基于隐私原因,数据可能被隐藏。计算也不能完美地对图进行分析,许多问题只能通过近似方法来适应时间或能量限制;许多代码存在微小的错误,如果某个问题在十亿条边中发生一次,不扫描全图的近似分析难以揭示它。其他科学计算领域已经建立了分析和处理对扰动敏感性的框架,图分析同样需要分析结果的错误和敏感性,并将其概括为实践者的经验法则。图分析任务类型多样,不同分析任务的错误和敏感性分析需要用不同的方法。全局平均属性(如图的聚类系数)通常对扰动不太敏感,但局部属性可能会受到其严重影响。实验表明,在各种图和边删除启发式算法中,可以忽略近四分之一的边,其最多对全局聚类系数产生 10%的影响。而在同样的范围内,局部聚类系数的向量在一范数相对差异上变化了 20%到 80%。对物理世界的测量或将物理世界的关系建模为图中边时产生的错误,其解释取决于图数据的来源。如果图是基于阈值产生的,比如在蛋白质相互作用的显著性测量中,单个阈值可能有助于定义整个图的模型。在犯罪网络分析中出现的离散交互网络将需要其他预测方法,预测图中两个没有边对象之间的相互关系仍然是一个当前热门的研究问题。

综上所述,了解图分析算法对错误和扰动的敏感性是使图分析成为一种可靠的科学计算方法的一步,和其他科学计算学科中错误分析的框架一样,图分析同样需要为数据科学家和数据分析结果应用者提供相同水平的支持,以增强对图分析结果的信心。

11. 网络传播分析

网络传播分析是图计算的重要应用，典型问题如：埃博拉病毒和流感如何在人群网络中传播？恶意软件如何传播？全国范围内如何发生停电？谣言如何在社交网络上传播？应该面向哪个群体进行市场营销以实现产品渗透的最大化？回答所有这些问题都涉及对复杂连接模式上的聚合动态的研究。网络上的动态过程可以产生引人注目的宏观行为，导致在多个领域中反复出现的基础研究问题。理解了这种传播过程，人们可以对用现实世界建模成图的对象进行操作以获得利益，例如，了解在图上的流行病传播动态有助于设计更合理的免疫政策。这些问题通常非常具有挑战性，因为它们涉及高影响力的现实应用及需要以原则性方式处理可扩展性和异构噪声数据等深层次的技术问题。解决这些问题的数据通常来自流行病学和公共卫生领域(包括模拟数据和真实数据)、社交媒体(推文、博客文章、电影评分)、网络安全(恶意软件数据库)、纸媒(报纸)等。此外，有前景的方法应当涉及学科交叉，涵盖从理论到算法(组合优化和随机优化)、从系统(异步计算)到机器学习/统计学(最小描述长度、图模型)和非线性动力学的概念和技术。

12. 资源受限的图挖掘

一个新兴的挑战是在资源有限的大规模网络数据上开发可扩展的挖掘技术。一方面，图挖掘任务(如子图模式发现)本质上是"昂贵"的，通常很难在理论上降低其复杂性。另一方面，新兴应用要求在有限的计算资源(响应时间、空间成本、能源限制等)下进行挖掘，例如，网络安全监控中的应用通常要求实时发现异常通信模式；在资源密集型应用中，需要进行有限资源下高准确性保证的大图挖掘。最近，关于资源有限和有预算约束的图搜索的研究需要探索图数据的有限部分以生成近似答案。

数据草图、摘要和压缩技术被应用于从原始图中生成和查询小型概要。这些方法的有效性和性能保证可能依赖于特定的查询类别、领域知识和数据属性。一个可能的未来研究方向是利用机器学习技术，在特定应用需求的基础上设计资源-准确性权衡的挖掘算法。这也可能促进支持云服务中大规模图分析的自适应挖掘工具的发展。

13. 紧密子图挖掘

尽管属性图上的紧密子图查询在多个领域内有着非常重要的应用，但是目前关于紧密子图的查询大多数只考虑图的拓扑结构，而且通常基于顶点驱动(Node-Driven)，即基于给定的顶点进行查询，无法处理关键词驱动(Keyword-Driven)的属性图上的紧密子图查询，严重制约了紧密子图查询在上述领域的有效应用。

目前，关键词驱动的紧密子图查询研究比较缺乏，需要准确定义关键词驱动的紧密子图语义模型，但关于紧密子图查询的研究大部分只考虑子图内部的结构紧凑性，没有考虑其内部属性相关性。面对大量应用领域中图数据的丰富属性信息，如何定义合理、有效的关键词驱动的紧密子图语义模型是研究者面临的首要挑战。研究者需要选取合适的角度和衡量因子，以准确反映顶点之间的结构紧凑性及属性相关性，同时需要设计高效的关键词驱动的紧密子图查询算法。一方面，图的超大规模给算法效率提出了新要求。早在 2017 年，Facebook 每月活跃用户数量已突破 20 亿，超过全球总人口的 1/4，其他社交网络如 YouTube、微信、Instagram 的用户数量也分别达到了 15 亿、8.89 亿、7 亿。另一方面，关键词驱动的紧密子图查询与现有的顶点驱动的紧密子图查询的本质不同，其难点在于每个关键词可被包含在多个顶点中，无从预知哪些顶点组合最终会被包含在紧密子图中，从而需要探索多种可能的关键词组合，计算复杂度更高。因此，如何设计高效的关键词驱动的紧密子图查询算法是研究者面临的重要挑战。

此外，需要高效地维护紧密子图查询结果的频繁动态更新。在许多应用领域中，图数据频繁动态变化。例如，在金融市场领域，市场图随着各个行业的发展和价格波动实时变化。面对图数据动态变化的特点，如何高效地维护查询结果的动态更新也是研究者面临的另一重要挑战。

14．异质大图处理

图数据的异质性给图处理研究带来如下新的挑战性问题。首先，定义异质图匹配语义模型，研究者需要选取合适的角度，设计有效的语义模型使其准确反映异质图中顶点的匹配关系，达到可计算性和语义表达能力之间的平衡。其次，需要面向异质图规模庞大的特性，设计有效的异质图匹配算法。需要选取合适的平台和计算方式，基于图匹配语义模型，设计快速有效的异质图匹配算法，兼顾算法的可扩展性和有效性。最后，面对异质图动态变化的特点，需要高效地实现异质图匹配结果的动态维护和更新。需要设计有效的索引结构和算法对图匹配进行动态更新，并满足应用领域的实时性要求。现有的研究主要针对静态同质图匹配，无法支持动态异质图匹配，且它们均存在基于单机内存环境、计算复杂度较高、无法处理大规模的图匹配等问题。

15．大图的测试集生成

一部分专家质疑真正的大规模现实世界图是否存在，或者是否存在比现代笔记本电脑所需的内存和计算能力更大的图。尽管 Facebook 声称拥有约 1 万亿条边的现实世界图、美国国家安全局声称拥有一个需要 1PB 存储的 700 万亿条边的现实世界图，但目前最大的公开可用图大约只有 1280 亿条边。而对于大多数图挖掘任务，使用一台笔记本电脑就足以处理大约 1000 亿条边的图。

在缺乏大小为万亿级的现实世界公开可用图的情况下，一种解决方案是开发更先进的图生成器，更好地模拟现实世界的图属性。这需要对这些图在现实世界中的分布建立一个良好的模型，而这些模型很难获得。显然，没有任何模型能够完全代表一切，但哪些属性是关键的，需要进行建模处理呢？似乎唯一建模现实世界网络的方法是允许以现实方式构建它们。例如，如果想建立维基百科的模型，那么就自己创建一个在线百科全书并监控其增长；如果想建模电子邮件通信，那么就找一群愿意让你监控他们电子邮件通信的人。目前只有极少数强大的图生成器，其中 RMAT 和 BTER 是例外。但 RMAT 仅关注实际建模度分布，BTER 专注于建模度分布和三角形分布，但在维持两者之间的逼真比例方面做得不好。而且，这些生成器都不支持恢复真实情况，如用于验证社区检测算法的真实社区。而在这些合成图上表现良好的许多算法在实际世界的图上表现不佳。

还有一个挑战是如何生成真实的图异常，可以将手动构建的异常插入合成图中，但许多真实异常还未被想象出来。所有这些都表明，适当地建模现实世界图，即确定控制现实世界图行为的显著属性，并高效地生成这些图，仍然是该领域的重要挑战。

1.3.2　总结

由上述分析可以看出，在未来的大图数据管理与分析研究中，需要完成以下工作：

- 设计更优秀的图结构，以及更经济、更多元的图模式；
- 提升图计算系统的性能及其在多领域中的兼容性；
- 找到更有效、更精确、更快捷的图查询算法；
- 更深层次、更快速地挖掘图中所包含的信息；
- 提高处理大图数据的各类算法的精确性、兼容性和速度；
- 找到更好的方法压缩图数据等。

大图数据管理与分析技术的研究与开发不仅具有重要的理论研究意义，而且具有广泛的实际应用价值。国内外大图数据管理和分析的研究正在快速发展，本书将对其基础知识进行介绍，为有效解决这些问题打下坚实的基础。

第2章 图的结构与表征

对图数据进行有效管理和分析的基本任务是对图的结构进行有效的描述或者表征，本章将介绍这方面的基本方法，首先介绍图的结构和模型，然后介绍图数据的一些基本操作，最后介绍图结构的表征。

2.1 图的结构和模型

2.1.1 图的基本结构

我们在第 1 章已经提到过，图是一种用于表达二元关系的数据结构。图是由顶点的有穷非空集合和顶点之间边的集合组成的，通常表示为 $G=(V,E)$，其中，G 表示一个图，V 是图 G 中的顶点集，E 是图 G 中的边集。

与图相关的数据结构有线性表、树等，图与它们的比较如下：

- 在线性表中，数据元素称为元素；在树中，数据元素称为节点；在图中，数据元素称为顶点。
- 线性表中可以没有数据元素，称为空表；树中可以没有节点，称为空树；图中不允许没有顶点。在图的定义中，若 V 是顶点集，则强调顶点集 V 有穷且非空。
- 线性表中，相邻的数据元素之间具有线性关系，树结构中相邻的两层节点具有层次关系，而图中任意两个顶点之间都可能有关系，顶点之间的逻辑关系用边表示，边集可以是空的。

2.1.2 图的表示方法

图可以用多种方式进行表示，较为常用的方法有邻接矩阵和邻接表等。

图的邻接矩阵表示是指用两个数组分别存储顶点的信息和顶点之间的关系(边或弧)的信息。邻接矩阵通常用一个矩阵的行向量和列向量来表达顶点，用行列交义的元素来表达顶点之间的关系，方阵中的元素数值的大小可用来表示顶点之间关系的有无或强弱。

无向图的邻接矩阵的例子如图 2.1 所示。顶点的度为顶点所在的行或列的元素之和。无向图的邻接矩阵是对称矩阵，因此可以用三角形矩阵压缩存储；有 n 个顶点的无向图需要的存储空间为 $n(n+1)/2$。在无向图中，顶点 v_i 的度是邻接矩阵中的第 i 行元素之和。

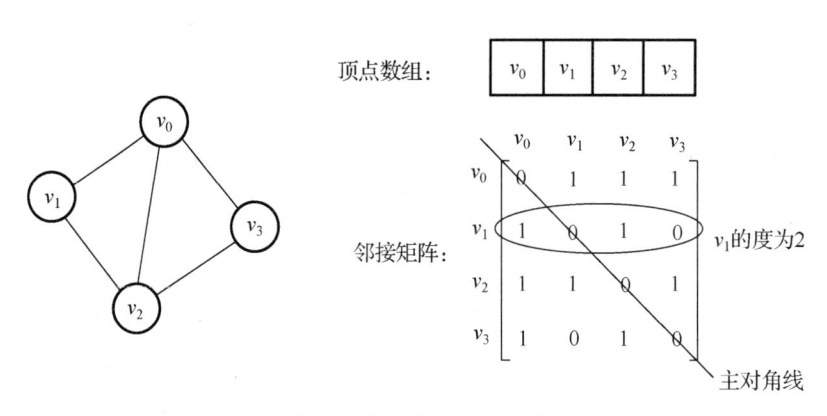

图 2.1　无向图的邻接矩阵

有向图的邻接矩阵如图 2.2 所示。有向图的邻接矩阵不一定对称，有 n 个顶点的有向图需要的存储空间为 $O(n^2)$。有向图中，顶点 v_i 的出度是邻接矩阵中第 i 行元素之和，顶点 v_i 的入度是邻接矩阵中第 i 列元素之和。

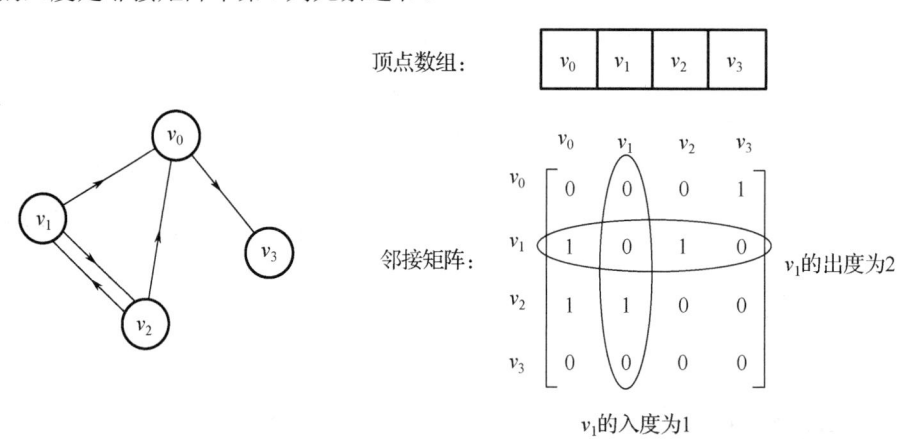

图 2.2　有向图的邻接矩阵

网络的邻接矩阵如图 2.3 所示。网络的邻近矩阵中的每个元素通常表示边的权重，如果顶点 v_i 和 v_j 之间不存在边，则邻接矩阵的第 i 行、第 j 列元素为无穷大。

顶点数组：

v_0	v_1	v_2	v_3	v_4

邻接矩阵：

$$\begin{array}{c} \\ v_0 \\ v_1 \\ v_2 \\ v_3 \\ v_4 \end{array} \begin{array}{ccccc} v_0 & v_1 & v_2 & v_3 & v_4 \\ \left[\begin{array}{ccccc} 0 & \infty & \infty & \infty & 6 \\ 9 & 0 & 3 & \infty & \infty \\ 2 & \infty & 0 & 5 & \infty \\ \infty & \infty & \infty & 0 & 1 \\ \infty & \infty & \infty & \infty & 0 \end{array}\right] \end{array}$$

图 2.3　网络的邻接矩阵

而图的邻接表表示方法将图中顶点用一个一维数组存储，顶点数组中，每个数据元素还需要存储指向第一个邻接点的指针，以便于查找该顶点的边信息。图中每个顶点 v_i 的所有邻接点构成一个线性表，由于邻接点的个数不确定，所以用单链表存储，该表在无向图中称为顶点 v_i 的边表，有向图中则称为顶点作为弧尾的出边表。

无向图的邻接表如图 2.4 所示，其中 firstedge 表示指针域，adjvex 表示邻接点域。

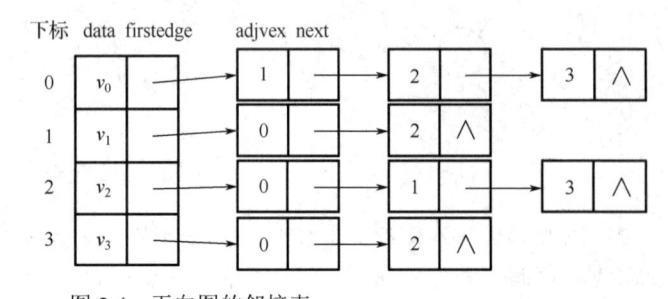

图 2.4　无向图的邻接表

有向图的邻接表如图 2.5 所示。

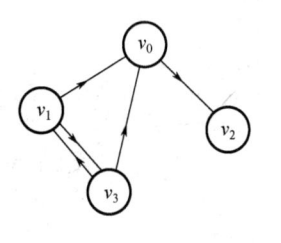
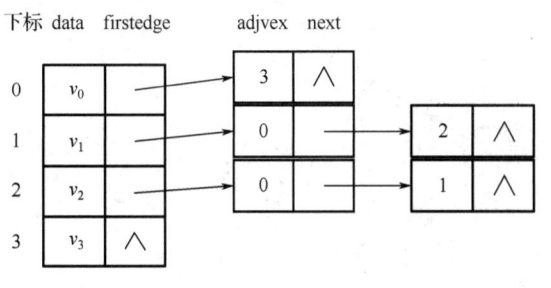

图 2.5　有向图的邻接表

网络的邻接表如图 2.6 所示。

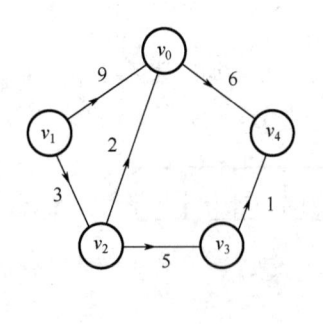
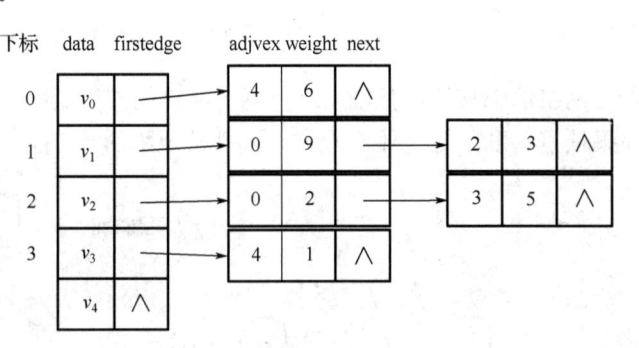

图 2.6　网络的邻接表

2.1.3　概率图

概率图是一种特殊的图数据类型。在概率论、统计学中，概率图模型（Graphical Model）是一种用图论方法表示多个独立随机变量间关联关系的建模方法。在一个含有 p 个顶点的图中，顶点 i 对应一个随机变量，记为 X_i。概率图模型被广泛地应用于贝叶斯统计与机器学习中。

在一个无向概率图模型中，两个顶点 i 和 j 之间没有边相连，当且仅当它们在对应的随机变量和给定其他所有顶点上的随机变量条件下条件独立。数学表述如式 (2.1) 所示。

$$\Theta_{ij} = 0 \Leftrightarrow X_i \perp X_j \mid \{X_\ell, \ell = 1, \cdots, p, \ell \neq i, \ell \neq j\} \tag{2.1}$$

当所有随机变量的联合分布是多元正态分布时，可将 Θ 理解为多元正态分布的方差矩阵的逆，又称为精度矩阵 (Precision Matrix)。在现代统计学中，相当大比例的关于无向图模型的理论结果都是在多元正态分布的假设下取得的。

在一个有向概率图模型中，两个顶点 i 和 j 之间的边际独立性和条件独立性比较复杂，一般需要用贝叶斯球 (Bayes Ball) 规则确定。

一类很重要的有向概率图模型称为有向无环概率图 (Directed Acyclic Graphs，DAG)。可以证明，相互关系能用 DAG 表示成一组随机变量，其联合分布函数可以被分解为顶点的边际分布函数乘以由边决定的条件概率。

概率图在很多领域有广泛应用。例如，在自然语言处理中，可以在单词或字符序列 x 上构建概率分布 $p(x)$，为正确的句子分配高概率，基于模型可以实现语言生成、翻译等任务；在生物学中，可以用于表达 DNA 序列随时间演化、生物种群随空间和时间演变的现象；在医疗领域，可以用来描述症状、疾病、用药、反应之间的关联关系，帮助医生诊断疾病和预测不良反应。

2.1.4　图数据的分类

网络模型也是一种特殊的图，由顶点及连接顶点的边组成，由边连接起来的顶点互为邻居。如果沿着边可以从任何一个顶点到达任何其他顶点，就将这样的网络称为连接的网络。网络中的边可以是定向的，也可以是非定向的。在非定向网络中，一个顶点的度等于连接到它的边的数量，而度的分布可以反映顶点连接的数量。接下来介绍网络模型中的基本术语：

- 路径长度：从一个顶点到另一个顶点必须经历的最小边数。
- 介数：经过某个顶点连接两个其他顶点的最短路径数量。
- 聚类系数：在一个顶点的邻居对当中，同样也由一条边连接的邻居对所占的百分比。

下面通过例子来帮助读者更深入地理解这些术语。例如，在图 2.7 (b) 所示的地理网络中，每个顶点都连接到位于它右侧和左侧的两个顶点，因此平均度等于 4。每个顶点到 4 个顶点的距离为 1、2、3，因此平均距离恰好等于 2。从图中可见，这个网络的度和距离分布都是简并性 (Degenerate) 的，因为每个顶点都具有相同的度和相同的平均距离。从中还可以看出，每个顶点的介数都等于 1/12。每个顶点都有 4 个邻居，可以构成 6 个对。在这 6 个对中，恰好有 3 对是相互连接的：直接靠着该顶点的左右两个顶点分别连接到再外一点的顶点，并相互连接。因此，聚类系数等于 1/2。具有类似图 2.7 (b) 所示的网络结构的网络称为地理网络。

地理网络是指，顶点排列成圆形，且每个顶点在每个方向上都连接到最近的顶点上的网络。地理网络也是一种常见的网络，有一种地理网络将顶点排列在棋盘上，并让每个顶点与自己东、南、西、北的邻居相连。大多数常见的地理网络都具有较低的度，即顶点仅连接到本地邻居上，并且具有相对较大的平均路径长度。在地理网络上，介数和聚类系数不会有变化。

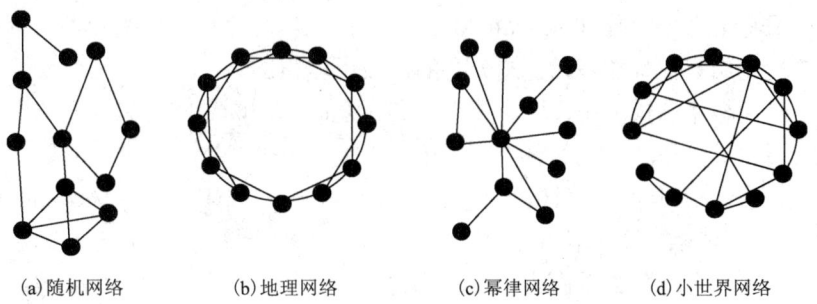

| (a)随机网络 | (b)地理网络 | (c)幂律网络 | (d)小世界网络 |

图 2.7　随机网络、地理网络、幂律网络和小世界网络的示意图

常见的网络结构除了地理网络，还有随机网络、幂律网络和小世界网络，如图 2.7 所示。

随机网络中，聚类系数等于一条随机的边的概率，因为一个顶点的两个邻居并不比任何其他随机选择的顶点更可能包含一条边。随机矩阵可以用于描述一个动力系统内不同元素间的相互作用，比如描述一个马尔可夫过程的概率迁移矩阵：如果某矩阵可以描述一个马尔可夫过程的迁移矩阵，那么该矩阵就定义了一个随机连接的网络，从 i 点到 j 点的迁移概率由对应的矩阵元素表达。为了检验一个具有 N 个顶点和 E 条边的网络是不是随机网络，可以首先创建大量具有 N 个顶点和 E 条边的随机网络，并计算出度、路径长度、聚类系数和介数的分布。然后，执行标准的统计检验，以确定接受还是拒绝那个网络的统计数据可能抽取自该模拟分布的假设。这种方法称为随机网络的蒙特卡罗方法。

幂律网络是指度分布服从幂律分布的网络。在幂律网络中，少数顶点有许多连接，同时大多数顶点的连接则非常少。幂律分布是指某个具有分布性质的变量，其分布密度函数是幂函数。在城市与交通系统中，服从幂律分布的现象很多，如全国各地的地铁网、各地铁站进出站量-位序、机场客流量-位序都服从幂律分布。

小世界网络结合了地理网络和随机网络的特征。要想构建一个小世界网络，可以从一个地理网络开始，进行"重新布线"，方法是随机地选择一条边并把这条边所连接的其中一个顶点替换为一个随机的顶点。如果"重新布线"的概率等于零，所拥有的就是一个地理网络；如果"重新布线"的概率等于 1，那么就有了一个随机网络；而当概率介于这两者之间时，就会得到一个小世界网络，以小集群区别于通过随机链接连接到其他集群的地理网络。举例来说，社交网络看起来类似于小世界，每个人都有一群朋友，以及若干随机的朋友。

小世界网络的另外一个特征就是服从 6 度分隔理论，也就是地球上的任何两个人都可以通过 6 个或更少的朋友联系到一起。这个术语源于美国社会心理学家斯坦利·米尔格兰姆在 20 世纪 60 年代进行的一项实验。米尔格兰姆向内布拉斯加州奥马哈市和堪萨斯州威奇托市的 296 人寄出了一些包裹，那些包裹最终需要转寄给在马萨诸塞州波士顿市的一个人。收到包裹的人必须遵守相同的规则：所有参与者只能通过邮政系统将包裹寄给他们认识且他们认为更有可能认识那个波士顿人的人，并附上同样的指示。每个参与实验的人都要在一份记录路径的名册上签名，并邮寄明信片给研究者，以便研究者可以跟踪链条上的断点。最终，有 64 个包裹抵达了波士顿。这些抵达波士顿的包裹所经历的平均路径长度略小于 6，因此就有了"6 度分隔"这种说法。在这里，可以构建了一个简化版的小世界网络，以便直观地理解"6 度分隔"理论。这个小世界网络假设每个人都有一个由若干圈内好友构成的小群体，这些人彼此认识，而且每个人都拥有不属于这些圈内的朋友，把这些圈子外的朋友称为"随机朋友"（Random Friends）。

2.2　图数据的基本操作

　　在图上有大量不同类型的操作（如图搜索、寻找最短路径、子图匹配等），图数据管理和分析需要基于这些操作完成，本书会陆续讨论这些基本操作。本章将讨论图上基本的图搜索操作及随机游走和 PageRank 算法。

2.2.1　图搜索

　　图搜索指是从图数据中的某处开始，尝试访问目标顶点的过程。目标顶点可能是一个顶点、多个顶点或者所有顶点。当目标顶点是所有顶点时，这种搜索称为遍历。一般情况下，搜索的流程是从一个初始顶点开始，经过一系列的转移操作最终到达目标顶点。搜索算法实际上是根据初始条件和扩展规则构造一棵"解答树"并寻找符合目标状态的顶点的过程。所有的搜索算法从最终的算法实现上来看，都可以划分成两部分——控制结构（扩展顶点的方式）和产生系统（扩展顶点），而所有的算法优化和改进主要都是通过修改其控制结构来完成的。

　　最经典的搜索算法包括广度优先搜索算法和深度优先搜索算法。

1. 广度优先搜索算法

　　广度优先搜索（BFS）算法类似于树的按层遍历，其过程为：首先访问初始顶点 v_i，并将其标记为已访问过，接着访问 v_i 的所有未被访问过的邻接顶点 v_{i1}、v_{i2}、$\cdots$、v_{it}，并将顶点均标记为已访问过，然后按照 v_{i1}、v_{i2}、$\cdots$、v_{it} 的次序，访问每个顶点的所有未被访问过的邻接顶点，并将其均标记为已访问过，以此类推，直到图中所有和初始顶点 v_i 有路径相通的顶点都被访问过为止。广度优先搜索可以采用迭代或队列来实现。

　　BFS 算法的伪代码描述如下：

```
BFS Algorithm
Input: Graph G,//待搜索的图
        int target_val,//希望搜索到的顶点
        Node start//初始顶点
Output: Node target
1    Queue<Node> Q//使用队列保存搜索路径
2    Q.push(start)
3    start.visited = True//标记已访问顶点
4    while (!Q.is_empty()):
5        Node cur_node = Q.front()
6        if cur_node.val == target_val://找到待搜索顶点
7            return cur_node
8        else://否则继续遍历
9            for node incur_node.neighbors:
10               if node.visited == False:
11                   node.visited = True
12                   Q.push(node)//顶点出队
13           Q.pop()
14   return None
```

由伪代码可见，在一个由 $|V|$ 个顶点和 $|E|$ 条边构成的图中，若用邻接表进行存储，则算法时间复杂度为 $O(|E|+|V|)$，若用邻接矩阵存储，则算法时间复杂度为 $O(|V|^2)$。

2. 深度优先搜索算法

深度优先搜索(DFS)算法所遵循的搜索策略是尽可能"深"地搜索。它的基本思想是为了求得问题的解，先选择某一种可能情况向前(子顶点)探索，在探索过程中，一旦发现原来的选择不符合要求，就回溯至父顶点重新选择另一顶点，继续向前探索，如此反复进行，直至达到目标顶点。深度优先搜索可以采用递归或者栈来实现。

DFS 算法的伪代码描述如下：

```
DFS Algorithm
Input: Graph G, int target_val, Node start
Output: Node target
1    Stack<Node>S
2    S.push(start)
3    start.visited = True
4    while (!S.is_empty()):
5        Node cur_node = S.top()
6        if cur_node.val == target_val:
7            return cur_node
```

```
8       else:
9           for node incur_node.neighbors:
10              if node.visited == False:
11                  node.visited = True
12                  S.push(node)
13      S.pop();
14  return None
```

由伪代码可见，在一个由 $|V|$ 个顶点和 $|E|$ 条边构成的图中，若用邻接表存储，则算法时间复杂度为 $O(|E|+|V|)$，若用邻接矩阵存储，则算法时间复杂度为 $O(|V|^2)$。

3. A*算法

A*算法（启发式算法的代表）：利用问题的规则和特点来制定一些启发规则，由此来改变顶点的扩展顺序，将最有希望扩展出最优解的顶点优先扩展，以尽快找到最优解。对每个顶点，有一个估价函数 F 来估算初始顶点经过该顶点到达目标顶点的最佳路径的代价。

每个顶点扩展的时候，总是选择具有最小的代价 F 的顶点，$F=G+B\times H$，其中 G 为从初始顶点到当前顶点的实际代价，已经算出，H 为从该顶点到目标顶点的最优路径的估计代价。F 是单调递增的。B 最好与搜索深度成反比，在搜索"浅"的地方，主要让搜索依靠启发信息，尽快逼近目标，而当搜索"深"的时候，搜索过程逐渐变成广度优先搜索。

A*算法的伪代码描述如下：

```
A* Algorithm
Input: Graph G, //待搜索的图
Node start, //初始顶点
Node goal //目标顶点
Output: List<Node> path //搜索到的路径
1   open_set = {start}   //初始化开放集合和封闭集合
2   closed_set = {}
3   g_score = {start: 0}//初始化每个顶点的g_score和f_score字典
4   f_score = {start: heuristic(start, goal)}
5   while open_set 不为空:
6       current_node = open_set 中 f_score 最小的顶点
7       if current_node == goal://找到了目标顶点，返回最短路径
8           return 重构路径(came_from, current_node)
9       //将 current_node 从开放集合移动到封闭集合中
10      open_set.remove(current_node)
11      closed_set.add(current_node)
```

```
12        for neighbor in current_node.neighbors:
                            //检查 current_node 的邻居顶点
13          if neighbor in closed_set:
14                          //忽略已经评估过的邻居顶点
15            continue
16        //计算邻居顶点的 tentative_g_score 和 tentative_f_score
17          tentative_g_score = g_score[current_node] +
                     distance(current_node,neighbor)
18          tentative_f_score = tentative_g_score +
                     heuristic(neighbor, goal)
19          if neighbor not in open_set or tentative_
                     f_score < f_score[neighbor]:
20        //这条路径比之前的路径更好，更新 came_from 和 g_score、f_score
21            came_from[neighbor] = current_node
22            g_score[neighbor] = tentative_g_score
23            f_score[neighbor] = tentative_f_score
24            if neighbor not in open_set:
25                   //新发现的邻居顶点加入开放集合
26                open_set.add(neighbor)
27  return None//开放集合为空，但是未找到目标顶点
```

2.2.2　随机游走

图随机游走是大图分析与学习中的一项基本技术，利用不同的随机游走策略可捕获不同的图结构，学习不同特性的图特征。在本节中，首先通过几个例子对随机游走进行概述，继而介绍面向互联网和深度学习的图随机游走模型。

1．布朗运动

布朗运动是指悬浮在液体或气体中的微粒所做的永不停息的不规则运动，其因为由英国植物学家布朗所发现而得名。进行布朗运动的微粒的直径一般为 10nm 到 1μm，这些小的微粒处于液体(或气体)中时，由于液体分子的热运动，受到来自各个方向液体分子的碰撞，因而运动，这种不平衡的碰撞使微粒的运动不断地改变方向而使微粒做不规则的运动。布朗运动的最大特征是，微粒在每一时刻的运动方向和运动速度都是随机的。而且，该运动是一种位移而不是一种振动，也就是说，它不会呈现出某种周期性规律。

2．菲克定律

菲克定律又称扩散第一定律。1858 年，菲克参照傅里叶于 1822 年建立的热传导方

程，建立了描述物质从高浓度区向低浓度区迁移的扩散方程：在单位时间内，通过垂直于扩散方向的单位截面积的扩散物质流量(称为扩散通量，Diffusion Flux，用 J 表示)与该截面处的浓度梯度(Concentration Gradient)成正比，也就是说，浓度梯度越大，扩散通量越大，其数学表述如式(2.2)所示。

$$J = \frac{\mathrm{d}m}{A\mathrm{d}t} = -D\left(\frac{\partial C}{\partial X}\right) \tag{2.2}$$

式中，D 为扩散系数($\mathrm{m^2/s}$)，C 为扩散物质(组元)的体积浓度(原子数/$\mathrm{m^3}$或 $\mathrm{kg/m^3}$)，$\partial C/\partial X$ 为浓度梯度，"$-$"表示扩散方向为浓度梯度的反方向，即扩散物质由高浓度区向低浓度区扩散。扩散通量 J 的单位是 $\mathrm{kg/m^2 \cdot s}$。

对于三维的扩散体系，扩散通量 $\boldsymbol{J}$ 可分解为 x、y、z 坐标轴方向上的三个分量 J_x、J_y、J_z，此时扩散通量可写成：

$$\boldsymbol{J} = \boldsymbol{i}J_x + \boldsymbol{j}J_y + \boldsymbol{k}J_z = -\boldsymbol{D}\left(\boldsymbol{i}\frac{\partial C}{\partial x} + \boldsymbol{j}\frac{\partial C}{\partial y} + \boldsymbol{k}\frac{\partial C}{\partial z}\right) \tag{2.3}$$

或

$$\boldsymbol{J} = -\boldsymbol{D}\nabla C \tag{2.4}$$

式中，$\boldsymbol{i}$、$\boldsymbol{j}$、$\boldsymbol{k}$ 分别表示 x、y、z 方向的单位矢量，$\boldsymbol{J}$ 为扩散通量，$\boldsymbol{D}$ 为扩散系数，是一个二阶张量，C 为体积浓度，∇ 为梯度算子。

式(2.3)和式(2.4)为菲克定律的数学表达式，是描述扩散现象的基本方程。菲克定律指出，在任何浓度梯度驱动的扩散体系中，物质扩散将沿其浓度场决定的负梯度方向进行，扩散物质流量大小与浓度梯度成正比。值得注意的是，扩散方程是描述宏观扩散现象的唯象关系式，其中并不涉及扩散系统内部原子运动的微观过程，扩散系数反映了扩散系统的特性。扩散方程中的浓度 C 是位置和时间的函数，扩散系数 $\boldsymbol{D}$ 理论上是一个含有 9 个分量的二阶张量，与扩散系统的结构对称性密切相关。任何单次执行步骤都不会遵从扩散定律，但只要等待足够长的时间，其便可精确预测随机游走。布朗运动就是随机游走现象的宏观观察。扩散定律将布朗运动的微观参数(步长 a 和间隔时间 Δt)与宏观实验可观测量(扩散常数 $\boldsymbol{D}$)建立了联系。

菲克定律是普适的，只要给定独立随机游走的某种分布，它就不依赖于具体的模型。涨落是随机的、混沌的，随机游走的结果就是扩散，包括物质扩散、动量扩散、热量扩散等。这也意味着结晶学、天文学、生物学、气象学、流体力学、经济学都将用到扩散定律。

3. 随机游走模型概述

随机游走(Random Walk)也称随机漫步，是布朗运动的理想状态，随机游走的极限则是布朗运动。在一维空间中，随机游走的粒子浓度分布满足菲克定律。随机行走是指基于过去的表现，无法预测将来的发展步骤和方向。核心概念是指任何随机游走者所带的守恒量都各自对应着一个扩散运输定律，接近于布朗运动，是布朗运动理想的数学状态，现阶段主要应用于互联网链接分析及金融股票市场中。

在很多系统中，都存在不同类型的随机游走，它们都具有相似结构。单个的随机事件不可预测，但随机大量的群体行为是精确可知的。随机性造成了低尺度下的差异性，但在高尺度下又表现为共同的特征的相似性。按照概率论的观点，"宇宙即是所有随机事件概率的总和"。

许多系统都有类似不规则游走的例子。例如，P2P(Peer-to-Peer，对等计算)搜索中随机游走的搜索方法。在随机游走中，请求者发出 K 个查询请求给随机挑选的 K 个邻居顶点，每个查询信息在以后的游走过程中直接与请求者保持联系，询问是否还要继续进行下一步。如果请求者同意继续，则又开始随机选择下一步游走的顶点，否则中止搜索。

4. 多维随机游走

接下来从理论上详细介绍多维随机游走过程。首先讨论两个来自概率论和统计学的经典模型，伯努利瓮模型(Bernoulli Urn Model)和随机游走模型。这两个模型都描述了随机过程，看上去它们似乎在生成某种复杂的结构，但如果不具体分析数据，那么它们的性质很难辨别。

伯努利瓮模型描述了产生离散结果的随机过程，如抛硬币或掷骰子。这个模型在几个世纪以前出现时，是为了解释赢得赌注的概率，现在已经在概率论中占据中心位置。随机游走模型就是建立在伯努利瓮模型的基础上的，保持了正面和反面的总数。这个模型可以刻画液体和气体中粒子的运动、动物在物理空间中的活动及人类从出生到童年身高的增长等。

伯努利瓮模型由一个装了灰球和白球的瓮组成。从瓮中抽取的球代表随机事件的结果。每次抽取都与之前和之后的抽取无关，因此可以应用大数定律：从长远来看，抽取出每种颜色的球的概率将会收敛到这个球在瓮中所占的比例。当然，这并不意味着从一个装了 7 个白球和 3 个灰球的瓮中抽取 1000 次，将会恰好抽出 700 个白球，它的意思是抽取出的白球概率会收敛到 70%。

每次从一个装了 G 个灰球和 W 个白球的瓮中随机抽取一个球，结果等于抽取出来的球的颜色。在下一次抽取前，球要先放回瓮中。令 $P = \dfrac{G}{G+W}$ 表示灰球所占的比例，那么在抽取 N 次的情况下，可以计算出抽取出灰球次数的期望 N_G 及其标准差 σ_{N_G}，如式(2.5)所示。

$$N_G = N \times P, \quad \sigma_{N_G} = \sqrt{N \times P \times (1-P)} \tag{2.5}$$

伯努利瓮模型的结果产生了可预测长度的条纹。在灰球和白球数量相等的瓮中，抽取出白球的概率等于 1/2，连续抽取出两个白球的概率等于 1/2 乘以 1/2，以此类推。一般情况下，若瓮中白球所占的比例为 P，则连续抽取出 N 个白球的概率等于 P^N。

接下来从概率论的角度介绍简单随机游走模型，它建立在伯努利瓮模型的基础上，并将过去结果的和保存下来。将初始值，即模型的初始状态设置为零。若抽取出一个白球，值加 1；若抽取出一个灰球，值减 1，那么模型在任何时候的状态都等于过去结果的总和，也就是抽取出的白球总数减去抽取出的灰球总数，有：

$$V_t + 1 = V_t + R(-1,1) \tag{2.6}$$

式中，V_t 表示时间 t 上的随机游走值，$R(-1,1)$ 是一个可能等于 -1 或 1 的随机变量。在任何时间段内，这个随机游走的期望值都等于零，其中 t 等于周期数。图 2.8 给出了一个简单随机游走示意图。这幅图看上去似乎符合一个模式：先有一个长期下降的趋势，然后有一个上升趋势；在上升过程越过零线时出现了一个适度的崩溃，但这个模式只是偶然发生的。

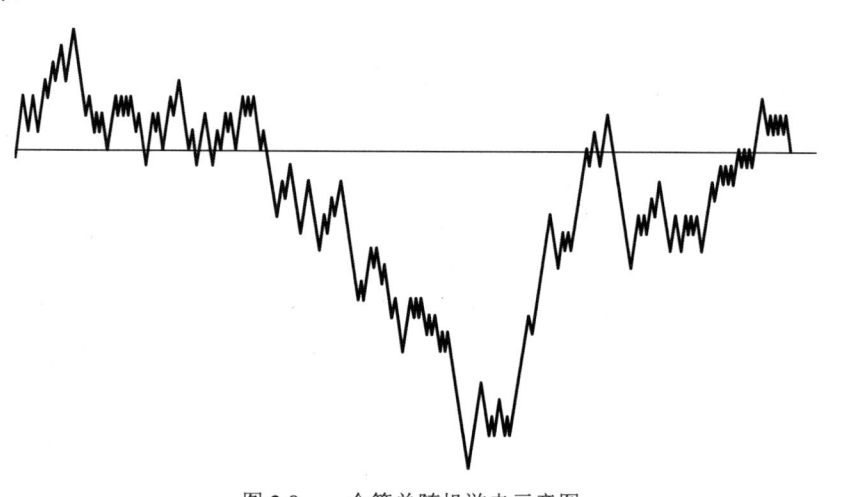

图 2.8　一个简单随机游走示意图

简单随机游走既是周期性的(会无限次地返回零点)，又是无界性的(会超过任何正的或负的阈值)。若等待足够长的时间，随机游走值会高于正的 1 万、低于负的 100 万，也会无限次地穿过零线。此外，随机游走值返回零点所需的步数分布服从幂律分布。在大多数时候，返回零点只需几步。在所有游走中，有一半的游走是两步返回零点的，然而有些游走需要很长时间才能返回零点。鉴于随机游走的无界性，一个超过 100 万步阈值的游走，需要超过 200 万步才能达到阈值并返回零点。

对于随机游走模型，可以进行这样一个类比：将随机游走视为冰川沿着地面的移动。根据模型的预测，冰川湖泊的大小将服从幂律分布。每一次当冰川落到了陆地表面以下又返回顶部时，就会形成一个直径等于返回时间的湖泊。此时，相关数据再一次与模型基本对应。这个基本随机游走模型可以通过多种方式加以修正。例如，我们可以创建一个正态随机游走。在正态随机游走中，每一周期的值的变化都服从正态分布。正态随机游走不会完全回到零点，但它会无限次地穿过零线。

简单随机游走只在一个维度上进行。基于此还可以对高维随机游走建模。二维随机游走从平面中的原点 (0,0) 开始，在每个周期中随机走向东、南、西、北。二维随机游走类似于在一张纸上绘制出来的一条弯弯曲曲的线，同时也满足递归性和无界性。这种递归性使得随机觅食成为蚂蚁的一个觅食策略。如果二维随机游走没有递归性，那么蚂蚁就需要更复杂的内部地图或更强的信息踪迹才能找到它们的巢穴。

但是在有三维的情况下，随机游走不再满足递归性。在一个房间里到处飞的苍蝇和在空气中弹跳的分子都只会有限次地返回它们的起点。

随机游走的无递归性为阐明人类是如何思考的提供了一个很好的例子。直觉告诉我们，当添加维度时，返回起点的次数应该会减少，然而逻辑表明，这里会出现一个突然的变化。在一维和二维的情况下，随机游走会无限次地返回零点。而在三维的情况下，它将"永远在外游荡"。

5．互联网用户行为的随机游走模型

互联网用户在上网时，网络行为(包括输入网址、浏览网页)可以被建模为随机游走，然后顺着网页的链接不断打开新的网页。随机游走模型可以作为针对浏览网页的用户行为建立的抽象概念模型。之所以要建立这个抽象概念模型，是因为包括 PageRank 算法(将在 2.2.3 节介绍)在内的很多链接分析算法都建立在随机游走模型基础上。

在最初阶段，用户打开浏览器浏览第 1 个网页，假设有一个虚拟时钟用来计时，此时可以设定时间为 1，用户在看完网页后，对网页内某个链接指向的网页感兴趣，于是点击该链接，进入第 2 个网页，此时虚拟时钟再次计时，时钟走向数字 2，如果网页包含了 k 个出链，则用户从当前网页跳转到任意一个链接所指向网页的概率是相等的。

用户不断重复以上过程，在相互有链接指向的网页之间跳转。如果对于某个网页所包含的所有链接，用户都没有兴趣继续浏览，则可能会在浏览器中输入另外的网址，直接到达该网页，这个行为称为远程跳转(Teleporting)。假设互联网中共有 m 个网页，则用户远程跳转到任意一个网页的概率也是相等的，即为 $1/m$。随机游走模型就是一个对直接跳转和远程跳转两种用户浏览行为进行抽象的概念模型。

6．深度学习中的随机游走

随机游走在深度学习中也有应用，主要应用于网络嵌入。以社交网络为例，网络嵌入就是将网络中的点用一个低维的向量表示，并且这些向量要能反映原网络的某些特性，比如如果在原网络中两个点的结构类似，那么这两个点表示成的向量也应该类似。这里以 DeepWalk 为例介绍随机游走在深度学习中的应用。

DeepWalk 是一种网络嵌入的方法，它的输入是一个图或者一个网络，输出为网络中顶点的向量表示。DeepWalk 通过随机游走学习出一个网络的社会表示(Social Representation)，在网络标注顶点很少的情况下也能得到比较好的效果，并且该方法还具有可扩展的优点，能够适应网络的变化。

该方法主要分为随机游走和生成表示向量两部分。首先利用随机游走算法从图中提取一些顶点序列；然后借助自然语言处理的思路，将生成的顶点序列看作由单词组成的

句子，所有的序列可以看作一个大的语料库(Corpus)，最后利用自然语言处理工具 Word2vec 将每个顶点表示为一个维度为 d 的向量。

DeepWalk 的伪代码描述如下：

```
DeepWalk Algorithm
Input: Graph G<V, E>,
        int w,                  //窗口尺寸
        int d,                  //输出向量维度
        int γ,                  //以每个顶点开始的路径数量
        int t;                  //每条路径的长度
Output: matrix Φ∈R|V|×d;        //隐含信息矩阵
1    random ly initialize matrix Φ
2    for(i=0; i≤γ; i++):
3        Set<node> O = shuffle(V)
4        for each vi∈O:
5            Wvi = RandomWalk(G, vi, t)
6            Word2vec(Φ, Wvi, w)
7    return Φ
```

2.2.3 PageRank

PageRank 即网页排名，又称网页级别、Google 左侧排名或佩奇排名，是 Google 创始人拉里·佩奇和谢尔盖·布林于 1997 年构建早期的搜索系统原型时提出的链接分析算法。自从 Google 在商业上获得空前的成功后，该算法也成为其他搜索引擎和学术界十分关注的计算模型。目前很多重要的链接分析算法都是在 PageRank 算法的基础上衍生出来的。PageRank 是 Google 用来标识网页的等级/重要性的一种方法，是 Google 用来衡量一个网页好坏的唯一标准。在融合了诸如 Title 标识和 Keywords 标识等所有其他因素之后，Google 通过 PageRank 来调整结果，使那些更具"等级/重要性"的网页在搜索结果中的排名获得提升，从而提高搜索结果的相关性和质量。PageRank 值(级别)为从 0 到 10，10 级为满分。PageRank 值越高，说明该网页越受欢迎(越重要)。例如，若一个网页的 PageRank 值为 1，则表明这个网页不太具有流行度，而 PageRank 值为 7～10 表明这个网页非常受欢迎(或者说极其重要)。一般地，若网页的 PageRank 值达到 4，就算是一个不错的网页了。Google 把自己的网页的 PageRank 值定到 10，这说明 Google 是非常受欢迎的，也可以说非常重要。

本节将介绍 PageRank 的概念，原理和修正技术。

1. 入链、冲浪者与随机游走

下面从一个访问网页的实例开始介绍 PageRank。考虑一个上网者小明，在每个时刻，小明停留在一个网页上，并且必须从以下行动中选取一个行动。行动 1：从该网页的所

有超链接中随机地选择一个链接，跳转到下一个网页；行动 2：在浏览器的地址栏中输入一个新的网址，跳转到下一个网页。

如果一直让小明重复这样的选择（即每次选择一个行动，跳转到下一个网页；然后又选择一个行动，再跳转到下一个网页），并记录小明对每个网页的访问次数，那么当重复次数足够多时，每个网页被访问的频率逐渐趋于稳定。这时，用频率代替概率，便得到所有网页被小明访问的概率。这些概率就是网页的 PageRank 值。可以看出，小明的行为与随机游走很像，不过每一步的选择数量与目前他所在的网页有关。而且，在这个模型中我们可以直观地感受到，一个网页的入链数量越多，小明就有更大的概率访问到这个网页，可见，网页的入链数量在一定程度上可以指示网页的重要性；此外，如果一个有很多入链的网页 A 指向了另一个网页 B，B 被访问的概率就会增加，相反，如果一个没有入链的网页 C 指向了另一个网页 D，D 被访问的概率不会增加。

上述模型存在两个主要问题：

- 如果小明访问了一个没有超链接的网页（通常称为 Dangling 网页），那么他将没有办法执行行动 1（他选择了行动 1，但没法执行）。这时，一种常见的做法是人为地给 Dangling 网页"添加"指向其他所有网页的超链接。
- 如果一个网页有大量链接指向网页自己，那么即使小明选择了行动 1，他仍然有很高机会停留在当前网页。为了解决该问题，一般在计算 PageRank 值时，网页的内部链接会被忽略掉。

下面以一个简单的例子描述上述随机游走模型，如图 2.9 所示。

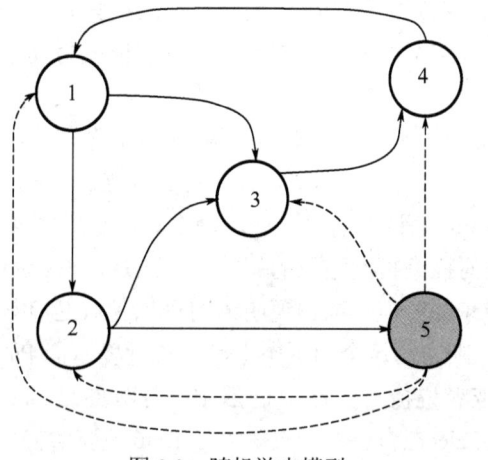

图 2.9　随机游走模型

图中共有 5 个顶点（网页），其中灰色顶点 5 是一个 Dangling 顶点，因此我们人为地添加了它到其他所有顶点的链接，以虚线表示。在有些 PageRank 算法的实现中，Dangling 顶点会添加指向自己的链接。但是这里约定，任何情况下，顶点都不存在指向自己的链接。

假设在时刻 $t=0$ 时，小明处在顶点 1。小明首先需要从行动 1 和行动 2 中选择一个行动。这个过程可以看作小明在抛一枚不规则的硬币(即正反面出现概率不相等),当他抛出正面时,选择行动 1;抛出反面时,选择行动 2。可以将这个特殊硬币抛出正面的概率记为 α,抛出反面的概率为 $1-\alpha$。

如果小明抛出正面,那么他将从当前网页的所有出链中选择一个链接,访问该链接指向的顶点。在上述例子中,小明需要从顶点 2 和顶点 3 中选择一个顶点在下一时刻进行访问。这里的选择是随机选择,即小明选择顶点 2 的概率是 0.5,选择顶点 3 的概率也是 0.5。

如果小明抛出反面,那么小明需要通过直接在浏览器的地址栏中输入新的网址来访问下一个网页。通常对这个行为建模的方式是假设"小明在浏览器中输入任一网址的概率相等"。换句话说,小明通过行动 2 访问所有网页(包括当前时刻所处的网页)的概率相等。因为共有 5 个顶点,所以小明选择每个顶点的概率为 0.2。

假设小明前 10 次选择顶点的序列是(1, 3, 4, 1, 2, *4*, 1, 2, 5, 3),其中加粗斜体对应的顶点表示是通过行动 2 做出的选择,其他则为依靠行动 1 的选择。在前 10 次选择中,顶点 1 被访问的概率为 3/10,顶点 2 被访问的概率为 2/10,顶点 3 被访问的概率为 2/10,顶点 4 被访问的概率为 2/10,顶点 5 被访问的概率为 1/10。如果一直让小明游走下去,可以想象,这样的概率会逐渐趋于稳定,最终得到每个顶点的 PageRank 值。

2. 从入链数量到网页质量

在 PageRank 提出之前,已经有研究者提出利用网页的入链数量来进行链接分析计算,这种入链方法假设一个网页的入链越多,该网页越重要。早期的很多搜索引擎也采纳了入链数量作为链接分析方法,对于搜索引擎效果提升也有较明显的作用。PageRank 除了考虑到入链数量的影响,还参考了网页质量因素,并将两者相结合获得了更好的网页重要性评价标准。

对于某个网页 A 来说,该网页 PageRank 值的计算基于以下两个基本假设。

● 数量假设:一个网页接收到的其他网页指向的入链数量越多,这个网页越重要。

● 质量假设:越高质量的网页指向网页 A,网页 A 越重要。

基于以上两个假设,PageRank 算法首先赋予每个网页相同的重要性得分,然后通过迭代递归更新每个网页的 PageRank 值,直到得分稳定。PageRank 算法计算出的结果是网页的重要性评价,这和用户输入的查询是没有任何关系的,即算法是与主题无关的。假设有一个搜索引擎,其相似度计算函数不考虑内容相似因素,完全采用 PageRank 进行排序,那么这个搜索引擎的表现是什么样的呢?答案是这个搜索引擎对于任意不同的查询请求,返回的结果都是相同的,即返回 PageRank 值最高的网页。

3. 算法原理

如果网页 T 存在一个指向网页 A 的链接,则表明 T 的所有者认为 A 比较重要,从而把 T 的一部分重要性得分赋予 A。这个重要性得分值为 $PR(T)/L(T)$,其中 $PR(T)$ 为 T

的 PageRank 值，$L(\text{T})$ 为 T 的出链数，则 A 的 PageRank 值为一系列类似于 T 的网页重要性得分值的累加。即一个网页的得票数由所有链向它的网页的重要性来决定，到一个网页的超链接相当于对该页投一票。一个网页的 PageRank 值是由所有链向它的网页（链入网页）的重要性经过递归算法得到的。一个有较多链入的网页会有较高的等级，相反如果一个网页没有任何链入网页，那么它没有等级。

基于上述原理，PageRank 算法的执行步骤如下。

● 初始阶段：网页通过链接关系构建 Web 图，为每个网页设置相同的 PageRank 值，通过若干轮计算，网页当前的 PageRank 值会不断得到更新，直到得到每个网页获得最终 PageRank 值。

● 更新网页 PageRank 值：在更新网页 PageRank 值的计算中，每个网页将其当前的 PageRank 值平均分配到本网页包含的出链上，这样每个链接就获得了相应的权重。而每个网页对所有指向本网页的入链所传入的权重进行求和，即可得到新的 PageRank 值。当每个网页都获得更新的 PageRank 值后，就完成了一轮 PageRank 值的计算。

4. 算法的修正

一些出链为 0 的网页（Dangling 网页）使得很多网页不能被访问到，因此需要对 PageRank 算法进行修正，即在简单算法的基础上增加阻尼系数（Damping Factor）q，q 一般取值为 0.85。其含义是，在任意时刻，用户到达某网页并继续向后浏览的概率。

根据式（2.6）可知，没有网页的 PageRank 值会是 0。所以，Google 通过数学系统给了每个网页一个最小 PageRank 值。

$$\text{PR(A)} = \left(\frac{\text{PR(B)}}{L(\text{B})} + \frac{\text{PR(C)}}{L(\text{C})} + \frac{\text{PR(D)}}{L(\text{D})} + \cdots \right) q + 1 - q \tag{2.6}$$

一个网页的 PageRank 值是由其他网页的 PageRank 值计算得到的。系统不断地重复计算每个网页的 PageRank 值。如果给每个网页一个随机的 PageRank 值（非 0），那么经过重复计算，这些网页的 PageRank 值会趋向于正常和稳定。

2.3 图结构表征

图结构可以表示多种类型的数据，但这种表示不同于传统机器学习所应用的数据，图数据是非欧几里得的。直接在这种非结构、数量不确定（可能非常多）、属性复杂的图上进行机器学习和深度学习是非常困难的。而如果能将图处理为向量，即将图顶点或子图以向量的形式表达，可以直接供给现有的机器学习模型直接使用（索引、分类、回归和聚类等）。一个好的图结构表征需要：（1）保持图属性不变，如图的拓扑结构、顶点连接、顶点周围顶点等；（2）嵌入速度应该与图的大小无关；（3）具有合适的维度以方便做下游任务。

图嵌入就是一种重要的图表示学习技术，主要目的是将图中的顶点/图表示成低维、实值、稠密的向量形式，使得到的向量能够做进一步的推理，以更好实现下游任务。

2.3.1　结构一致性

结构一致性是一种对称性的概念，人们在识别网络中顶点时会参考网络结构及其与其他顶点之间的关系。在过去的几十年中，结构一致性在理论和实践方面都已被广泛地研究，但直到最近它才被表示学习技术较好地解决。

确定顶点结构一致性的最常用的方法是基于距离或递归的方法。最近，在学习网络中顶点的潜在表示方面所取得的成就在执行分类和预测任务方面显有成效。特别是，这些研究使用邻居的广义概念作为上下文来编码顶点。简言之，拥有那些具有相似顶点集的邻居的顶点应该具有相似的潜在表示。但邻居是由网络中的一些邻近概念定义的本地概念。因此，拥有的邻居的结构相似但相距很远的两个顶点将不再具有相似的潜在表示。用图 2.10 可以简单解释，如果在基于近邻相似的模型中，顶点 u 和顶点 v 是不相似的，那么它们不直接相连且不共享任何邻居顶点。

而在图结构表征方法之一 Struc2vec 的假设中，顶点 u 和顶点 v 是空间结构相似的。它们的度数分别为 5 和 4，分别连接 3 个和 2 个三角形结构，通过 2 个顶点 $(d,e;x,w)$ 和网络的其他部分相连。

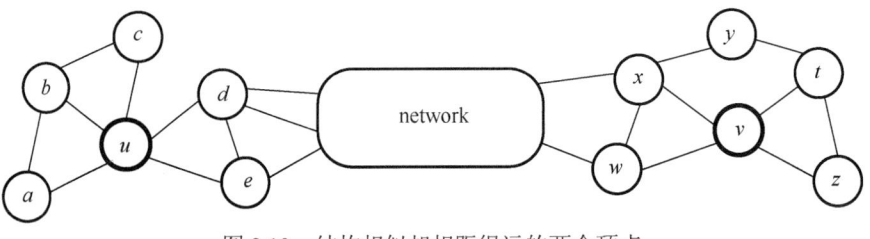

图 2.10　结构相似却相距很远的两个顶点

直观地看，具有相同度数的顶点是结构相似的，若各自邻居顶点仍然具有相同度数，那么它们的相似度更高。

2.3.2　Struc2vec

数十年来，欧氏空间上的网络顶点嵌入受到了来自不同领域研究者的关注。由于网络顶点嵌入可以直接用于分类和群集等任务，因此研究者认为该技术有助于机器学习应用。从网络中学习语言模型这一思想最早是由 DeepWalk 提出的，此后，node2vec 又为之提供了更多的灵活性。而 subgraph2vec 是另一种学习有根子图的顶点嵌入的最新方法。本节将重点介绍 Struc2vec 这种用于学习顶点一致性的方法。

Struc2vec 是一个用于学习顶点一致性的潜在表示方法，具有新颖、灵活的特点。Struc2vec 使用层次结构来衡量不同尺度下的顶点相似度，并构建多层图编码结构相似度及为顶点生成结构性上下文。数值实验表明，用于学习顶点表示的最新技术无法捕获更强的结构一致性概念，而 Struc2vec 克服了现有方法的局限性，在该任务中表现出优越的性能。Struc2vec 提高了分类任务的性能，而分类任务在很高程度上依赖于结构一致性。

1. Struc2vec 的关键思想

Struc2vec 是一种通过潜在表示研究结构一致性的有力工具，其关键思想有以下三点。

- 无视顶点、边属性，以及它们在网络中的位置来评估顶点之间的结构相似性。因此，具有相似局部结构的两个顶点被视为相似的，与其邻居的网络位置和顶点标签无关。Struc2vec 不需要连通的网络就可以识别不同连接分量中结构相似的顶点。
- 建立一个衡量结构相似性的层次结构，允许定义结构相似的不同程度的概念。特别是，在层次结构的底部，顶点之间的结构相似性仅取决于它们本身，而层次结构顶部的相似度取决于整个网络(从顶点的角度来看)。
- 为顶点生成随机上下文，这些顶点是通过遍历多层图(而不是原始网络)的加权随机游走观察到的结构相似顶点的序列。因此，频繁出现的具有相似上下文的两个顶点可能具有相似的结构。语言模型可以利用这种上下文来学习顶点的潜在表示。

2. Struc2vec 的主要步骤

Struc2vec 的主要执行步骤如下。

1)衡量结构相似度

确定不同邻居大小的图中每个顶点对之间的结构相似性。这会引出顶点之间结构相似性度量的层次结构，从而提供更多信息来评估层次结构中每个层次的结构相似性。

有一无向无权图 $G=(V,E)$，由顶点集 V 和边集 E 组成，其中 $n=|V|$ 表示图中的顶点数，k^* 为图的直径。令 $R_k(u)$ 表示距 G 中顶点 u 距离(跳数)等于 k 的顶点集，$s(S)$ 表示集合 S 的有序度数列。$f_k(u,v)$ 表示考虑 k 跳之内的邻居时顶点 u 和 v 之间的结构距离，其数学表达式如下：

$$f_k(u,v) = f_{k-1}(u,v) + g(s(R_k(u)), s(R_k(v))),$$
$$k \geq 0, \quad |R_k(u)|, |R_k(v)| > 0 \tag{2.7}$$

式中，$g(D_1, D_2) \geq 0$ 衡量了两个有序度序列 D_1 和 D_2 之间的距离，$f_{-1} = 0$。由式(2.7)可以看出，$f_k(u,v)$ 关于 k 非递减，并且当顶点 u 和 v 在距离 k 上都存在时才有定义。

2)构造上下文图

构建一个加权多层图，其中图中的所有顶点都存在于每个层中，每个层对应于测量结构相似性时的层次级别。而且，每个层内每个顶点对之间的边权重与其结构相似性成反比。

设 $G=(V,E)$ 为原图，k^* 为图的直径。令 M 表示多层图，第 k 层由顶点的 k 跳邻居定义。M 的每个层由一个加权无向完全图形成。同一层中的两个顶点间边的权重

表示为

$$w_k(u,v) = \mathrm{e}^{-f_k(u,v)}, \quad k = 0,\cdots,k^* \tag{2.8}$$

只有当 $f_k(u,v)$ 有定义时，边才会有定义。权重与结构距离成反比，与顶点 u 结构相似的顶点在 M 的各层中有更大的权重。

使用以下有向边连接各层，每个顶点被分别连接到该层之下和之上与它对应的顶点上。因此，层 k 中每个顶点 u 被连接到层 $k+1$ 和层 $k-1$ 中的对应顶点 u 上。层与层之间边的权重定义为

$$w(u_k, u_{k+1}) = \log_2(\Gamma_k(u) + \mathrm{e}), \quad k = 0,\cdots,k^*-1$$
$$w(u_k, u_{k-1}) = 1, \quad k = 1,\cdots,k^*-1 \tag{2.9}$$

式中，$\Gamma_k(u)$ 是指向顶点 u 的权重，其值为大于层 k 中完全图的平均边权重的边的数量，即

$$\Gamma_k(u) = \sum_{v \in V} 1(w_k(u,v) > \overline{w_k}) \tag{2.10}$$

$\Gamma_k(u)$ 衡量了顶点 u 和层 k 中其他顶点的相似度。

3）生成顶点的上下文

使用多层图为每个顶点生成上下文。具体而言，多层图上的带偏置随机游走用于生成顶点序列。这些序列可能包括结构更类似的顶点。

通过多层图 M 可生成每个顶点 u 的结构上下文，M 捕捉了 G 中顶点中结构相似的结构。

假设游走仍在当前层中进行，层 k 中由顶点 u 游走到顶点 v 的概率为

$$p_k(u,v) = \frac{\mathrm{e}^{-f_k(u,v)}}{Z_k(u)} \tag{2.11}$$

式中，$Z_k(u)$ 是层 k 中顶点 u 的标准化因子，定义为

$$Z_k(u) = \sum_{\substack{v \in V \\ v \neq u}} \mathrm{e}^{-f_k(u,v)} \tag{2.12}$$

随机游走更偏向于选择与当前顶点在结构上更相似的顶点，因此顶点 u 的上下文更可能有结构上相似的顶点，且独立于原图 G 中的标签和位置。

随机游走以概率 $1-q$ 移动到另一层，以与边权重成正比的概率走向层 $k+1$ 或层 $k-1$ 中的对应顶点。具体地，概率定义为

$$p_k(u_k, u_{k+1}) = \frac{w(u_k, u_{k+1})}{w(u_k, u_{k+1}) + w(u_k, u_{k-1})}$$
$$p_k(u_k, u_{k-1}) = 1 - p_k(u_k, u_{k+1}) \tag{2.13}$$

最后，对于每个顶点 u，随机游走从层 0 中的对应顶点开始。随机游走具有固定的相对短的长度(步数)，游走过程重复特定次数，这就产生了多次独立的游走(顶点 u 的多个上下文)。

4)学习语言模型

Skip-Gram 可以从图中生成的顶点序列的上下文中学习潜在表示。具体地，在 Struc2vec 中，这些序列由在多层图 M 中的带偏置随机游走产生。给定一个顶点，Skip-Gram 的目的是最大化一个序列中该顶点上下文的似然。

2.3.3   node2vec

node2vec 也是一种图嵌入方法，与传统的图嵌入方法不同，node2vec 在随机游走时使用 BFS 和 DFS 两种算法进行偏向随机游走，以达到分别表征网络的结构对等性和同质性的目的。与无任何指导的随机游走相比，算法通过引入 Return Parameter 和 In-out Parameter 来达到有偏游走的目的，即通过设定不同的偏置，使得整个随机游走过程在 BFS 和 DFS 之间进行。

接下来介绍两种重要的特性。

- 结构对等性(Structural Equivalence)。结构对等性主要用于表征顶点之间结构的相似性，即相同结构的顶点在结构对等性上的表征应该是相似的。通过 BFS 能尽可能地遍历顶点周围相邻地的顶点信息，因此 BFS 更适合用来表征顶点的结构对等性。
- 同质性(Homophily)。同质性表征的是相邻的顶点具有相似的性质，与 Word2vec 有点类似，即经常一起出现的单词，大概率上意思具有相同的表述。因为 DFS 能从宏观上反映各顶点的邻域情况，因此基于 DFS 的网络同质性表征更多地被用来做社区发现。

在随机行走的基础上，为每一步行走引入偏置，图 2.11 展示了 node2vec 的有偏随机游走过程。

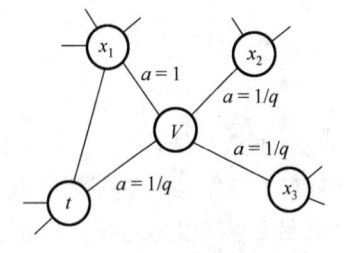

图 2.11   node2vec 的有偏随机游走过程

算法定义了一个二阶游走的过程：假设目前已经游走到了顶点，此时从当前顶点游走到下一个顶点的转移概率为

$$\pi_{vx} = \alpha_{pq}(t,x) \cdot w_{vx}$$

$$\alpha_{pq}(x,y) \begin{cases} \dfrac{1}{p}, & \text{if } \text{dis}_{xy} = 0 \\ 1, & \text{if } \text{dis}_{xy} = 1 \\ \dfrac{1}{q}, & \text{if } \text{dis}_{xy} = 2 \end{cases}$$

其中，dis_{xy} 代表顶点 x 与顶点 y 之间的最短距离，且 dis_{xy} 的取值必须为 $\{0,1,2\}$ 中的元素。式中的 p 称为 Return Parameter，q 称为 In-Out Parameter，具体的说明如下：

- Return Parameter，p 控制一次游走返回上一个顶点的可能性。即当一次游走从顶点 t 走到顶点 v，然后回到顶点 t 的概率。如果该值设置得比较大，那么从一个顶点游走回到上一个顶点的概率就小，即该游走会越走越远，越来越偏离起点。这样就可以达到游走到某个出发点领域或某个出发点更深度域的目的。参数 p 并不直接控制整个游走过程是 DFS 的还是 BFS 的，只控制游走的区域是一直接近起点的还是逐渐远离起点的。

- In-Out Parameter，q 用来决定每一次的游走方向是向内游走还是向外游走。q 大于 1 时，随机游走方向为靠近顶点 x，就是游走向靠近顶点 x 的区域，用的方法为 BFS。q 小于 1 时，随机游走方向为远离顶点 x，也就是游走向远离顶点 x 的区域，用的方法为 DFS。

因此参数 p 决定了随机游走的区域，而参数 q 决定了随机游走的方向，而两者的结合后，通过若干次有偏游走，能更全面地表征网络上顶点的结构信息和同质性。

node2vec 算法的伪代码如下：

```
node2vec Algorithm
1   LearnFeatures
    Input:graph G(V,E,W),Dimensions d,walks per node r,walk length
t,context size k,return p,in-out q
2   π=PreprocessModifiedWeights(G,p,q);
3   G'=(V,E,π)
4   initialization:walks to Empty
5   for iter←1 to r do
6       for each uᵢ∈V do
7           walks=node2vecWalks(G',uᵢ,l);
8           Append walks to walks
9       end
10  end
11  f=stochasticGradientDescent(k,d,walks)
12  return f
13
14  node2vecWalk
```

```
Input:graph G',start node u,Length l
15  Inititalize walk to [u]
16  for iter←1 to l do
17       curr=walk[-1]
18       Vcurr=GetNeighbors(curr, G')
19       s=AliasSample(Vcurr, π)
20       Append s to walks
21  end
22  return walks
```

2.3.4 LINE

LINE 原名叫大规模信息网络嵌入。LINE 和 DeepWalk 及 node2vec 算法不同，它不是采用的 SkipGram 等模型进行嵌入计算的算法。LINE 利用了 BFS 的方式，主要考虑优化一阶相似性和二阶相似性，来优化顶点的特征表示，从这个角度而言 LINE 与 SDNE 等算法比较相似。

LINE 中定义了如下几个概念。

● 信息网络：信息网络就是拥有顶点(代表数据对象)和顶点之间的连边的网络。边可能拥有权重，也可能没有，同时，边可能具有方向，也可能是无向边。

● 一阶相似性：指的两个顶点的局部相似性，这是对两个顶点的直接刻画。 如果两个顶点直接相连，则该指标为 1，反之为 0。

● 二阶相似性：指的是两个顶点的邻居网络结构的相似性，如果两个顶点的邻居顶点都不具有一阶相似性，则这两个顶点也不具有二阶相似性。

LINE 对于给定的大规模信息网络，计算每个顶点的低维表征。

一阶相似性用下面的公式表示：

$$p_1(v_i, v_j) = \frac{1}{1 + \exp(-\boldsymbol{u}_i^{\mathrm{T}} \cdot \boldsymbol{u}_j)}$$

其中，在 LINE 中，如果顶点为 v_i, v_j，那么 $\boldsymbol{u}_i$ 和 $\boldsymbol{u}_j$ 分别为其向量表征，一阶相似性公式的含义是顶点空间上的顶点分布，也就是说，可以通过优化顶点空间上的顶点分布来获得最好的向量表征，即 $\boldsymbol{u}_i$ 和 $\boldsymbol{u}_j$。最直接的利用距离的方式如下：

$$O_1 = d\left(\widehat{p_1}(\because), p_1(\because)\right)$$

减少这个距离的方式就是改变公式的输入参数，也就是顶点的嵌入，这样来获得能够保存一阶相似性的顶点嵌入。LINE 中用于衡量顶点分布相似性的方法是 KL 散度。

二阶相似性用下面的公式表示：

$$p_2(v_j \mid v_i) = \frac{\exp(-\boldsymbol{u}_j^{\mathrm{T}} \cdot \boldsymbol{u}_i)}{\sum_{k=1}^{|V|} \exp(-\boldsymbol{u}_k^{\mathrm{T}} \cdot \boldsymbol{u}_i)}$$

二阶相似性用于优化顶点的周围邻居出现的概率，按照距离的方式，可以得到：

$$O_2 = \sum_{i \in V} \lambda_i d\left(\widehat{p_2}(\cdot \mid v_i), p_2(\cdot \mid v_i)\right)$$

因此同样可以通过优化顶点的嵌入来优化顶点的二阶分布的保存效果，使用的方法还是 KL 散度。

2.3.5　图自编码器

1. 自编码器

要理解图自编码器，首先要了解什么是自编码器。

自编码器 (Autoencoder) 是一种无监督学习的神经网络模型，用于学习数据的有效表示。它由两个主要部分组成：编码器 (Encoder) 和解码器 (Decoder)。概念图如下：

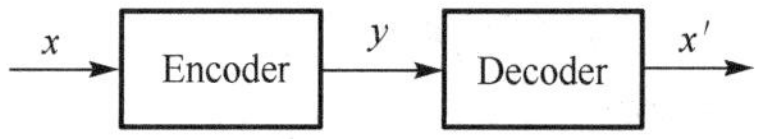

$$x \rightarrow \boxed{\text{Encoder}} \xrightarrow{y} \boxed{\text{Decoder}} \rightarrow x'$$

图 2-12　自编码器概念图

编码器将输入数据转换为低维的编码表示，通常称为隐藏层或特征向量。编码器的目标是捕捉输入数据中的关键特征，并将其压缩成更紧凑的表示形式。常见的编码器结构包括多层感知器 (MLP) 或卷积神经网络 (CNN)，具体结构根据数据类型和任务而定。

解码器接收编码器生成的隐藏层表示，并尝试将其还原回原始输入数据的形式。解码器的目标是重建输入数据，并使其尽可能地接近原始数据。解码器通常与编码器具有相似的结构，但是层的结构和参数与编码器是镜像的。

自编码器的训练过程包括两个主要步骤：编码器的前向传播和解码器的反向传播。在前向传播中，输入数据通过编码器生成隐藏层表示。在反向传播中，解码器使用重建数据与原始数据之间的误差来计算梯度，并通过梯度下降算法更新网络参数，以减小重建误差。

自编码器通过训练，可以学习到数据的紧凑表示形式，并且可以用于数据的降维、特征提取和去噪等任务。此外，自编码器还可以用于生成模型，通过在隐藏层中引入噪声，从而生成与原始数据类似但稍有差异的新数据。

搭建一个自编码器需要完成下面三个工作：

● 搭建编码器；

● 搭建解码器；

● 设定一个损失函数，用以衡量由于压缩而损失掉的信息。

编码器和解码器一般都可用参数化的方程表示，并关于损失函数可导，典型情况是使用神经网络。编码器和解码器的参数可以通过最小化损失函数而优化，如采用随机梯度下降 (SGD)。

例如，根据上面的介绍，自编码器可看作由两个级联网络组成：

第一个网络是一个编码器，负责接收输入 x，并将输入通过函数 h 变换为信号 y：$y = h(x)$。

第二个网络将编码的信号 y 作为其输入，通过函数 f 得到重构的信号 r：$r = f(y) = f[h(x)]$。

定义误差 e 为原始输入 x 与重构信号 r 之差，$e=x-r$，网络训练的目标是减少均方误差（MSE），同 MLP 一样，误差被反向传播回隐藏层。

2. 图自编码器原理

将自编码器应用在图领域中，其就变成了图自编码器（Graph Auto-Encoders，GAE），GAE 的输入对象为图，其将顶点映射到潜在特征空间中并从潜在表示中解码图信息的深度神经网络结构，可用于学习网络嵌入或生成新的图。

网络嵌入是顶点的低维向量表示，可以保留顶点的拓扑信息。GAE 使用编码器学习网络嵌入，并使用解码器强制网络嵌入保持图的拓扑信息，例如，采用 PPMI（Positive PMI，正的点互信息）矩阵和邻接矩阵。早期的方法主要使用多层感知器构建 GAE 进行网络嵌入学习。图表示的深度神经网络（Deep Neural Network for Graph Representations，DNGR）使用堆叠降噪自编码器通过多层感知器对 PPMI 矩阵进行编码和解码。同时，结构深度网络嵌入（Structural Deep Network Embedding，SDNE）使用堆叠自编码器同时保持顶点的一阶邻近性和二阶邻近性。SDNE 分别提出了两个损失函数，用于编码器和解码器的输出。第一个损失函数通过最小化顶点的网络嵌入与其邻居的网络嵌入之间的距离，使得学习到的网络嵌入能够保持顶点的一阶邻近性。第一个损失函数 L_{1st} 定义如下：

$$L_{1st} = \sum_{(v,u)\in E} A_{v,u} \left\| enc(\boldsymbol{x}_v) - enc(\boldsymbol{x}_u) \right\|^2$$

其中 enc 是一个由多层感知器构成的编码器。第二个损失函数使得学习到的网络嵌入能够保持顶点的二阶邻近性，通过最小化顶点的输入与其重构输入之间的距离。具体而言实现，第二个损失函数 L_{2nd} 定义为

$$L_{2nd} = \sum_{v\in V} \left\| [dec(enc(\boldsymbol{x}_v)) - \boldsymbol{x}_v] \odot \boldsymbol{b}_v \right\|^2$$

其中，dec 是一个由多层感知器构成的解码器。DNGR 和 SDNE 只考虑顶点之间的连接信息，即顶点的结构信息。它们忽略了顶点可能包含描述顶点属性的特征信息。图 GAE 利用图卷积神经网络（GCN）同时编码顶点的结构信息和特征信息。GAE 由两个图卷积层组成，形式为

$$\boldsymbol{Z} = enc(\boldsymbol{X},\boldsymbol{A}) = Gconv(f(Gconv(\boldsymbol{A},\boldsymbol{X};\boldsymbol{\Theta_1}));\boldsymbol{\Theta_2})$$

其中，$\boldsymbol{Z}$ 表示图的网络嵌入矩阵，f 是 ReLU 激活函数，Gconv 函数代表图卷积层。GAE 的解码器旨在通过重构图的邻接矩阵，从顶点的嵌入中解码顶点之间的关系信息，其定义为

$$\widehat{A}_{v,u} = \mathrm{dec}(z_v, z_u) = \sigma(z_v^{\mathrm{T}} z_u)$$

其中，z_v 表示顶点 v 的嵌入。GAE 的解码器通过最小化给定真实邻接矩阵 A 和重构邻接矩阵 $\overline{A}$ 的负交叉熵来进行训练。

仅仅重构图的邻接矩阵可能会导致过拟合，这是由于自编码器具有容量限制。变分图自编码器（Variational Graph Autoencoder，VGAE）是 GAE 的变分版本，用于学习数据的分布。VGAE 优化变分下界 L，以更好地捕捉数据的潜在分布。

$$L = E_{q(Z|X,A)}[\lg p(A|Z)] - \mathrm{KL}[q(Z|X,A) \| p(Z)]$$

VGAE 同样拥有一对编码器和解码器。编码器又称为 Inference Model，即推理模型。在 GAE 中，训练结束后只要输入邻接矩阵 A 和顶点特征矩阵 X，就能得到顶点的向量表示 Z。

与 GAE 不同，在变分图自编码器中，顶点向量不是由一个确定的 GCN 得到的，而是从一个多维高斯分布中采样得到的。高斯分布的均值和方差由两个 GCN 确定：

$$\mu = \mathrm{GCN}_{\mu}(X, A)$$

$$\lg \sigma = \mathrm{GCN}_{\sigma}(X, A)$$

在原始算法中，两个 GCN 都是两层的，且第一层的参数是共享的。

有了均值和方差后，就能唯一地确定一个多维高斯分布，然后从中进行采样以得到顶点的嵌入表示 Z，也就是说，嵌入向量的后验概率分布为

$$q(Z|X,A) = \prod_{i=1}^{N} q(z_i|X,A)$$

这里：

$$q(z_i|X,A) = \mathcal{N}(z_i|\mu_i, \mathrm{diag}(\sigma_i^2))$$

其中，μ_i 和 σ_i^2 分别表示顶点向量的均值和方差。

也就是说，通过两个 GCN，我们得到了所有顶点向量的均值和方差，再从中采样形成顶点向量。具体来讲，编码器得到多维高斯分布的均值向量和协方差矩阵后，就可以通过采样来得到顶点的向量表示，常见的采样方法有逆变换法（Inverse Transform Method）、拒绝采样（Rejection Sampling）、重要性采样及其重采样（Importance Sampling，Sampling-Importance-Resampling）、马尔科夫蒙特卡罗采样（Markov Chain Monte Carlo）等。

第3章　图计算系统

图计算是以图作为数据模型来表达问题并予以解决的过程。图计算是研究客观世界中事物与事物之间的关系并对其进行完整刻画、计算和分析的一门处理图的技术，是大数据关联属性的最佳表达方式。

事实上，在大规模图数据上进行计算并不是一个最近才出现的需求。一些传统应用，包括超大规模集成电路的设计、运输路线的规划、电力网络的仿真模拟等，都需要将数据抽象成图的表示并用到各种面向图的算法。当前，图计算在各行各业中得到了广泛应用。基于图模型的数据分析方法已经应用在了互联网的很多场景中，如社交网络分析、网页排序、文本检索和社区发现等。例如，为了提高用户的搜索体验，Baidu 公司需要定期对 Web 中数以亿计的网页进行影响力排序，从而将高价值和高影响力的网页排列到搜索结果的前列；Facebook 需要对大量的社交网络图进行分析，以掌控社交网络的结构状态和提高广告的推送准确率。

在天体物理学、计算化学、生物信息学等自然科学领域，图计算也有广泛的应用，如化学分子结构分析和蛋白质网络分析。生物科学家可以通过对蛋白质的子图匹配等分析了解蛋白质之间的相互作用，进而研制出更有效的临床医药产品；对人类基因组图谱的分析使得科研人员可以为个人量身确定预防性疗法并且制造各种新药物，也可以帮助医生检查腹中胎儿是否有遗传缺陷。

随着图数据规模的爆炸式增长和复杂计算需求的不断增加，图计算系统、大规模图处理算法和图计算优化等技术日益受到关注。当前大数据、云计算等技术正处于快速发展时期，利用大数据的机器学习和深度学习算法都依赖于图计算。但是图数据本身的关联性、幂律性、迭代运算等特点使得图计算的性能一直存在瓶颈，而实际应用中图数据规模巨大、结构复杂，再加上图计算算法本身具有较高的计算复杂性，因此大规模图计算已超出了单台计算机的存储和运算能力，带来了巨大的挑战。为了应对这些挑战，图计算成为学术界和工业界的热点之一。以高效解决图计算问题为目标的系统软件称为图计算系统。

本章将首先对图计算进行概述，继而介绍图计算模型、关键技术和计算系统，最后简述图计算的一些应用。

3.1　图计算概述

图计算的优势在于将数据按照图的方式建模，获得以往用扁平化的视角很难得到的结果；图可以将各类数据关联起来，将不同来源、不同类型的数据融合到一起进行分析，得到原本独立分析难以发现的结果；图的表示可以让很多问题的处理更加高效，例如，最短路径、连通分量等，只有用图计算的方式才能予以高效解决。随着图数据规模的不断增长，人们对图计算能力的要求越来越高，专门面向图数据处理的计算系统便是诞生在这样的背景下的。

图计算具有一些区别于其他类型计算任务的挑战与特点。一方面图计算随机访问多，围绕图的拓扑结构展开，计算过程会访问边及关联的两个顶点，但由于实际图数据具有稀疏性，不可避免地产生了大量随机访问；另一方面，图计算具有不规则性，实际图数据具有幂律分布的特性，即绝大多数顶点的度数很小，极少部分顶点的度数却很大（例如，Facebook 上明星账号的粉丝数可能高达数百万，而大多数用户的粉丝数一般是几十），这使得计算任务的划分较为困难，十分容易导致负载不均衡。基于上述挑战，图计算的访存计算比很高，而在图计算的计算过程中，访存开销占据了很大的比例。为了提高图计算的性能，好的内存架构和管理策略必不可少。

目前人们已经从不同的层面来改善图计算过程中的访存模式来提高图计算的性能，包括对于图数据结构的处理，设计新的计算模式，采用新型内存硬件架构，设计相关加速器等，这些都可以提高图计算的访存效率，从而优化图计算的性能并降低能耗。

现有的工作针对不同的架构平台进行了多方面尝试，主要的架构平台包括高性能 GPU 架构、基于 PIM(Processing In Memory) 的架构及专用图计算加速器(ASIC 和 FPGA)。GPU 的高并行度与高带宽对图计算的加速起到了至关重要的作用；为了减少内存访问带来的开销，研究人员设计了各种数据格式和图计算算法以提高访存效率。PIM 技术让许多新兴硬件应用到图计算中，如 HMC(Hybrid Memory Cube)，ReRAM(Resistive RAM)等，实现访存一体化，减少了内存数据的移动传输带来的开销。突破了通用处理器的限制，图计算专用加速器的设计包括基于 FPGA 的设计及专用芯片(ASIC)的设计，尝试自主设计运算流水线、访存模式等优化策略来提高效率及减少能耗。

本节首先对比图计算和通用大数据处理系统，接下来对早期的图计算框架和图计算系统进行概述，并介绍图计算的编程模型和图计算系统中的语言。

3.1.1　图计算与通用大数据处理系统

Google 发表于 SOSP'03 上的关于 GFS(Google File System) 的论文和 OSDI'04 上的关于 MapReduce 的论文展现了如何通过较为廉价的普通服务器集群进行大规模数据的管理和处理。基于这两篇论文的核心想法，Hadoop 于 2006 年诞生，并一直以开源的模式发展至今，成为处理大规模图数据的原始武器。

尽管 MapReduce 的处理模型十分简洁易懂，但它并不适合图数据分析。这是由图分析算法的特点导致的：它们通常都采用迭代式的计算过程，且每一轮计算涉及的数据会随着算法的进度不断发生变化。使用 Hadoop 实现图分析算法时，不得不反复地将中间结果序列化到磁盘，从而产生了不必要的开销。

事实上，凡是需要迭代式计算的场景，如很多机器学习问题用到的算法都不适合用 Hadoop 来完成。Spark 针对这一点，提出了将中间结果缓存到内存中的想法，尽可能地避免中间结果落地到外存上；通过用户自定义的划分方法，可以极大地减少机器之间的通信。相比 Hadoop，Spark 能够在图数据的规模能够容纳到集群的内存中时获得显著的性能提升。

但是，Spark 的 RDD（Resilient Distributed Datasets）模型还是限制了它的发挥：Spark 在计算过程中产生的 RDD 都是不可变（Immutable）的，因此产生的大量中间结果依然会导致不必要的内存占用从而影响能够处理的图数据规模和图计算效率。

针对图计算的特点和需求，一系列图计算框架和系统应运而生，下面先对早期系统进行概述，3.4 节将介绍一些新型图计算系统。需要指出的是，尽管使用通用的大数据处理系统如 Hadoop/Spark 等进行图计算的效率较低，但它们在图数据计算预处理/后处理等场景上依然有不可或缺的作用。

3.1.2 图计算框架

在"图计算系统"的概念出现前，完成图相关的计算任务通常需要针对每个场景编写相应的专用程序。借助已有的程序库可以减少不少工作量，例如，大名鼎鼎的 Boost 中包含了专门面向图计算的 BGL（Boost Graph Library）和 PBGL（Parallel Boost Graph Library）。BGL 提供了用于表示图的数据结构及一些常用的图分析算法；PBGL 则扩展了 BGL，在此之上基于消息传递接口（Message Passing Interface, MPI）提供了并行/分布式计算的能力。CGMgraph 与 PBGL 类似，基于 MPI 支持一系列图算法的并行/分布式实现。

然而，早期的这些面向图计算的程序库缺乏对用户友好的编程模型，需要介入和管理的细节较多，上手难度较大。图计算应用具有与常见应用不一样的计算模式，对强调通用性的通用架构十分不友好，所以图计算系统需要为图计算应用做各种特定的优化，这些优化主要是图数据划分方案和预处理等优化技术。

基于 CPU 通用架构面向传统图计算应用的框架主要利用 CPU 中大容量的 Cache 和大容量的内存（DRAM）等优势处理更大规模的图并减少对存储（Storage）的访问，主要的代表性工作有 Pregel、PowerGraph、GraphMat、GraphChi 等。

基于 GPU 通用架构，面向传统图计算应用的框架主要利用 GPU 的高带宽片外存储挖掘图计算应用的内存级别的并行性，以及利用 GPU 的万线程挖掘图计算的计算并行性和掩盖访存延迟，代表性工作主要有 Tigr、Gunrock、Cusha 等。Tigr 致力于利用离线预处理技术将结构不规则的图转变为结构规则的图，以均衡线程之间的负载。Gunrock 采用 Data-Centric 编程模型，并给出基于 Advance、Filter、Compute 这 3 种函数的抽象，通过该抽象，Gunrock 可以实施各种在线预处理优化方案以均衡负载和去掉冗余计算等。Cusha 则采用 G-shards 和 ConcatenatedWindows 这 2 种新的图数据表示方式，并利用预处理构造上述 2 种数据结构。G-shards 和 ConcatenatedWindows 这 2 种结构有助于 GPU 实现合并的访存操作，以减少访存歧义。

基于传统架构设计的图神经网络框架大部分都是基于 GPU 设计的，目的是利用 GPU 中富裕的计算资源满足图神经网络对计算资源的需求。主要的代表性工作有 NeuGraph、PyTorchGeometry、DGL（Deep Graph Library）等。NeuGraph 是第一个既高效又具有高拓展性的图神经网络框架。NeuGraph 弥合了传统图计算系统与传统神经网络系统的鸿沟，实现了高效的图神经网络框架。NeuGraph 通过细粒度图分块方案将图数据分成若干个子图，并在子图的处理之间构建数据流，以高效支持多 GPU 训练和挖掘并行性，从而大大增强了框架的可拓展性。PyTorchGeometry 利用基于 GPU 硬件优化的 Scatter 函数执行 Aggregation（聚合）阶段，基于矩阵乘法执行 Combination（结合）阶段，并提供通用的信息编程模型支持更多的新模型。DGL 利用信息通信机制将传统的神经网络系统进行重新封装，实现了图神经网络框架。然而 DGL 和 PyTorchGeometry 无法高效支持多 GPU 训练，并不具备较强的拓展性。

以上的图计算框架能够高效挖掘现有通用架构的优势，然而为了支持图计算特有的不规则执行行为，预处理的开销非常大。例如，基于 CPU 的 Graphmat 需要昂贵的转换开销将图操作转换为代数运算；基于 GPU 的传统图计算框架 Tigr 的离线预处理时间达到了处理时间的 1 倍以上；基于 GPU 的传统图计算框架 Gunrock 的在线预处理时间则达到了处理时间的 2 倍以上；基于 GPU 的图神经网络框架面临由不规则访存导致的昂贵原子操作和片上与片外之间的频繁数据替换。此外，由于通用架构的计算流水线、内存子系统、存储子系统和通信子系统着眼于通用性，无法对图计算应用的执行语义做出直接且专一的优化，例如，无法控制 Cache 实现感知顶点度数（Degree-Aware）的替换策略等。而且许多为了支持通用性的硬件设计，如 CPU 的乱序执行，导致面积和能耗开销极大，无法满足数据中心对面积和能耗的需求。因此，为了达到高性能和高能效，面向图计算加速的专用架构应运而生。

下面以几个经典系统为例介绍图计算框架。

1. Pregel

Pregel 是由 Google 研发的专用图计算系统。图计算在 Google 内部有很多应用场景，最经典的例子是 PageRank——Google 最早用来对网页进行排序的算法。而 Google 在 2008 年时就已经索引了超过一万亿个网页。尽管使用 MapReduce 能够处理大规模的数据，但日益增长的网页数量对图计算能力提出了越来越高的要求。在这种状况下，Pregel 诞生了。

Pregel 提出了以顶点为中心的图计算编程模型，将算法的每一轮迭代抽象为从单个顶点的角度考虑需要完成的计算过程，即用户自定义的顶点程序（Vertex Programs）。每个顶点有两种状态：活跃和非活跃；每轮迭代中只有活跃顶点需要参与计算。Pregel 使用信息传递（Message Passing）模型在顶点之间通信：用户可以在顶点程序中让一个顶点向其他顶点（通常是邻居）发送信息；根据收到的信息，顶点可以更新自己的状态及计算相关的数据。以顶点为中心的程序抽象使得 Pregel 可以非常容易地以顶点为基本处理单元，使用 BSP(Bulk Synchronous Parallel)模型进行并行/分布式处理，将图计算从单线程扩展到多核进而到多机上。与 MapReduce 相比，Pregel 不仅提供了面向图的编程模型，而且针对图算法通常需要迭代式计算的特点，避免了需要反复将中间结果序列化到磁盘的不必要开销。

Apache 基金会下的 Hama 和 Giraph 是两个较为知名的提供了 Pregel 接口的开源图计算系统。Hama 提供了更底层的 BSP 编程接口，并在此之上构建了面向图计算和深度学习两类场景的 API；Giraph 则扩展了 Pregel 的处理模型，增加了主进程计算(Master Computation)、分布式聚合器(Sharded Aggregators)等功能以提供更丰富的程序表达能力。除此之外，斯坦福大学 InfoLab 的 GPS、阿卜杜拉国王科技大学 InfoCloud 的 Mizan、香港中文大学计算机科学与工程系的 Pregel+、上海交通大学 IPADS 研究所的 Cyclops 等也都沿用了 Pregel 图计算模型，并在多个维度上(如数据划分、负载均衡、通信方式等)进行了优化。在应用上，Facebook 基于 Giraph 使用 200 台机器分析万亿边级别的图数据，计算一轮 PageRank 的用时近 4 分钟。

2. GraphLab

GraphLab 出自卡内基梅隆大学，基于共享内存的机制，允许用户使用异步的方式计算以加快某些算法的收敛速度。针对实际图数据具有幂律分布的特点，以及异步引入的开销导致性能不够理想的问题，GraphLab 团队此后又推出了 2.x 版本框架，并将其命名为 PowerGraph。PowerGraph 的突出贡献是提出了基于顶点分割(Vertex-Cut)思想的图数据划分方法，又称 GAS 模型，其将顶点程序分成了三个步骤——收集信息(Gather)-更新状态(Apply)-分发信息(Scatter)，能够更好地应对实际图数据容易导致的计算/通信不均衡问题。PowerGraph 在 GraphLab 基础上做了优化，针对实际图数据中顶点度数的幂律分布特性，提出了顶点分割的思想，可以实现更细粒度的数据划分，从而实现更好的负载均衡。该计算模型也被用在后续的图计算系统上，如 GraphX。

与 PowerGraph 一起推出的还有另一个来自 GraphLab 团队的工作成果 GraphChi——第一个实现将大规模图数据处理搬到普通 PC 上的系统。GraphChi 的编程模型与 GraphLab 类似，并同样采用了异步的计算模式。其主要原理是通过巧妙的图数据划分和组织，配合其提出的 PSW(Parallel Sliding Windows)处理模型，尽可能地减少随机 I/O 访问(即尽量让 I/O 访问都采用大块的读/写)。GraphChi 能处理规模远超内存容量的图数据，且性能甚至可以与一些分布式解决方案相比。

GraphLab 团队于 2013 年成立了同名公司 GraphLab Inc.，并发布了数据分析框架 GraphLab Create，其底层核心融合了列式存储和图存储模型，能够分析远超内存容量的大规模数据，同时支持分布式的扩展；GraphLab Inc.在 2015 年获得了 1850 万美元的融资，并改名为 Dato；2016 年发布了 GraphLab Create 2.0 并改名为 Turi，后被苹果公司以 2 亿美元的估值收购。

3. GraphX

GraphX 是一个分布式图处理框架，它基于 Spark 平台提供针对图计算和图挖掘简洁易用而丰富的接口，极大地方便了人们进行分布式图处理。设计 GraphX 时，点分割和 GAS 都已成熟，因此 GraphX 在设计和编码中针对它们进行了优化，并在功能和性能之间寻找最佳的平衡点。如同 Spark 本身，GraphX 每个子模块都有一个核心抽象。GraphX 的核心抽象是弹性分布式属性图（Resilient Distributed Property Graph），一种点和边都带属性的有向多重图。它扩展了 Spark RDD 的抽象，有 Table 和 Graph 两种视图，而只需要一份物理存储。两种视图都有自己独有的操作符，从而实现了灵活操作，提高了执行效率。如同 Spark，GraphX 的代码非常简洁。GraphX 的核心代码只有 3000 多行，而在此之上实现的 Pregel 模式只要短短的 20 多行。GraphX 的代码结构整体如图 3.1 所示，其中大部分的实现，都是围绕划分的优化进行的。这在某种程度上说明了点分割的存储和相应的计算优化的确是图计算框架的重点和难点。

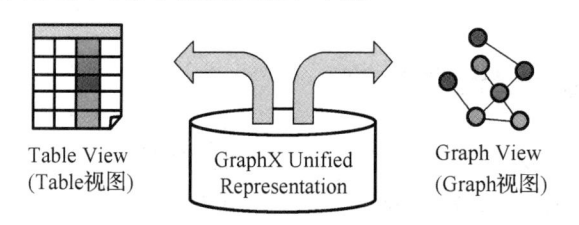

Table View
(Table视图)

GraphX Unified
Representation

Graph View
(Graph视图)

图 3.1　GraphX 的代码结构

GraphX 的底层设计有以下关键点：

对 Graph 视图的所有操作，最终都会转换成其关联的 Table 视图的 RDD 操作。这样对一个图的计算过程最终在逻辑上等价于一系列 RDD 的转换过程。因此，Graph 最终具备了 RDD 的 3 个关键特性：Immutable（不变性）、Distributed（分布式）和 Fault-Tolerant（容错性），其中最关键的是 Immutable。逻辑上，所有图的转换和操作都产生了一个新图；物理上，GraphX 会有一定程度的不变顶点和边的复用优化，对用户透明。

两种视图底层共用的物理数据，由 RDD[Vertex-Partition]和 RDD[EdgePartition]这两个 RDD 组成。点和边实际上都不是以表 Collection[tuple] 的形式存储的，而是由 VertexPartition/EdgePartition 在内部以一个带索引结构的分片数据块来存储的，以加速不同视图下的遍历速度。不变的索引结构在 RDD 转换过程中是共用的，降低了计算和存储开销。

如图 3.2 所示，图的分布式存储采用点分割模式，而且使用 partitionBy 方法，由用户指定不同的划分策略（Partition Strategy）。划分策略会将边分配到各个 EdgePartition 上，将顶点 Master 分配到各个 VertexPartition 上，EdgePartition 也会缓存本地边关联点的镜像副本。划分策略的不同会影响到所需要缓存的镜像副本数量，以及每个 EdgePartition 分配的边的均衡程度，需要根据图的结构特征选取最佳策略。目前，有四种策略，分别为 EdgePartition2d、EdgePartition1d、RandomVertexCut 和 CanonicalRandomVertexCut。

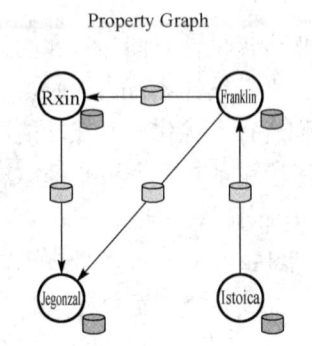

Property Graph

Vertex Property Table

ID	Property (V)
Rxin	(Stu., Berk.)
Jegonzal	(PstDoc, Berk.)
Franklin	(Prof., Berk.)
Istoica	(Prof., Berk.)

Edge Property Table

SrcID	DstID	Property(E)
Rxin	Jegonzal	Friend
Franklin	Rxin	Advisor
Istoica	Franklin	Coworker
Franklin	Jegonzal	PI

图 3.2　内部存储

3.1.3　图计算的编程模型

为了增强软件框架或硬件的表达能力，以及挖掘图计算应用的并行性，图计算应用专用的编程模型应运而生。主流的编程模型有 Vertex-Centric 编程模型和 Edge-Centric 编程模型，这两种模型都可以被 GAS（Gather，Apply，Scatter）模型统一表示。Gather 函数主要用于根据每个顶点的入边收集邻居的信息，Apply 函数主要用于对收集到的信息进行加工以更新顶点的属性信息，Scatter 函数用于将更新之后的信息根据出边扩散到所有邻居顶点。这 3 个函数会持续迭代执行，直到迭代次数达到指定次数或者计算结果完成收敛为止。

Vertex-Centric 模型在文献中被提出之后，广泛用于各种图计算框架（如上文介绍的 Gregel 和 GraphX 等）中。如算法 1 所示，该模型的核心思想是"以顶点为中心思考"，即从每个源顶点或者激活顶点出发进行扩散操作，并将信息传递到邻居顶点中。每个激活顶点的计算，以及属于每个激活顶点的每一条边的计算和信息传递都是独立的，可挖掘的并行度非常高。

算法 1　Vertex-Centric 编程模型

```
1    while 仍未结束：
2        Scatter 阶段：
3        for 每个节点 v do：
4            if v 具有更新 u then：
5                通过 v 的出边发送 u 给邻居节点
6        Gather 阶段：
7        for 每个更新 u do：
8            if 更新条件满足 then：
9                更新节点 u.dest
```

如算法 2 所示，Edge-Centric 编程模型的核心思想是基于边执行顶点的计算。从每一条边出发，为该边的目的顶点收集源顶点的信息，并用该信息更新目的顶点。由于所有的边处理可以同时执行，因此并行度非常高。上述模型在实现中可具体表示为 Process_edge，Reduce，Apply 这 3 个依据算法可配的自定义函数。在遍历边的过程中，Process_edge 函数用于处理被遍历的边，获得边处理结果。例如，在最短路径算法中，利用源顶点的属性值和边上的权重计算两点的距离。然后边处理结果被送入 Reduce 函数中，与相应顶点的临时顶点属性进行比较。又如，在最短路径中，完成前后两段距离的比较。最后，待所有的边遍历结束之后，Apply 函数利用顶点临时属性和一些常量顶点属性完成顶点属性的正式更新。

算法 2　Edge-Centric 编程模型

```
1    while 仍未结束：
2        Scatter 阶段：
3        for 每条边 e do：
4            if 节点 e.src 具有更新 u then：
5                发送 u 给节点 e.src
6        Gather 阶段：
7        for 每个更新 u do：
8            if 更新条件满足 then：
9                更新节点 u.dest
```

Vertex-Centric 和 Edge-Centric 编程模型的主要区别在于访存行为和计算效率两方面。在访存行为方面，Vertex-Centric 编程模型在每一次的迭代中，从激活顶点出发，利用激活顶点的编号访问偏移数据，接着利用偏移在边数组中对边表进行访问，然后根据边表内的邻居顶点编号对所有邻居顶点的顶点属性进行访问。由于需要利用激活顶点编号对偏移数据进行索引并且需要利用偏移数据对边表进行索引，所以对于每个激活顶点，其对偏移数据及边表第 1 条边的访问是不规则的，而对其剩余的其他出边的访问则是顺序的。需要注意的是，对于全顶点遍历算法，由于所有顶点的邻居都会被访问，所以不存在对偏移数据和边数据的不规则访问。此外，利用邻居顶点编号索引邻居顶点的属性数据，会导致间接且不规则的细粒度访存。Edge-Centric 编程模型则在每一次的迭代中遍历所有的边，执行过程能够以流（Stream）方式连续访问所有的边数据。因此，Edge-Centric 编程模型不产生对偏移数据和边数据的不规则访问，但对目的顶点的访问仍然是不规则的细粒度访问。在计算效率方面，Vertex-Centric 编程模型在每一次迭代中只遍历上一次迭代被激活（被修改）顶点的出边，而 Edge-Centric 编程模型在每次迭代都需要遍历所有边，会造成许多无效计算和访存。

除 Vertex-Centric 和 Edge-Centric 这两种主流的编程模型之外，还有一些其他的编程模型。例如，结合 Vertex-Centric 和 Edge-Centric 编程模型优点的混合编程模型、以数据为中心的 Data-Centric 编程模型等。混合编程模型的核心是基于激活顶点的数量，在每次迭代时动态选择 Vertex-Centric 或者 Edge-Centric 编程模型，以实现顺序访存和无效计算的平衡。Data-Centric 编程模型将点和边都视为数据，并提出"图处理实际上是对数据的修改"的概念，该模型为点和边数据的修改设计了基于 Advance、Filter、Compute 这3 种函数的统一上层接口，用户可以直接定义具体的数据加工函数。Data-Centric 模型不仅在 GPU 上取得一定的性能提升，还提供了灵活的可编程性。

这两种编程模型所对应的顶点中心计算模型和边中心计算模型，以及其他更多的计算模型将在 3.2 节中进行详细介绍。

3.1.4 图计算系统中的语言

之前提到的所有图计算系统都需要用户使用如 C++、Java 等程序设计语言来描述计算过程，很多时候不得不写较长的代码，并且不同的系统通常有不同的 API，可移植性非常低。创建专门面向图计算的领域专用声明式语言是一个很自然的想法。

Green-Marl 是首个这样的尝试，并且已被 Oracle 采纳，用于部分产品/场景。除了编程语言所需的基本元素，Green-Marl 补充了很多图计算需要的特定功能，如顶点/边的描述，基于 DFS/BFS 的算子等。根据用户的需要，同一个 Green-Marl 程序可以经由不同的编译器变成不同的可执行程序。

GraphIt 与 Green-Marl 类似，但是将图计算程序分成了两部分：计算和调度。计算部分描述图计算过程；调度部分用于对部分变量/算子使用可选的优化来提高计算效率。

SociaLite 的目标则有较大不同，旨在用 DataLog——一种描述式的逻辑编程语言来表达图计算过程；Grail 与 SociaLite 有些类似，但是描述语言换成了 SQL，从而让用户可以使用关系型数据库进行图计算，无须再部署专门的图计算系统和学习相应的编程接口。

Gremlin 是 JanusGraph 的查询语言，用于从图中检索数据和修改数据。Gremlin 也是一种面向路径的语言，它简洁地表达了复杂的图遍历和变异操作。Gremlin 还是一种函数式语言，其中遍历运算符链接在一起以形成类似路径的表达式。例如，从 Hercules 遍历到他的父亲，然后是他父亲的父亲，最后返回祖父的名字。

Cypher 则与 Gremlin 不同，是由 Neo4j 创建的，具有类似 SQL 的语法，以便于简化开发人员的过渡和为习惯了结构化查询语言的数据科学家提供便利。Cypher 已作为 OpenCypher 开源，现在被其他图形数据库引擎使用，如 RedisGraph。Cypher 的优点是顶点和关系可以通过查看查询来快速识别。

G-SQL 则由微软亚洲研究院提出，利用图引擎提供的快速图探索功能来应对多路连接查询，使用 RDBMS 提供成熟的数据管理功能。它同时提供了一个统一的成本模型来协调底层 SQL 执行引擎和本地图查询处理引擎。G-SQL 利用混合架构，使用本地图计算引擎 Trinity 来提供快速的图探索，使用 RDBMS 或 SQL 引擎来处理关系查询并提供其他功能，如数据持久性、完整性和一致性。

3.2　图计算模型

图计算模型是指图计算系统完成图计算任务的方式。图计算模型提出之前，图计算系统采用程序设计语言或者现有的并行程序设计框架（如 MapReduce），然而这些并不能满足图计算需求，无法解决图数据的耦合性、稀疏性和图计算的频繁迭代操作等特点带来的数据划分重组频繁、通信开销过大和计算并行性受限等问题。因此，图计算模型应运而生。基于图计算模型可以设计图计算框架（如 3.1.2 节介绍），在图计算框架上可以比较简单地用图计算编程模型编写图计算程序或者利用编程语言对图数据进行查询。3.1.3 节中介绍的图计算的编程模型是基于本节中介绍的顶点中心计算模型和边中心计算模型的。

3.2.1　顶点中心计算模型

为解决图计算任务有效表达的问题，Google 在 2010 年首先基于 BSP 模型提出了顶点中心计算模型，即将图算法细粒度划分为每个顶点上的计算操作。顶点中心计算模型将频繁迭代的全局计算转换成多次超步运算，且所有的顶点独立地并行执行计算操作，数据间依赖关系仅存在于两个相邻的超步之间。

顶点中心计算模型成功解决了图计算为传统计算模型带来的难题后，众多采用顶点中心计算模型的图计算系统相继出现，且各个图计算系统分别针对不同的计算需求对顶点中心计算模型的数据同步和通信方式进行改进。本节将顶点中心计算模型按数据同步策略划分为同步顶点中心计算模型、异步顶点中心计算模型，下面分别介绍这两类模型的计算步骤和应用。

1. 同步顶点中心计算模型

同步顶点中心计算模型基于图计算局部性差、顶点计算量小、并行性差异大的特点提出，将图计算算法的每一次迭代转换为图中每个顶点执行一次超步（Superstep）运算。一次超步运算包括 3 个步骤：

- 步骤 1：接收当前顶点所有入边邻居（In-Neighbor）在上一个超步中发出的信息；
- 步骤 2：根据接收到的信息计算当前顶点的新值，即执行用户自定义的 compute 函数；
- 步骤 3：向当前顶点所有出边邻居（Out-Neighbor）发送更新信息。同步顶点中心计算模型所有顶点完成一次超步运算后同步更新顶点信息，之后进入下一次超步运算。

同步顶点中心计算模型将在图 3.3(a) 上的计算转换为图 3.3(b) 中每个顶点上的并行计算。如顶点 1 首先执行步骤 1 操作，收集入边邻居顶点 4 发送的更新信息；然后执行步骤 2 操作，执行用户自定义计算函数；最后执行步骤 3 操作，将计算所得更新结果发送给入边邻居顶点 2 和 3。等待耗时最长的顶点 3 完成该次超步运算后，执行全局数据同步，之后所有顶点进入下一次超步运算。同步顶点中心计算模型的全局同步操作使得所有数据在每一次超步运算开始时均是同时更新的，确保了计算数据的一致性。

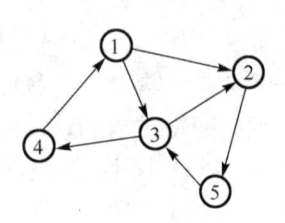

(a) 顶点示例

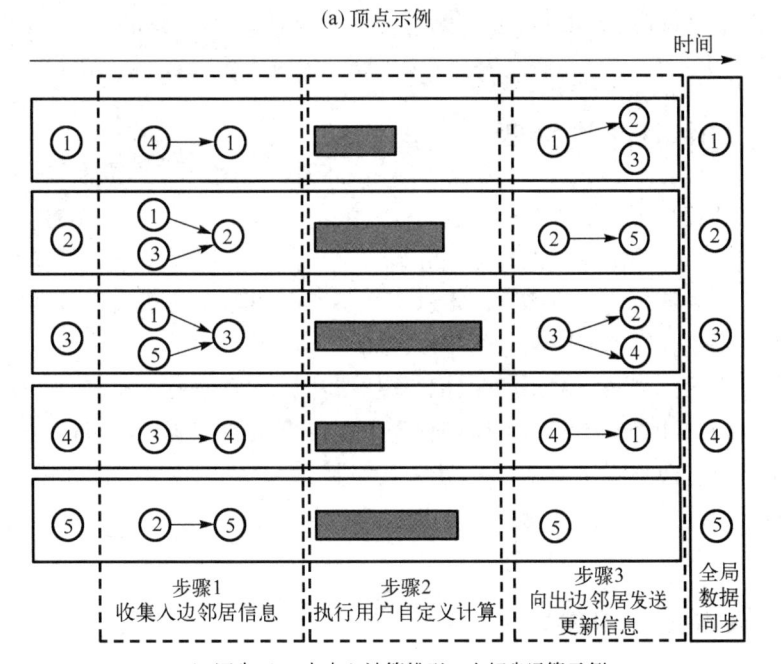

(b) 同步sdm 点中心计算模型一次超步运算示例

图 3.3   同步顶点中心计算模型运算示例

由于图计算算法在不同顶点上的迭代次数不同，每个顶点都执行相同轮次的迭代计算是不合理的，所以同步顶点中心计算模型将顶点分为活跃（Active）和不活跃（Inactive）两种状态。当顶点接收到入边邻居发送的信息时，其变为活跃状态；而未接收到更新信息的顶点，不需要重新执行计算操作，其变为不活跃状态。当图中所有顶点都是不活跃状态时（不考虑初始时刻），或者没有信息在超步间传递时，图计算操作结束。

以 PageRank 算法为例，说明同步顶点中心计算模型执行算法的过程。PageRank 算法是用于网页检索结果排序的网页评估算法，其在同步顶点中心计算模型上的伪代码实现如算法 3 所示。

算法 3　在 Pregel 系统上实现的 PageRank 算法

```
1    Page R ankVertex(InNeighbors, OutNeighbor, VerticesNum){
2    Gather(InNeighbors){
3        for each neighbor in InNeighbors:
4            if there is a message sent from neighbor:
5                push(message, massagesPR);
6        state←Active;
7        }
8    compute(messages){
9        if state is InActive:
10           exit;
11       n←VerticesNum
12       if(superstep() > = 1){
13           sum = 0;
14           for each massage in massagesPR
15               sum←sum + massage.PR;
16               updatedPR = 0.15/n + 0.85*sum;
17       }
18   }
19   distribute(OutNeighbors){
20       if (superstep() < 30){
21           m = OutNeighbors.count;
22           for each neighbor in OutNeighbors:
23               send updatedPR/m to neighbor;
24           state←Inactive;
25       }
26       else{
27           exit;
28       }
29   }
30   }
```

在第一次超步运算中执行初始化操作，即将图 3.3(a) 中所有顶点的 PageRank 值设置为 0.2。为简单表示，该初始化操作未列入算法 3 中。算法 3 中 2～7 行表示 Gather 函数执行步骤 1 操作，即顶点接收入边邻居发送的 PageRank 更新信息；8～18 行表示 computer 函数执行步骤 2 操作，即在顶点接收到更新信息且超步轮次大于 1 时，计算当前 PageRank 值（updatedPR）；19～28 行表示 distribute 函数执行步骤 3 操作，如果超步轮次小于设定阈值（如 30），那么获取当前顶点的所有出边邻居数后，发送计算后的更新信息给所有邻居(23 行)；否则，终止计算。在 3 个步骤执行结束后，进行全局数据同步，如图 3.4 所示，完成数据同步后进入下一次超步运算。

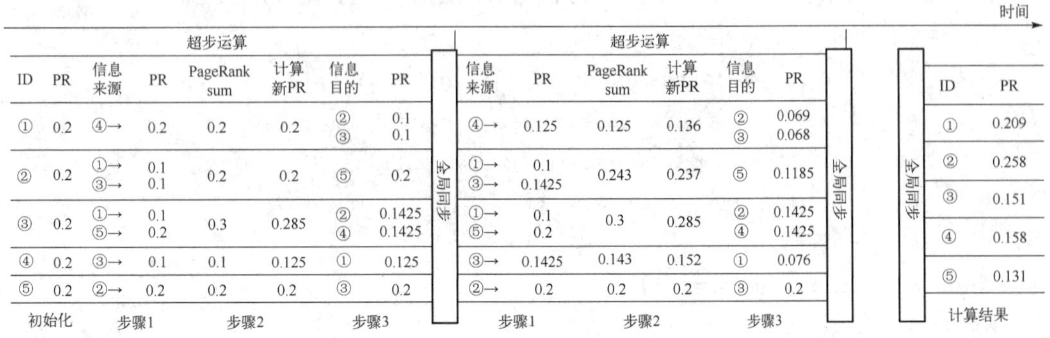

时间 →

		超步运算							超步运算								
ID	PR	信息来源	PR	PageRank sum	计算新PR	信息目的	PR		信息来源	PR	PageRank sum	计算新PR	信息目的	PR		ID	PR
①	0.2	④→	0.2	0.2	0.2	②③	0.1 0.1	全局同步	④→	0.125	0.125	0.136	②③	0.069 0.068	全局同步	①	0.209
②	0.2	①③→	0.1 0.1	0.2	0.2	⑤	0.2		①③→	0.1 0.1425	0.243	0.237	⑤	0.1185		②	0.258
③	0.2	①⑤→	0.1 0.1425	0.3	0.285	②④	0.1425 0.1425		①⑤→	0.1 0.1425	0.3	0.285	②④	0.1425 0.1425		③	0.151
④	0.2	③→	0.1	0.1	0.125	①	0.125		③→	0.1425	0.143	0.152	①	0.076		④	0.158
⑤	0.2	②→	0.2	0.2	0.2	③	0.2		②→	0.2	0.2	0.2	③	0.2		⑤	0.131
初始化		步骤1		步骤2		步骤3			步骤1		步骤2		步骤3			计算结果	

图 3.4　基于同步顶点中心计算模型的 PageRank 算法计算过程

在有 10 亿个顶点的图上执行基于同步顶点中心计算模型实现的单源最短路径算法(SSSP)能体现同步顶点中心计算模型在图数据分析上的优越性，当机器数量由 50 台增加到 800 台时，计算时间由 174s 缩短到 17.3s；在 800 台的分布式机群上，当图顶点数由 10 亿个增加到 50 亿个时，顶点中心计算模型实现算法的计算时间近似线性增加。测试结果充分表明，同步顶点中心计算模型并行性良好，且计算能力接近线性扩展。

同步顶点中心计算模型解决了 MapReduce 分布式框架无法有效支持迭代型图算法的局限性，为并行图计算系统设计提供了新的思路，使得大规模图算法的实现更加简洁明了。因此，同步顶点中心计算模型自提出后被多个图计算系统采用并改进，如 Giraph、GPS、Mizan、xDGP 和 LogGP。然而，全局同步顶点中心计算模型要求每次超步运算需等待全局数据同步，使得算法计算效率受最慢顶点计算速度限制，计算资源利用率有待进一步提高。

2．异步顶点中心计算模型

同步计算模型要求所有并行执行计算的顶点等待最慢顶点计算结束，当图中顶点的度差异巨大时，少量的顶点拥有大量的边和邻居，需要消耗更长的计算时间和占用更大的通信开销，系统将受限于这些计算较慢的顶点，无法获得最佳的计算效率。2010 年，卡内基梅隆大学的学者基于异步图计算模型提出了异步图计算系统 GraphLab，并在 2012 年发布了改进系统 distributedGraphLab，实现了分布式异步图计算模型。

异步计算模型与同步计算模型的迭代设计相同，仍为 BSP 的 3 步操作模型，但是在接收上一次超步运算的信息时，不再由邻居顶点推送更新的数据，而是由计算顶点采用"拉"的方式选择性地读取邻居顶点的信息。一次超步运算包括 3 步操作：

- 获取当前顶点的邻居信息(关联边或邻居顶点)；
- 执行用户自定义的计算操作；
- 更新当前顶点所有可写邻居(关联边或邻居顶点)的信息。

异步顶点中心计算模型不设置同步障碍进行全局数据同步，每个顶点异步地读取或更新邻居顶点和边的信息，完成以上 3 步操作后，顶点独立执行下一次超步运算。

异步执行计算操作的顶点可能同时对相同顶点或边产生读写访问，因此为保证数据一致性，异步顶点中心计算模型根据每个顶点可异步读取和更新的关联边和邻居顶点的范围提出 3 种一致性方案：全局一致性、边一致性、顶点一致性。每个顶点在 3 种一致性模型中可操作的关联边和邻居顶点(记为操作域)如图 3.5 所示。在顶点一致性方案中，顶点仅能写自己的数据，或读取关联边的信息，而无法访问邻居顶点的信息；在边一致性方案中，顶点可以对自己的关联边进行读写操作，但对邻居顶点的信息只能读取而不能修改；在全局一致性方案中，顶点可以对自己的关联边和邻居顶点进行读写操作。

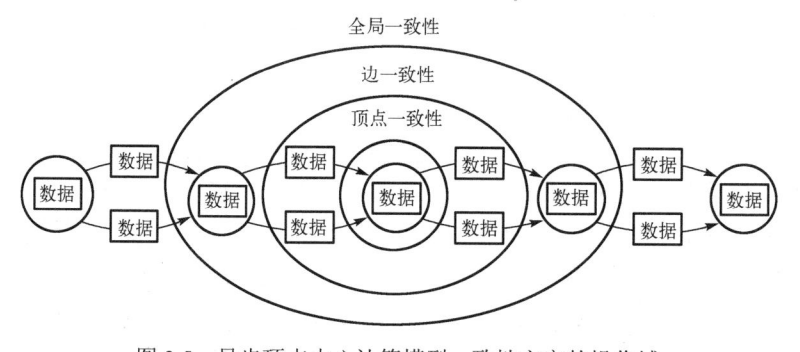

图 3.5 异步顶点中心计算模型一致性方案的操作域

一致性方案维护了顶点异步执行超步运算时的数据一致性，用户可根据算法需要选择不同的数据一致性模型。然而数据一致性与计算并行性互相制约，保持数据一致性的域越大，可以并行计算的顶点就越少。基于异步顶点中心计算模型，在图 3.6(a)上执行计算操作，不同的数据一致性方案下的并行计算过程分别如图 3.6(b)～图 3.6(d)所示。

顶点一致性方案(图 3.6(b))中，4 个顶点并行执行超步运算；边一致性方案(图 3.6(c))中，无写关联边冲突的顶点 1 和 4 并行执行超步运算，而顶点 2 需要在其他顶点释放与顶点 2 相关联的边后执行超步运算；全局一致性方案(图 3.6(d))中，顶点 1 完成对所有关联边和邻居顶点的写更新操作后，无邻居顶点冲突的顶点 3 和 4 执行超步运算，之后顶点 2 执行超步运算。因此，全局一致性的异步顶点中心计算模型的并行性最低，而顶点一致性的异步顶点中心计算模型的并行最高。

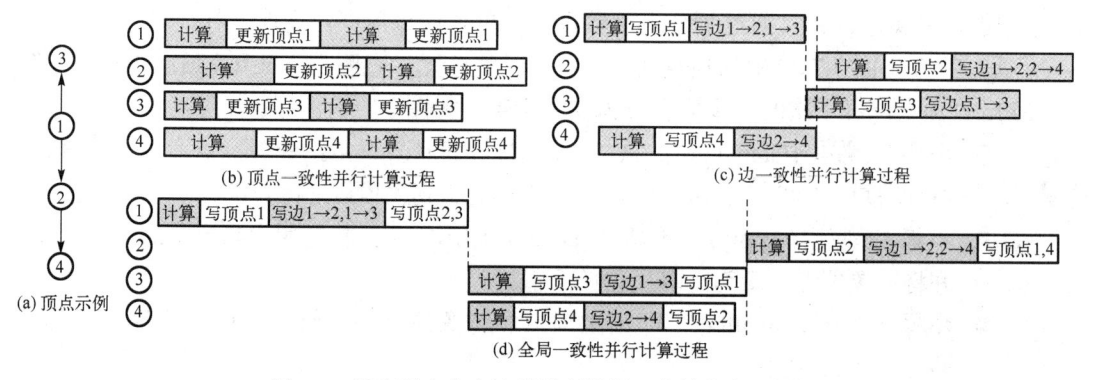

图 3.6 异步顶点中心计算模型数据一致性方案示例

异步顶点中心计算模型利用两种计算引擎实现数据一致性方案，即染色引擎（Chromatic Engine）和锁引擎（Locking Engine）。染色引擎采用图着色方法，将顶点和边划分到不同的异步计算域中，若边一致性模型由两种颜色对图中所有顶点着色实现，即邻居顶点颜色不相同，同一种颜色的顶点并行执行超步运算，则计算域内对边的写操作不会冲突；当同一种颜色的所有顶点计算结束之后，另一种颜色的所有顶点开始并行计算。同理，完全一致性和顶点一致性模型可以通过变换着色方案实现。锁引擎利用锁将顶点和边划分到不同的异步计算域中，即对每个顶点添加写锁实现顶点一致性；对计算顶点添加写锁、对邻居顶点添加读锁实现边一致性；对计算顶点及其所有边和邻居顶点添加写锁实现完全一致性。顶点通过锁引擎申请到自己计算域内所有锁后可以开始执行超步运算。

染色引擎实现了图中并行计算顶点的顺序调度，在数据一致性前提下，相较于同步模型，其并行效率明显提高，但是仍存在全局同步带来的等待问题。而锁引擎允许图上的顶点在数据一致性前提下尽可能多地执行并行计算，相较于染色引擎实现了完全异步计算。通过实验测试由锁引擎实现的异步顶点中心计算模型的计算能力，在 2700 万个顶点和 3.75 亿条边的图上测试置信度传播（Belief Propagation，BP）算法，结果为，当计算机器由 4 台增加到 8 台和 16 台时，计算时间约缩短到原来的 1/2 和 1/4，这表明由锁引擎实现的异步顶点中心计算模型的并行效率接近线性锁引擎并行效率，接近线性扩展。

3.2.2　GAS 计算模型

同步和异步计算模型均以顶点作为计算中心，将边作为信息传递的路径，因此，这种模型的计算能力受图数据中顶点和边分布特点限制。这主要面临两个问题：

- 当图中边的数量远远大于顶点时，顶点中心计算模型的通信开销将远远大于计算开销；
- 当图中顶点的度的差异增大时，度较大的顶点拥有更多的邻居顶点，在异步模型中，度较大的顶点为保持数据一致性将维持数量庞大的锁，而其邻居顶点将因为访问该顶点而出现频繁的锁申请冲突。

GAS 计算模型可解决图计算的上述问题。GAS 计算模型沿用同步顶点中心计算模型中超步的概念，并且通过划分大度数顶点在单个计算顶点内实现并行计算。如图 3.7 所示，GAS 将图 3.7(a) 中的顶点切分为两个计算单元：右侧主（Master）顶点和左侧镜像（Mirror）顶点，每一次的超步运算分为 3 个步骤，如图 3.7(b) 所示。

- 步骤 1：收集（Gather）和汇总（Sum），即收集计算顶点的邻居顶点和边上的信息，执行用户自定义汇总函数将得到的信息汇总到主顶点上；
- 步骤 2：应用（Apply）和更新（Update），即由主顶点执行用户自定义的计算操作，并将镜像顶点更新为计算所得的新值；
- 步骤 3：分发（Scatter），即由主顶点和镜像顶点将更新信息推送给各自相关联的邻居顶点和边。

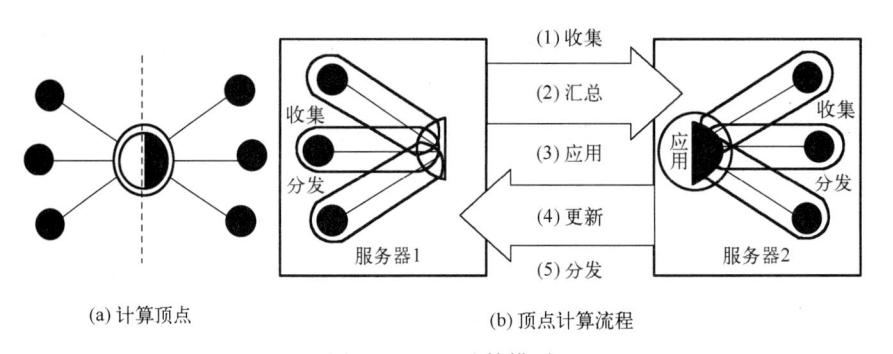

(a) 计算顶点　　　　　　　　　　　(b) 顶点计算流程

图 3.7　GAS 计算模型

GAS 计算模型通过划分顶点可以有效降低超步运算带来的通信开销并提高计算并行性。通过将大度数顶点划分为一个主顶点和多个镜像顶点，从而将单个大度数顶点上的一次超步运算划分为多个计算单元上的并行计算，即令一个顶点的信息收集和分发工作由多个计算顶点并行执行，且将一次超步运算中通信开销降低为各个计算单元之间的信息交换。

GAS 计算模型支持同步或异步计算，同步计算即在上述 3 步操作后同时更新顶点和边的信息，而在异步迭代时，与异步顶点中心计算模型相似，同样需要一致性控制策略。相对异步顶点中心模型大量锁申请等待和冲突的开销，GAS 计算模型通过切分顶点，将单个计算顶点维护数据一致性的负载转交给多个计算单元实现，降低了锁申请等待和冲突的可能，从而有效解决异步并行计算的数据一致性问题。GAS 计算模型采用 Chandy-Misra 改进算法，即允许任意计算进程使用任意数据资源，从而解决图数据异步计算的一致性问题，并最大化计算并行性。

为说明 GAS 计算模型的计算流程，以图 3.8(a) 所示的最短路径算法为例，顶点 1 执行一次超步运算的流程如图 3.8(b)～图 3.8(i) 所示。顶点 1 首先被划分为图 3.8(b)、图 3.8(c) 所示的两个计算单元，主顶点及相关联的顶点 2、顶点 3 和镜像顶点及相关联的顶点 4、顶点 5；主顶点和镜像顶点分别执行步骤 1 中的收集操作，即从相关联顶点中获取路径长度信息，如图 3.8(d)、图 3.8(e) 所示，之后由镜像顶点将收集到的到达顶点 4、顶点 5 的路径信息汇总给主顶点，如图 3.8(f)、图 3.8(g) 所示；主顶点进入步骤 2，即执行用户定义的计算最短路径的计算操作，得到如图 3.8(h) 所示的顶点 1 到达其他顶点的最短路径列表，并更新镜像顶点信息，如图 3.8(i)、图 3.8(j) 所示；进入步骤 3 后，主顶点和镜像顶点分别执行分发操作，即将更新信息发送给各自的相关联顶点，如图 3.8(k)、图 3.8(l) 所示。

与异步顶点中心计算模型相比，在分析计算边密集分布的图数据时，GAS 计算模型在提高计算并行性和计算速度两方面均有显著优势。

- GAS 通过切分顶点，将计算模型中收集和分发阶段改进为可在主顶点和镜像顶点上并行完成的操作，即实现了顶点内并行计算，进一步提高并行性。
- 在异步顶点中心计算模型中，即使每个顶点只有少数边发生微小变化，顶点都将执行一次超步运算，而 GAS 计算模型通过缓存避免了这一问题。GAS 计算模型中，收集阶段在收集所有邻居和边的信息后进行缓存，供下一次超步运算使用。当部分邻居顶点或边的信息发生变化时，收集操作只需返回这些信息的一个变化量。由于大部分信息没有发生改变，在一次信息缓存之后的超步中，收集操作的时间变短，从而提高了系统计算速度。

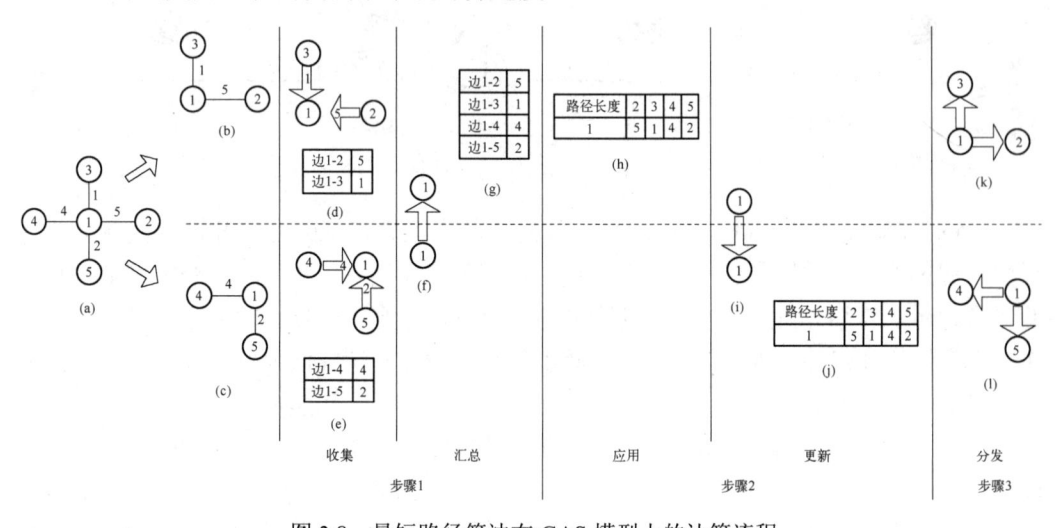

图 3.8　最短路径算法在 GAS 模型上的计算流程

3.2.3　边中心计算模型

顶点中心计算模型提高了图计算系统实现图数据分析计算的能力，但是在实际应用中仍面临一些问题：

- 为提高计算顶点随机访问邻居的速度，图计算系统一般将完整图数据载入内存，因此当图数据规模过大时，在分布式系统中实现顶点中心计算模型时，对实现系统设备资源要求过高；
- 当图数据中边数量远远大于顶点数量时，每次超步运算中的信息更新和分发操作的时间开销将远大于顶点计算时间，通信成为图计算的主要瓶颈，限制了模型完成主要计算操作的速度。

为解决设备资源受限和边数量远大于顶点数量时的图数据分析计算问题，洛桑联邦理工学院在 2013 年提出边中心计算模型，并将其应用于图计算系统 X-Stream 中。边中心计算模型将图计算算法构建成了在图数据的边列表上的流式迭代计算，每一次迭代地完成计算、排序和更新 3 步操作：

- 步骤 1：读取边列表流，完成用户定义的计算操作，输出更新信息到目的顶点列表中；
- 步骤 2：将目的顶点列表重排序更新信息流；
- 步骤 3：读取更新信息流和源顶点列表，更新源顶点值。

步骤 3 操作在一次迭代计算中顺序执行。边中心计算模型以边列表为核心数据结构

60

并维护源顶点列表，每次迭代的计算操作更新目的顶点列表，其记录在边列表上的计算操作产生的对每条边的目的顶点进行更新的信息序列。

以图 3.9 为例，PageRank 算法在边中心计算模型上的一次迭代计算过程如图 3.10 所示。边中心计算模型将所有边按源顶点排序得到边列表，每个顶点的 PageRank 值被初始化为 0.2。图 3.10 中，图 3.10 (a) 展示步骤 1 操作；图 3.10 (b) 展示步骤 2 操作；图 3.10 (c) 展示步骤 3 操作。以上 3 步顺序操作即边中心计算模型在边列表上的一次迭代计算过程。

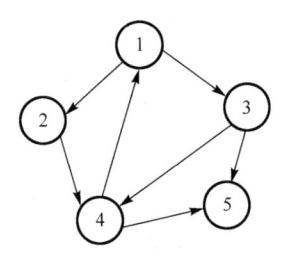

图 3.9　边中心计算模型示例

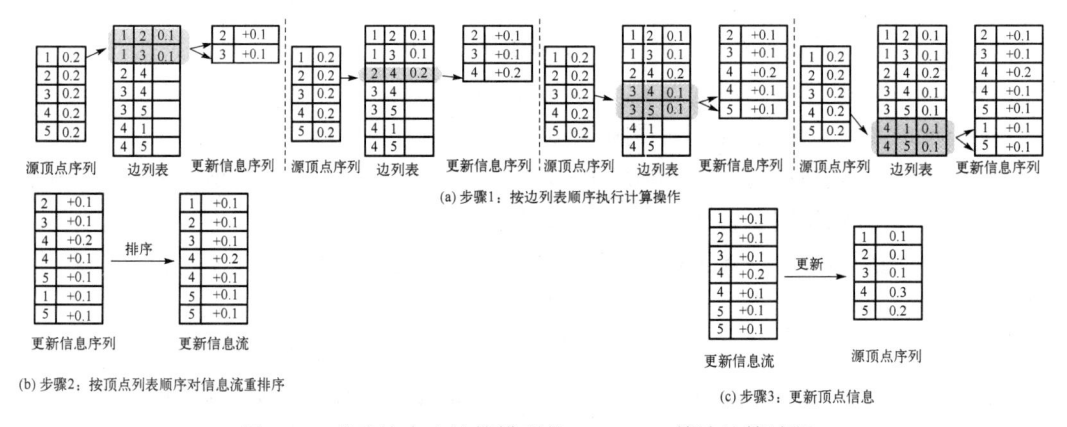

图 3.10　基于边中心计算模型的 PageRank 算法计算过程

边中心计算模型将图计算算法的迭代计算转换为可在边列表上顺序执行的运算，避免了随机读写数据对内存资源的高要求，从而解决了顶点中心计算模型面临的资源受限和通信开销过大的难题。

边中心计算模型的流式顺序计算特点使得其在全局图数据上的计算可以分块实现，顺序访问存储在硬盘上的数据，降低了图数据分析计算对内存容量的要求，即可在单机上实现对大规模图数据的分析处理。此外，边中心计算模型对每次迭代计算生成的目的顶点更新信息序列进行重排序，获得按源顶点合并排序的更新信息流，则更新信息数不大于顶点数，大大简化了信息更新同步的开销。因此，边中心计算模型满足了在单机系统上边数量远大于顶点数的图数据时的计算需求。

3.2.4　路径中心计算模型

边中心计算模型和顶点中心计算模型分别将图计算算法转换为可在顶点和边上执

行的迭代计算，但同时也将图计算的并行性限制在了顶点和边层次上。然而图计算算法在图结构上按从沿顶点到边再到顶点的顺序计算的，因此，研究人员提出更接近理想图计算分析的模型——路径中心计算模型，并将其应用于图计算系统 PathGraph 中。

在图 $G=(V,E)$ 中，V 为顶点集，E 为边集，路径中心计算模型以图中路径为计算单元，路径即从源顶点出发到目的顶点的边序列。为表示图中任意两个顶点之间的路径，路径中心计算模型将图数据组织为前向边遍历树和后向边遍历树，从而将图计算转换为在树上的迭代计算。

定义 1 前向边遍历树。一棵前向边遍历树 $T=(V_t, E_t)$ 满足以下条件：

● $V_t = V$，$E_t \subseteq E$；

● 存在一个顶点 $v_t \in V_t$，入度为 0，即前向遍历树的根顶点；

● $w \in V_t$，在图 G 中入度为 d_i，出度 d_o，则必然有 $v \in V_t$，使得 $(v, w) \in E_t$；若 $d_o=0$，则 w 必为叶子顶点；w 在树中有 $d_i - 1$ 个复本，且均为叶子顶点。

定义 2 后向边遍历树。一棵后向边遍历树 $R=(V_r, E_r)$ 满足以下条件：

● $V_r=V$，$E_r \subseteq E$；

● 存在一个顶点 $v_{tr} \in V_r$，出度为 0，即后向遍历树的根顶点；

● $w \in V_r$，在图 G 中出度为 d_i，入度 d_o，则必然有 $v \in V_r$，使得 $(v, w) \in E_r$；若 $d_i=0$，则 w 必为叶子顶点；w 在树中有 $d_o - 1$ 个复本，且均为叶子顶点。

前向遍历树和后向遍历树可利用 BFS 算法得到，以图 3.11(a) 为例，其前向遍历树和后向遍历树分别如图 3.11(b) 和图 3.11(c) 所示。在原图中，顶点 3 入度为 1，出度为 2，所以在前向遍历树中，顶点 3 有两个子顶点，没有作为叶子顶点的复本；在后向遍历树中，顶点 3 有一个子顶点，且有一个作为叶子顶点的复本。

路径中心计算模型基于前向遍历树和后向遍历树的每次迭代计算分为两步：

● 步骤 1：分发（Scatter），即父顶点沿前向边遍历树更新子顶点或出边信息；

● 步骤 2：收集（Gather），即父顶点沿后向边遍历树收集子顶点或入边信息。

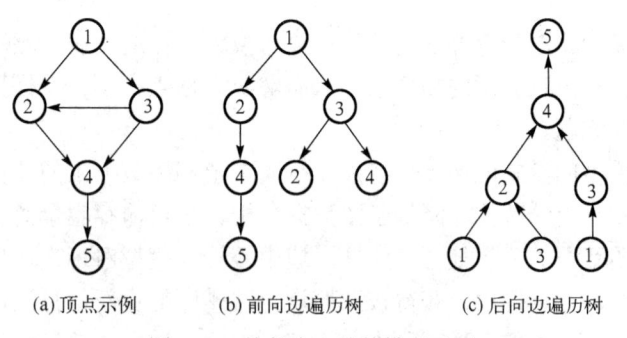

(a) 顶点示例　　　　(b) 前向边遍历树　　　　(c) 后向边遍历树

图 3.11　路径中心计算模型示例

如图 3.12 所示，顶点 v_2 执行计算操作后，生成的更新信息沿前向边遍历树发送给顶点 v_{i+1} 到 v_{i+j}，计算所需的邻居信息沿图 3.13 所示的后向边遍历树中的顶点 v_{i+1} 到 v_{i+j} 获取。

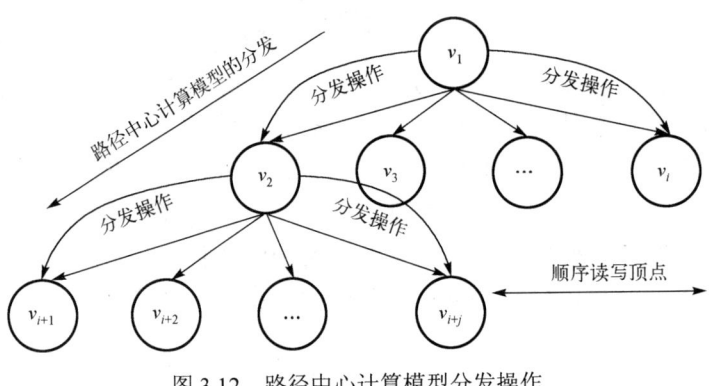

图 3.12　路径中心计算模型分发操作

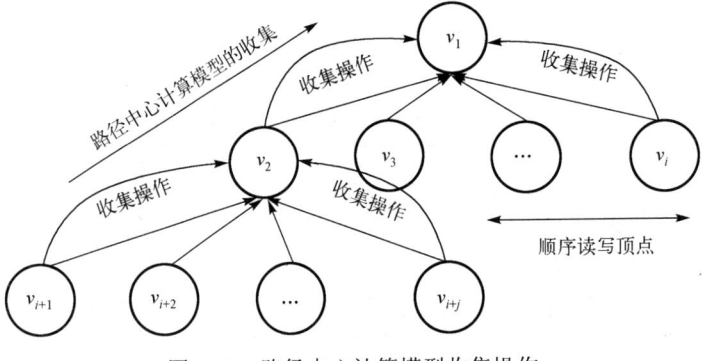

图 3.13　路径中心计算模型收集操作

　　以图 3.11(a) 为例，基于路径中心计算模型的 BFS 算法计算过程如图 3.14 所示。在图 3.11(a) 中，采用 BFS 算法搜索顶点 5，则每个顶点只需执行判断操作，无须收集邻居信息，即无步骤 2。每一次迭代在前向边遍历树上执行步骤 2，如图 3.14 中的超步 2 运算，顶点 2 和 3 执行判断操作后，未发现目标顶点，则沿前向边遍历树分发子顶点状态，顶点 2 的子顶点 4 及顶点 3 的子顶点 2 和 4 则在超步 3 运算中执行判断操作，直到在超步 4 运算中发现目标顶点。

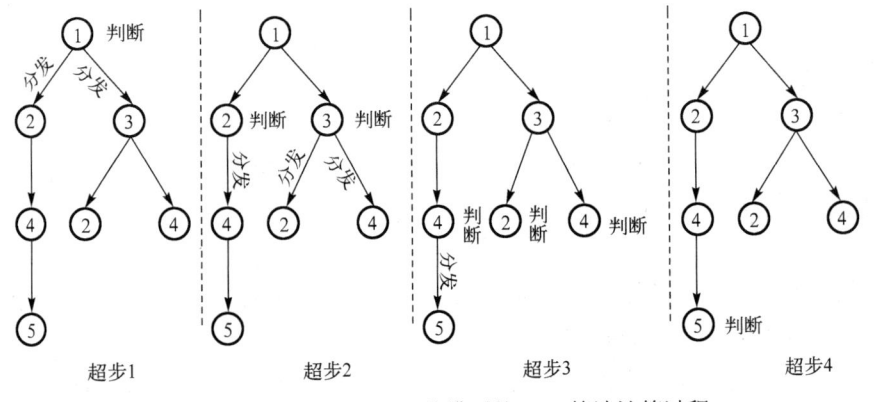

图 3.14　基于路径中心计算模型的 BFS 算法计算过程

路径中心计算模型基于边遍历树实现，当图数据中不存在满足边遍历树定义的根顶点时，可选择某些顶点将其视为两个顶点：一个只有出边的顶点和一个只有入边的顶点，从而构建多棵边遍历树。路径中心计算模型允许图算法在多棵遍历树上并行执行，且采用同步通信机制完成不同遍历树间的信息同步。当一个顶点存在于不同的遍历树中或与其他遍历树中的顶点相关联时，选择一棵包含该顶点的遍历树作为其主分块，将其他遍历树作为副分块。路径中心计算模型定义的顶点有两种计算状态：可读和可读写，每个顶点在主分块中的状态为可读写状态，在其他分块中的状态为可读状态。

路径中心计算模型在不同遍历树间的同步机制如图 3.15 所示。图 3.15 中，顶点 v_j 所在主分块为 P_m，并同时存在于分块 P_i 中，且与分块 P_k 中顶点 v_i 相关联。图中 v_{jr} 表示顶点 v_j 的可读状态，即可被其他分块读，v_{jw} 表示顶点 v_j 可被当前主分块读写。分块 P_i 生成 v_j 的更新值后暂时存储在当前分块中，当所有分块完成一次迭代后，全局同步顶点 v_j 的更新值，通过主分块更新顶点 v_j 的两个状态值 v_{jr} 和 v_{jw} 来实现。

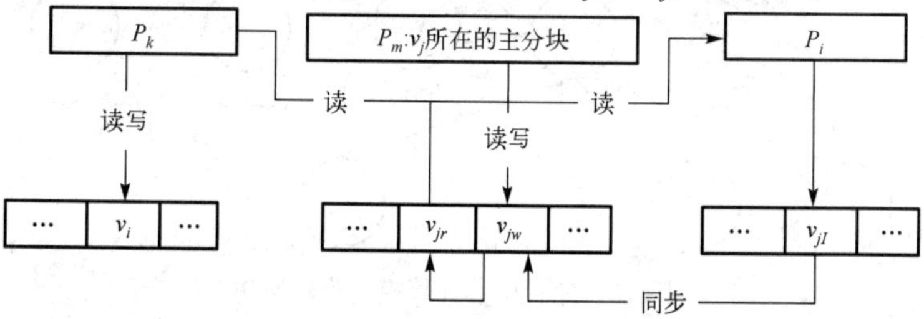

图 3.15　路径中心计算模型在不同遍历树间的同步机制

路径中心计算模型从数据结构决定计算顺序的角度出发，设计前向边遍历树和后向边遍历树，简化了图计算时顶点访问入边邻居和出边邻居的查找操作。因此，相比边中心计算模型，当在图顶点规模在百万级以上和边规模在亿级以上的数据集上测试 BFS、PageRank、连通子图等算法时，路径中心计算模型的计算速度有较大提高。但是全局数据同步设计限制了其计算并行性，同步数据会带来大量通信开销，导致其计算资源利用率低。

3.2.5　子图中心计算模型

路径中心计算模型相比顶点中心计算模型或边中心计算模型更接近图结构上的理想计算状态，然而以上计算模型都面临两个问题：

- 所有顶点只有自己的直接邻居信息，图中传递的更新信息每次只能扩散一层，因此从源顶点到目的顶点的一次信息更新需要多次迭代才能完成，信息更新过慢会带来额外的计算时间开销；
- 顶点或边均产生大量的通信开销，超步内执行计算操作的顶点或边均产生更新信息，每次超步运算结束后，大量的更新信息带来了全局数据同步的等待时间或维持数据一致性的开销。

为解决以上问题，IBM 阿尔马登研究中心于 2013 年在图计算系统 Giraph++中提出子图中心计算模型，将完整图结构上的计算转换为多个子图上的迭代超步运算。

给定原始图 $G=(V,E)$，其中 V 为顶点集，E 为边集，子图中心计算模型首先将顶点集 V 划分为 k 个分块 $P=\{P_1,P_2,\cdots,P_k\}$，其中 $P_1\cup P_2\cup\cdots\cup P_k=V$ 且 $P_i\cap P_j=\varnothing$，$i\neq j$。如图 3.16 所示，子图中心计算模型将图 3.16(a) 中的顶点分为图 3.16(b) 所示的分块。由分块 P_i 内的顶点、其相关联的边和邻居顶点构成相应的子图 $G_i=(V_i,E_i)$，其中 $V_i=P_i\cup\{v|(u,v)\in E\wedge u\in P_i\}$，$E_i=\{(u,v)|u\in P_i\wedge v\in V_i\wedge(u,v)\in E\}$。例如，由图 3.16(b) 分块中的顶点、边列表及邻居顶点可构成图 3.16(c) 所示的相应子图。

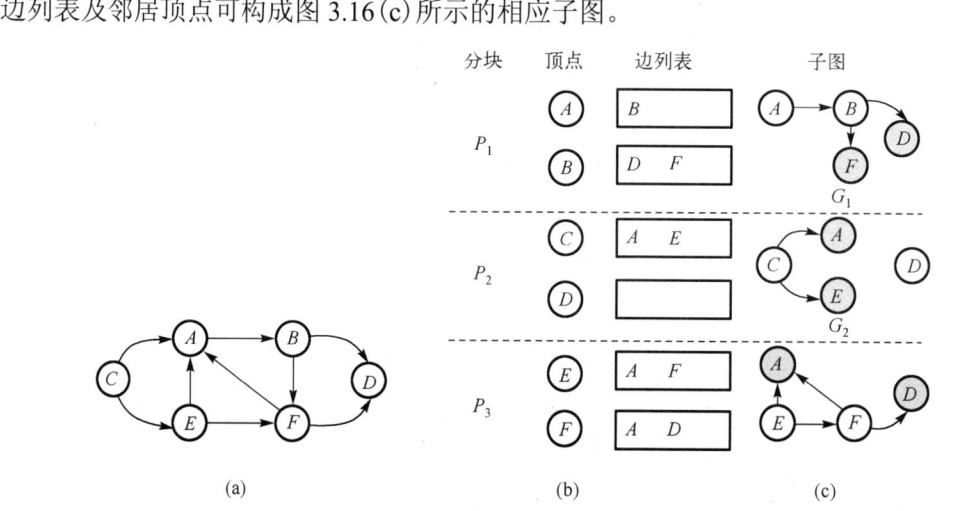

图 3.16　子图中心计算模型子图划分

子图中心计算模型的子图划分方法必然使得部分顶点存在于多个子图内,因此定义，若顶点 $v\in P_i$，则 v 为子图 G_i 内部顶点；若顶点 $v\in(V_i\backslash P_i)$，则 v 为子图 G_i 边界顶点。如图 3.16(c) 所示，顶点 A、B 为子图 G_1 的内部顶点，顶点 F、D 为子图 G_1 的边界顶点。因此，原始图中的任一顶点是且仅是一个子图的内部顶点，但可以是多个子图的边界顶点。

子图中心计算模型完成图划分后，在多个子图上并行执行迭代图计算，一次超步运算执行两步操作：

- 步骤 1：子图并行执行用户定义的计算操作，并输出计算结果；
- 步骤 2：包含相同顶点的子图间更新顶点信息。步骤 2 可在所有子图的步骤 1 操作结束后同步执行，或者在保持数据一致性前提下异步执行。

为说明子图中心计算模型的主要优势，以查找图 3.17(a) 中的连通子图为例，对比子图中心计算模型和顶点中心计算模型的计算过程。顶点中心计算模型计算过程如图 3.17(b) 所示，子图中心计算模型计算过程如图 3.17(c) 所示。每一次超步运算，每个顶点记录其所在的连通子图中最小的顶点标签。当将原图划分为两个分块进行计算时，若顶点中心计算模型中的每个顶点执行一次超步运算，则更新一次本地记录并通知其直接邻居。如图 3.17(b) 所示，顶点中心计算模型在 6 次超步运算后结束。而子图中心计算模型将原图划分为两个子图后，由子图执行超步运算，每次超步运算结束时，子图内所有顶点记录的最小标签一致,并复制顶点C、D各自向其主顶点发送更新信息。如图3.17(c)所示,子图中心计算模型在两次超步运算后结束,且生成的更新信息远少于顶点中心计算模型。

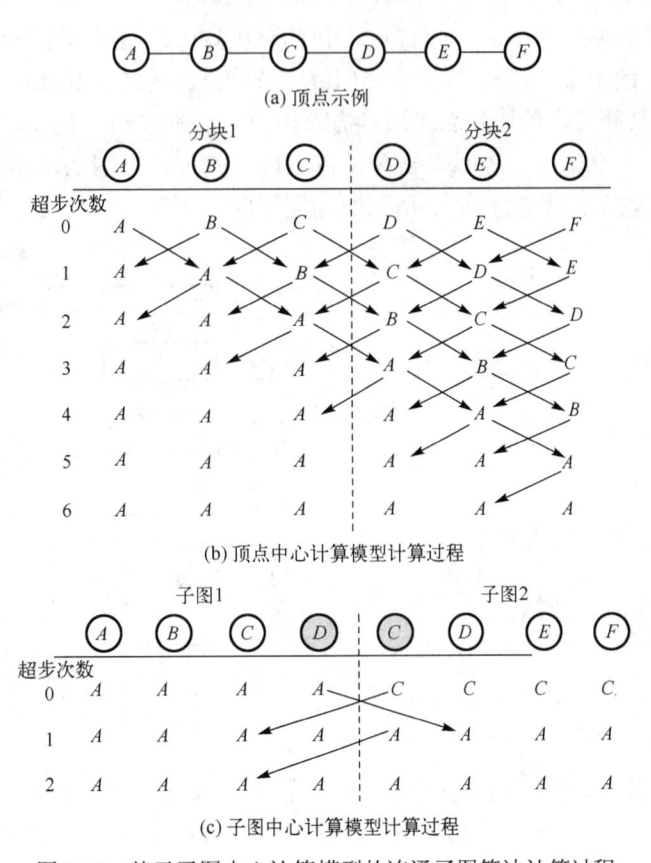

(a) 顶点示例

(b) 顶点中心计算模型计算过程

(c) 子图中心计算模型计算过程

图 3.17　基于子图中心计算模型的连通子图算法计算过程

为证明以上分析结果,在图顶点规模在百万级以上和边规模在亿级以上的数据集上测试连通子图、PageRank、图聚类等算法,实验结果证明,子图中心计算模型的计算速度比顶点中心计算模型快 63 倍,且迭代次数和通信开销比顶点中心计算模型分别降低了70%和90%以上。

子图中心计算模型通过子图划分方法,将图计算算法转换为多个子图上的迭代计算,成功减少了计算时的通信开销和迭代操作次数。因此,自子图中心计算模型提出后的短时间内,多个图计算系统采用了子图中心计算模型,并针对子图划分的问题做出改进,如 NScale 和 Arabesque。

3.3　图计算关键技术

面对图计算的各种挑战,有一系列关键技术被提出,这些技术有效支撑了 3.2 节中的图计算模型的实现。

3.3.1　图数据的稀疏矩阵组织

自然图数据的稀疏性、幂律性及小世界性给图计算的访存、图数据分割及计算负载均衡带来很大的挑战，因而在进行图计算任务之前，常对自然图数据进行预处理，设计相应的存储格式、重排序机制及分块策略，提高图计算访存效率。

由于实际图的稀疏性，图计算系统通常使用稀疏矩阵的存储方法来存储图数据，其中最常用的三种是 COO（Coordinate），CSR（Compressed Sparse Row）和 CSC（Compressed Sparse Column）。

COO 格式要求矩阵中的非零元素以坐标的方式存储。例如，对于图 3.18 所示的邻接矩阵，我们可以用两个长度为 n 的整数数组分别表示行列索引，以及用另一个长度为 n 的实数数组表示矩阵非零元素。其中 n 为矩阵中非 0 元素个数。

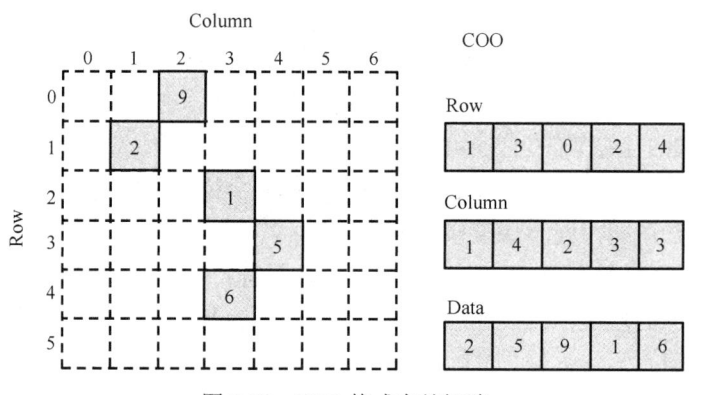

图 3.18　COO 格式存储矩阵

CSR 格式是对于 COO 格式的一种改进。CSR 格式要求矩阵元素按行顺序存储，每一行中的元素可以乱序存储。那么对于每一行，就不需要记录所有元素的行指标了，只需要用一个指针表示每一行元素的初始位置即可。以图 3.19 为例，其具体包含以下数据结构：

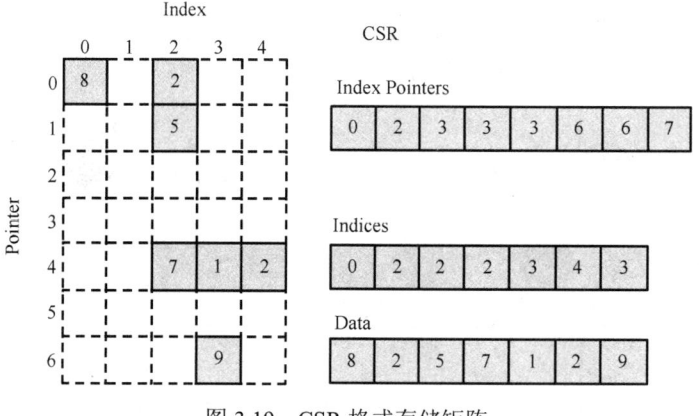

图 3.19　CSR 格式存储矩阵

- Data，用来存储矩阵中的非零元素的值；
- Indices，第 i 个元素记录了 Data[i]元素的列数；
- Index Pointers，第 i 个元素记录了第 i 行元素在 Data 数组的初始位置，第 i+1 个元素为第 i 行元素在 Data 数组的终止位置(不包含右边界)。例如，第 0 行元素为 Data[0,2]。

CSC 格式是按列来存储一个稀疏矩阵的，其原理与 CSR 格式类似。其具体包含以下数据结构：

- Data，用来存储矩阵中的非零元素的值；
- Indices，第 i 个元素记录了 Data[i]元素的行数；
- Index Pointers，第 i 个元素记录了第 i 列元素在 Data 数组的初始位置，第 i+1 个元素为第 i 列元素在 Data 数组的终止位置(不包含右边界)。

3.3.2 图数据的划分

将一个大图划分为若干较小的子图，是很多图计算系统都会使用的扩展处理规模的方法。图划分能增强数据的局部性，降低访存的随机性，提升系统效率。如果缺少有效的划分，分布式图计算系统可能存在下述问题：

- 一旦发生负载不均衡，那么最慢的计算单元会拖慢整体的进度；
- 某些算法可能在同步调度模型下不收敛。

对于分布式图计算系统而言，图划分有两个目标：

- 每个子图的规模尽可能相近，获得较为均衡的负载；
- 不同子图之间的依赖(如跨子图的边)尽可能少，降低机器间的通信开销。

图划分有按照顶点划分和按照边划分两种方式，它们各有优劣：

- 按照顶点划分：将每个顶点邻接的边都放在一台机器上，因此计算的局部性更好，但是度数的幂律分布可能导致负载不均衡；
- 按照边划分：能够最大程度地改善负载不均衡的问题，但是需要将每个顶点分成若干副本分布于不同机器上，因此会引入额外的同步/空间开销。

如图 3.20 所示，左图为按照顶点划分示例，右图为按照边划分示例。可以看出，对于度很大的顶点，按照顶点划分会导致该点的存储负担过重；而按照边划分则会保存该点很多的副本，导致整体的存储开销变大。

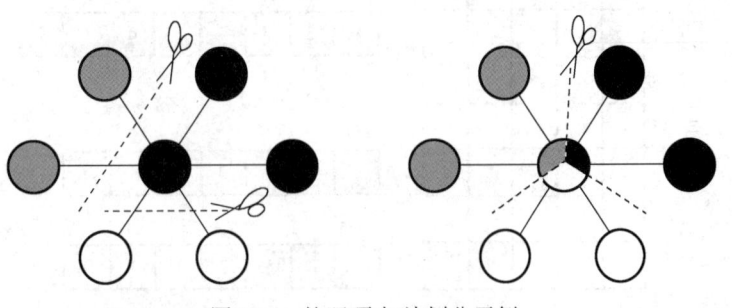

图 3.20　按照顶点/边划分示例

所有的类 Pregel 系统采用的均为按照顶点划分的方式，而 PowerGraph/GraphX 采用的是按照边划分的方式。Gemini 采用了按照顶点划分的方法来避免引入过大的分布式开销，但是在计算模式上借鉴了按照边划分的思想，将每个顶点的计算分布到多台机器上分别进行，并尽可能让每台机器上的计算量接近，从而消解按照顶点划分可能导致的负载不均衡问题。

3.3.3　图数据划分中的内存管理

对大规模图数据进行划分主要基于以下两种情况：一种情况为存储限制，系统快速内存(加速器中的片上内存以及服务器中的内存)虽然速度很快但大小有限，不能一次性加载全部的图数据，因此需要二级存储器(加速器中的内存及服务器中的磁盘等)来存储图数据，此时需要将图数据分割成可以加载到快速内存中的子图，计算单元可以通过多次加载子图的方式实现对大规模图数据的处理；另一种情况是计算并行系统有很大的带宽并且存在多个计算单元，可将图数据分割成多个子图分别放到不同的计算单元中进行异步计算，通过合理利用带宽和计算资源来提高系统的运算速度。值得一提的是，研究人员在进行图数据分割时，通常都会综合考虑两种情况以得到更优的效果。

面向不同的优化目标，有不同的图划分方法。

单机子图划分：GraphChi 是第一个使用单机进行大规模图计算的系统，由于内存空间有限，GraphChi 采用了图数据分割的方法将大规模图数据分割成多个大小可以载入内存的子图，称为 Shard。以边的目标顶点为操作标准，该系统将图数据分割成多个不相交的片段，对所有目标顶点位于该片段的边按照其源顶点进行排序，从而形成不同的 Shard。配合 GraphChi 设计的 PSW(Parallel Sliding Windows)算法，可以减少对二级存储的非线性访问，而大大增加了数据的访问速度和运算速度。

面向目标顶点的图划分：很多系统采用面向目标顶点的图划分方法，这类划分方法要求在划分得到的每个分块中具有不相交的目标顶点。所有传入边都与分块的目标顶点相关联，构成子图参与运算。由于边的目标顶点是不相交的，因此每个分块对于顶点的更新都是相互独立的，这样就可以避免数据冲突带来的开销。Graphicionado 采用这种分块方法来确保每个分块都可以连接到暂存器内存，充分利用其低延迟、高带宽特性。GraphP 也采用该种方式，但 GraphP 的设计是为了减少不同加速器上的分块之间的通信，从而可以改善 HMC 立方体之间的通信，加速图计算的性能。

面向源顶点的图划分：有些系统会根据实际情况采用面向源顶点的图划分方法，这种划分方法要求在划分得到的每个分块中具有不相交的源顶点。所有传出边都与分区的源顶点相关联，目标顶点将包含在相应的分块中。由于在每个分块中的源顶点索引通常是连续的，因此可以确保顺序的内存访问。使用面向源顶点的分块，可以方便地在图计算过程中确定需要更新的顶点属性的分块。

面向网格的图划分：GridGraph 为了降低 GraphChi 对源顶点排序的预处理开销及较多的磁盘写入操作而设计了一种网格(Grid)的分割模式。将图数据的顶点分割成 P 个不相交的子块，然后将边的源顶点所在的子块作为行，边的目标顶点所在的子块作为列，将图数据中的所有的边放到 $P \times P$ 的网格中。这种分割方式可以很高效地减少磁盘的写入次数。当系统进行运算时，完成读取源顶点—计算—更新目标顶点的操作，由于网格分块中的每一列图数据边的目标顶点都是相同的，因此目标顶点已经被预取到缓存中，所以按照列的方向从上到下进行计算，可以利用缓存特性极大地减少磁盘的写入操作，从而提高运算效率。Fore-Graph 使用这种方法来充分利用 FPGA 有限的片上存储器，GraphR 也采用这种分割方式，利用 ReRAM 的存储特性来设计高性能低功耗的图计算加速器。

3.2.4 顶点程序的调度

在以顶点为中心的图计算系统中，对每个顶点程序，可以并行地予以调度。大部分图计算系统采用基于 BSP 模型的同步调度方式(如 PageRank)将计算过程分为若干超步(每个超步通常对应一次迭代)，每个超步内所有顶点程序独立并行，结束后进行全局同步。顶点程序可能产生发送给其他顶点的信息，而通信过程通常与计算过程分离。

同步调度容易产生的问题如下。

● 一旦发生负载不均衡，那么最慢的计算单元会拖慢整体的进度。

● 某些算法可能在同步调度模型下不收敛。

为此，部分图计算系统提供了异步调度的选项，让各个顶点程序的执行可以更自由。例如，每个顶点程序可以设定优先级，让优先级高的顶点程序能以更高的频率执行，从而更快地收敛。

一小部分的图计算系统采用异步调度(如 GraphLab)，然而异步调度在系统设计上引入了更多的复杂度，如数据一致性的维护、信息的聚合等，很多情况下的效率并不理想。此外，锁争用问题也是影响异步调度性能的一大因素。因此，大多数图计算系统采用的还是同步的调度方式；少数支持异步计算的系统也默认使用同步方式进行调度。

3.2.5 计算与通信模式

图计算系统使用的通信模式主要分为两种：推动(Push)和拉取(Pull)。

● 推动模式下每个顶点沿着边向邻居顶点传递信息，邻居顶点根据收到的信息更新自身的状态。所有的类 Pregel 系统采用的几乎都是这种计算和通信模式。

● 拉取模式通常将顶点分为主副本和镜像副本，通信发生在每个顶点的两类副本之间，而非每条边连接的两个顶点之间。GraphLab、PowerGraph、GraphX 等采用的均为这种模式。

除了通信模式有所区别，推动和拉取在计算模式上也有不同的权衡。

● 推动模式可能产生数据竞争，需要使用锁或原子操作来保证状态的更新是正确的。

● 拉取模式尽管没有竞争的问题，但是可能产生额外的数据访问。

Gemini 则将两种模式融合起来，根据每一轮迭代参与计算的具体情况，自适应地选择更适合的模式。

3.4　现代图计算系统

在 3.1.2 节中，本书介绍了一些图计算框架，本节主要介绍图计算系统在 3.1.2 节中介绍的奠基性图计算框架工作出现后的进展。本节将按照两个维度：使用的机器数量、是否使用外存作为内存的扩展，将图计算系统分为 4 个象限——单机内存、单机外存、多机内存、多机外存，分别介绍每个象限中的代表性系统，并介绍动态图计算系统，最后将介绍两个比较有特色的图计算系统，如图 3.21 所示。

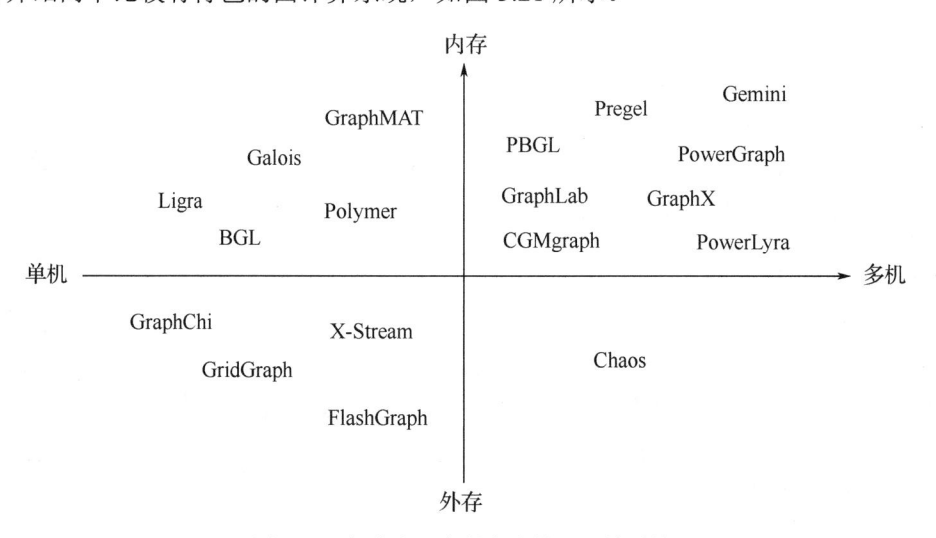

图 3.21　每个象限中的代表性图计算系统

3.4.1　单机内存

现代的并行服务器已经可以支持 TB 级别的内存容量，足够容纳边数在百亿规模以下的大部分现实世界的图数据。此时，使用单台服务器完成图数据处理便成了最直接的选择。面向单机内存的典型图数据处理系统包括 Ligra、Galois、Polymer 和 GraphMat。

1. Ligra

Ligra 提供了一套基于顶点集和边集的编程接口，用户可以调用两个原语分别对所有活跃的顶点和所有活跃的边(所有活跃顶点的出边)进行处理，处理的具体内容取决于用户自定义的函数。对于活跃边集的处理，Ligra 巧妙地利用了推送(Push)和拉取(Pull)两种处理模式在并行图计算环境下所具有的优劣性质，在运行时会自适应地在两种模式之间动态切换。

2. Galois

Galois 是另一个面向单机内存的图计算系统。相比之前的系统，一方面，Galois 让用户可以使用更底层的接口表达原先被编程或处理模型所限制的算法；另一方面，Galois 允许用户针对特定应用，实现自定义的优先调度策略来提高部分算法的收敛速度（类似 GraphLab 的异步模式）。

3. Polymer

Polymer 考虑了现代多路服务器中常见的非一致内存访问(Non-Uniform Memory Access，NUMA)效应，并基于远程内存的顺序访问速度依旧远远大于本地内存随机访问速度的发现，在 Ligra 的基础上修改了图数据的存储方式，以尽可能地减少远程内存访问。

4. GraphMat

GraphMat 展现了另外一种思路：将以顶点为中心的程序在后端转换为基于稀疏矩阵的运算。GraphMat 将矩阵按行划分成若干块(Chunk)后用 DCSC(Doubly Compressed Sparse Column)的格式存储，并在计算时让每个块由一个线程独占地处理。

3.4.2 单机外存

搭建并维护一台大容量内存的服务器需要高昂的经济开销。因此，当已有机器的内存容量不足以放下待处理的图数据时，使用外存来扩展处理能力是性价比更高的解决方案。下面介绍几个单机外存的代表性系统。

1. X-Stream

X-Stream 提出了以边为中心的编程和处理模型，这有别于之前图计算系统采用"以顶点为中心"的想法。在这个模型中，用户需要定义 2 个更新函数(Scatter 与 Gather)，而且这 2 个函数在边而非顶点上执行。每次迭代分为 3 个步骤：第一步是发布(Scatter)：系统顺序扫描全部边，并应用 Scatter 函数为每条边生成一个更新信息；第二步是洗牌(Shuffle)：系统顺序扫描全部的更新信息，并按照更新信息的目标顶点将信息放入相应数据片的信息缓冲区中；最后一步是收集(Gather)：系统顺序扫描每个数据片的更新信息，并应用 Gather 函数更新目标顶点。由于 Scatter 和 Gather 函数的执行只依赖于当前扫描到的边或更新信息，并不依赖于相关子图的信息，X-Stream 可以使用顺序 I/O 扫描边和更新信息达到流水化处理模式。系统可以令读入操作与计算并行。

2. FlashGraph

FlashGraph 是一个半外存图计算系统，其将顶点数据全部存放于内存中，将边数据以邻接表形式存放于 SSD(固态硬盘)上，并且专门设计了面向 SSD 阵列的用户态文件系统来管理外存 I/O，利用 SSD 随机访问能力很强的特点，尽可能地避免无效 I/O 来完成图计算任务。

3．GridGraph

GridGraph 利用图数据天然的二维结构特性，将之前单机外存系统采用的划分方法从一维扩展到了二维，使得对顶点数据的更新可以即时生效(On-the-fly)而不再需要通过读/写边数据或分组写出再读入等方式进行中转来实现 I/O 量的最小化。

3.4.3　多机内存

尽管面向单机外存的图计算系统让大规模图数据的处理成为可能，但是外存与内存之间的性能鸿沟导致有些情况下用户不得不求助更高效的处理手段，即分布式内存的图计算系统。面向多机内存的图数据处理系统主要有 GraphX 和 PowerLyra，其中 GraphX 已经在 3.1.2 节中进行了详细的介绍，下面介绍 PowerLyra。

PowerLyra 采用了一种混合划分(Hybrid-Cut)的策略区别对待高度数顶点和低度数顶点。当一条边的终止顶点度数小于预先给定的阈值(一般设为 100-200)时，混合划分按照这条边终点的哈希值对其进行分配，反之则按源顶点的哈希值分配。如此一来，度数较小的顶点对应的所有边都会被分配到同一个计算顶点之上(相当于对这些顶点使用了一维划分方法)，而度数较大的顶点对应的边则被分配给了不同的计算顶点(相当于对这些顶点使用了二维划分方法)。

3.4.4　多机外存

集群的规模会由于场地、资金等因素的限制而无法无限扩展，因此，对于一些超大规模的图或顶点数有限的小集群，有时必须使用多机外存的资源才能完成相应的处理任务。下面介绍多机外存的代表性系统 Chaos。

Chaos 将 X-Stream 扩展到了多机上，是第一个实现在多机外存(分布式外存)环境下进行高效图数据处理的系统。其出现具有里程碑式的意义：仅仅使用 32 台 32GB 内存的机器便能处理多达万亿级别的超大规模图数据。

3.4.5　动态图计算系统

很多时候，我们需要分析和处理的图数据并不是一成不变的：顶点和边上的属性会发生变化；拓扑结构也会发生改变。这种场景下，我们处理的对象就不再是一个静态图，而是不断发展和变化的动态图。

为了能同时接受源源不断的更新并调度需要的图分析算法在最新的数据上进行计算，很多动态图计算系统应运而生。

KineoGraph 是第一个这样的系统：数据更新流式地进入存储空间，并定期地转换为全局快照用于分析；对于部分应用场景，用户也可以选择使用增量计算的方式减少工作量。

LLAMA 和 GraphOne 则主要面向动态图的存储管理系统，通过将增量更新记录在与主存储分离的位置来实现高效的更新，并尽可能地减少对图计算效率的影响。

Chronos 的目标略有不同，主要关注点为计算部分，通过面向局部性的批量调度方式来提高在动态图上同时对多个快照的并行处理效率。

有不少使用 GPU 或者其他加速器来进行/辅助进行图计算处理的系统。Medusa 最早进行这类尝试，其借鉴了很多 Pregel 的思想并针对 GPU 的特点做了相应的调整。CuSha 的编程接口则更接近 PowerGraph 采用的 GAS 模型，对图数据进行划分，以减少不规则的显存访问。Gunrock 则进一步了探索了调度策略对性能的影响，获得了显著优于之前同类系统的结果。

然而，显存在容量方面很难与内存相比。为了让处理的图数据规模不再受限于显存大小，使用 CPU 和 GPU 协同完成图计算任务是更合理的一种方案。gGraph 最早进行这方面的尝试，通过将数据划分为若干更小的子图，并将计算任务分配给 CPU 和 GPU 同时完成来提高资源的利用率。Garaph 则针对图计算中大量存在的写竞争提出了更好的解决方案，并且能够通过合理地使用 CPU/GPU 及显存/内存/外存进一步提升资源的使用效率。

除了使用 GPU 外，还有一些图计算系统使用其他类型的加速器来辅助进行图计算，例如，Mosaic 使用 Intel Xeon Phi 来加速图计算任务；FPGP 及其后继者 ForeGraph 则使用 FPGA 来完成图计算；"神图"面向国产众核处理器申威 26010 设计和实现，并且具备分布式扩展的能力，创造了图计算系统领域的性能记录：在秒级时间内遍历边数高达 70 万亿的超大规模图数据。

3.4.6 图计算系统例析

上面分类介绍了一些新型图计算系统，下面将侧重从设计思想的角度介绍两个图计算系统的例子。其中 Gemini 以图划分质量为优化方向进化成以计算为中心的系统，VENUS 考虑系统的纵向扩展+横向扩展，先充分发挥单个计算顶点能力，再去扩展其在大规模计算集群上的能力。

1. Gemini

图计算系统相比 MapReduce、Spark 等在性能上已经有了显著的提升，但是它们的计算效率在有些场景下依然低下，甚至不如精心优化的单线程程序。针对单线程程序和多线程程序处理大数据的差异，研究人员为大数据平台提供了一个衡量指标——COST（the Configuration that Outperforms a Single Thread，超过单线程的性能所需要的配置）。针对一个特定平台的一个特定问题，其 COST 指标的数值，就是该平台处理该问题的性能超过一个充分出色的单线程实现所需要的硬件配置。

基于 COST，研究人员指出了一个现象：大多分布式大数据处理系统的工作过分沉迷于系统的扩展性，却很少在意甚至忽略了系统的处理效率与绝对性能。以两个常用的图计算应用 PageRank 和连通分量的实验为例，可以发现，最基本的单线程实现的性能就能接近甚至超过一个集群能够达到的性能；如果再在此基础上改进数据布局，并使用更好的适合于单线程实现的串行算法，性能还可以"更上一层楼"。图计算系统和优化的单线程实现的性能如表 3.1 所示。

表 3.1 图计算系统与优化的单线程实现的性能

性能		GraphLab	GraphX	优化的单线程实现
使用的硬件资源(核数)		128	128	1
处理 Twitter 的时间(秒)	PageRank	249	419	110
	连通分量	242	251	15
处理 uk-2007-05 的时间(秒)	PageRank	833	462	256
	连通分量	714	800	30

诚然，一方面，单线程实现不需要考虑多线程/多机并行计算引入的同步/通信开销，也不需要考虑使用的算法能否被有效地并行化，因此可以激进地使用所有可行的串行优化，以达到卓越的性能；另一方面，分布式系统针对面向的应用领域，通常会抽象出较为友好的编程模型以方便用户的使用，但这往往也限制了系统能够应用的优化方向。因此，图计算系统和优化的单线程实现相比，在使用相同硬件资源(单核)的前提下，在处理某个特定问题时，前者的性能很难匹敌后者；然而，若在使用了上百倍资源的情况下，图计算系统的性能依然无法追上优化的单线程实现，那么其中必然存在设计和实现上值得深思的问题。

很显然，我们需要既有扩展性(随着资源的增加能够处理更大规模的数据，或更快地处理相同规模的数据)又不失高效性的分布式图计算系统(COST 不能过大，若过大，则会导致资源的严重浪费)。

在 Gemini 之前已有的分布式图计算系统会损失如此多性能的原因，主要可以归结于两方面：

● 过于重视通信和负载均衡带来的影响；
● 忽略了分布式场景下计算部分的影响。

通过对这些系统的性能分析可以发现，它们在计算过程中完成的通信量远远小于现有高速网络(如万兆网、Infiniband 等)带宽能够容纳的上限；反倒是指令执行和内存访问次数远高于 COST 论文中提出的单线程实现，而且其在 Cache 命中率和多核利用率上的性能也不甚理想。这些现象意味着通信并不是这些系统的瓶颈，反倒是计算拖了后腿。

针对上述分析中已有系统的局限性，Gemini 抛弃了传统分布式图计算系统以图划分质量为优化方向的观念，提出了"以计算为中心"的设计理念，通过降低分布式带来的开销并尽可能优化本地计算部分的实现,使得系统能够在具备扩展性的同时不失高效性。针对图计算的各个特性,Gemini 在数据压缩存储、图划分、任务调度、通信模式切换等方面都提出了对应的优化措施,比其他知名图计算系统的最优性能还要高一个数量级。ShenTu 沿用并扩展了 Gemini 的编程和计算模型,能够利用神威·太湖之光整机上千万核的计算资源,高效处理 70 万亿条边的超大规模图数据,入围了 2018 年戈登·贝尔奖的决赛。

一方面,Gemini 采用了块划分的策略,让每台机器负责一段连续区间的顶点,从而尽可能减少分布式引入的开销;另一方面,Gemini 借鉴了很多单机图计算系统中提出的技术,将之应用并扩展到了分布式的场景下,尽可能地提高计算部分的效率。最终完成的系统 COST 值为 3,显著地低于其他分布式解决方案;其单机的计算效率与最佳的单机解决方案不相上下,并在此基础上拥有良好的扩展性,与最好的分布式图计算系统相比有跨数量级的性能提升。

PandaGraph 是 Gemini 的商业化版本,在 Gemini 开源版的基础上增加了大量功能,例如:

- 与 Hadoop 生态系统的集成,包括:
  - 支持 HDFS(Hadoop 分布式文件系统)的 I/O 接口,文本格式文件的解析接口等;
  - 支持 YARN(Yet Another Resource Negotiator,另一种资源协调者)来调度 PandaGraph 程序;
  - 支持基于 MapReduce/Spark 的预处理/后处理方案等。
- 部分组件的进一步优化,包括:
  - 更节省内存空间;
  - 具有更健壮的通信效率;
  - 能进行更快的图数据载入/划分等;
  - 能实现更多的算法。

2. VENUS

当前图计算面临的主要挑战是,单机系统具有很高的磁盘 I/O 并且无法有效利用较大的内存;而分布式系统需要处理很难的图划分问题,并且计算过程会产生很高的网络开销以至于成为系统整体的扩展性能瓶颈,GraphLab 甚至会出现在增加顶点时处理时间反而变长的情形。为了应对这些挑战,VENUS 图计算系统在最初设计时考虑了一种新的扩展模式:纵向扩展+横向扩展。特别考虑在先不往外扩展(Scale Out)数据的情况下,充分发挥单个计算顶点往上(Scale Up)的图计算系统的能力,再去大规模计算集群上往外扩展顶点上的同质的计算,以处理计算量大、复杂度高的图计算算法。

在分布式计算环境下,由于每台主机都有相对充足的磁盘空间,本地磁盘可以完全容纳图数据,因此 VENUS 可通过复制在单顶点上图计算系统的能力进行分布式扩展。其优势是:在计算过程中,系统只需用快速的少量顺序磁盘 I/O 读取本次存储的图数据进行计算，不需要在不同的主机之间对图数据进行网络通信。并且，这样的分布式图计算系统可同时在多个顶点上对同一个图执行同质计算，因为在同一顶点上的同一批计算共享了相同的图数据 I/O 调度开销，可以充分利用多核 CPU、FGPA 等硬件大规模并行执行多个顶点程序，满足实际应用中对时间效率的需求。

例如，在处理大规模图的 SimRank 算法时，采用的是比较实际的方案，即基于随机游走的蒙特卡罗（Monte-Carlo）算法。该方案中一项核心计算任务是：对图中的 N 个顶点，需要独立地从每个顶点出发搜索一条以该顶点为源顶点的随机游走路径。从现有图计算系统直接实现该 SimRank 算法的角度来看，基于随机游走的蒙特卡罗算法要求对同一个图进行 N 次图计算。每次随机游走都从图中每个不同的初始顶点开始，每一步随机选取当前顶点的一个邻居顶点前进。采用现有的图计算系统实现这个处理时，GraphLab 和 GraphChi 都能直接实现从一个给定的初始顶点出发的一次随机游走。其中，随机游走到下一个邻居顶点时前进的每一步都需要现有图计算的一次迭代，即游走路径需要被采样多长，系统就处理多少步迭代完成该次采样。所以，现有标杆分布式图计算系统 GraphLab 实现这个算法的最直接的方式是，N 次采样就运行 N 次图计算，每次图计算对应一次采样。其计算时间就是一次分布式采样计算时间的 N 倍。

相比之下，VENUS 可通过复制单顶点上的图计算到多个不同的主机上同时运行这 N 次采样。此时，计算集群中每台主机都可见全图，因为有相对充足的磁盘空间可以在本地磁盘完全容纳图数据。不同源顶点的随机游走彼此无依赖，可分别在每台主机各自同时计算，不需要在不同的主机之间对图数据进行网络通信。这相当于往外扩展多个顶点上的同质的随机游走采样计算。由多台不同的主机上同时运行这 N 次采样，这样整体时间就是一次单机采样计算时间的 N/M 倍，这里 M 为主机的台数。由此可见，该方式具有更佳的扩展性能。

VENUS 提出的"以顶点为中心"的流水化图计算模型将基于磁盘的 I/O 显著降低，极大改善了系统 I/O 瓶颈突出的情况。相对常见的大数据平台如 Hadoop 和 Spark，VENUS 的设计理念不是往外扩展数据，而是在大规模集群上并发读取大数据，去应对大量数据所需要的大量 I/O。VENUS 解决了在之前的图计算系统中存在的诸多问题，如在单机上突破了图计算系统的可扩展能力，有效利用了磁盘带宽，减少了在图计算中访问海量图数据 I/O 等。

VENUS 系统同时使用了新的数据分片方法及新的图计算的外存模型。在该系统中，每个数据被分为 v-shard 和 g-shard 两部分：其中 v-shard 为一个分片中的顶点数据，数据量较小且需要经常修改；g-shard 为分片中图的结构，即边数据，数据量较大且不会被修改。VENUS 进而在新的数据分片上创造了新的图计算的外存模型：在图计算执行时，系统对全部 g-shard 使用顺序磁盘 I/O 去扫描，不断从磁盘中扫描 g-shard 磁盘块读入内存，并一直将该 g-shard 执行所需的 v-shard 存入内存。处理 g-shard 中所有对应的更新函数时，所有相关的所需顶点数据都已经在内存中对应的 v-shard 中供直接访问存取。g-shard 按磁盘块读入后就立刻用于计算并从内存中丢弃，以保证更多的 v-shard 数据可以进入内存。这样，VENUS 能够使用较快的顺序访问 I/O 带宽读取整个图中的 g-shard，而且系统在读入数据的同时也可以及时进行计算，减少了系统整体的运行时间。

总体来说，VENUS 避免了现有图计算所有顶点的值按边存储时有多个副本而需要同步更新带来的额外磁盘访问开销，比起现有磁盘图计算系统 GraphChi 和 X-Stream，VENUS 显著降低了基于磁盘的图计算的读写总量，在处理 4100 万个顶点和 14 亿条边的 Twitter 图时（约占 8GB 内存），VENUS 写入磁盘数据总量分别是 GraphChi 和 X-Stream 的 1/40 和 1/50。在单机系统中，VENUS 性能优于 GraphChi 和 X-Stream，处理速度比它们快 3 到 10 倍；对比分布式系统，VENUS 单机可以达到与 Spark 集群（50 台，100 个 CPU）接近的效果。

3.5　图计算的应用

图计算的应用主要包含传统的应用和图神经网络等新兴的应用。

3.5.1　传统的图计算应用

传统的图计算应用根据每次迭代是否遍历所有顶点可以分成全顶点遍历（Stationary）算法和激活顶点遍历（Non-Stationary）算法。

Stationary 的典型算法包括 PageRank、半径估计（Diameteresti-Mation）、弱连通分量（Weakly Connected Components）等。由于顶点在每次迭代时都会更新，也即所有边都会被遍历，因此使用 Edge-Centric（边中心）编程模型能够获得更好的性能。

Non-Stationary 的典型算法包括广度优先搜索（BFS）、深度优先搜索（DFS）、单源最短路径（SSSP）、单源最宽路径（SSWP）和连通分量（Connected Components，CC）等。每次迭代过程都从激活顶点出发，考虑到减少冗余计算，使用 Vertex-Centric（顶点中心）编程模型能够获得更好的性能。

上述算法在 Vertex-Centric 编程模型中具体实现如表 3.2 所示。其中，边 $e=(u,v)$ 中，u 代表源节点，v 代表目的节点；res 和 v.deg 分别代表 edgeProResult 和 v.cProp；v.prop 和 v.tProp 分别代表节点的属性和临时属性；α 和 β 是常量。

表 3.2　算法在 Vertex-Centric 编程模型上的具体实现

算法	Process_edge	Reduce	Apply
BFS	u.prop+1	min (v.tProp,res)	min (v.prop,v.tProp)
SSSP	u.prop+e.weight	min (v.tProp,res)	min (v.prop,v.tProp)
CC	u.prop	min (v.tProp,res)	min (v.prop,v.tProp)
SSWP	min (u.prop,e.weight)	max (v.tProp,res)	max (v.prop,v.tProp)
PR	u.prop	v.tProp+res	$(\alpha+\beta* v$.tProp$)/v$.dge

3.5.2　新兴的图计算应用

接下来将重点介绍图神经网络模型。

图神经网络模型(Graph Neural Network，GNN)是新兴图计算的主要应用。由于图数据规模的爆发式增长和深度学习的广泛应用，多种图神经网络模型被提出用于分析图数据。例如，用于顶点和图分类的 GCN、GraphSage、GINConv 等模型。图数据中固有的不规则链接给传统的深度学习算法(如卷积神经网络等)带来了巨大的挑战，掀起了图神经网络的研究热潮。图神经网络的输入数据来自非欧几里得(Non-Euclidean)领域并通常用能够表示对象间复杂联系的图来表示。因此，图神经网络能够应对许多关键且从前无法高效处理的问题，例如，洞察大脑神经元连接和发现新材料等问题。然而，传统的神经网络通常以固定大小且规整的图片或者文本序列等作为输入，无法处理任意大小且顶点无序的图数据。图神经网络首先将图数据转换为低维空间中的数据并保留图的结构及原始的顶点属性信息；接着通过神经网络进行后续的训练和推断。图神经网络的应用主要包含两个核心阶段：Aggregation 阶段和 Combination 阶段。在 Aggregation 阶段，每个顶点都遍历各自的邻居顶点并执行 Aggregate 函数聚合邻居顶点的属性信息。在 Combination 阶段，每个顶点的聚合结果会被 Combine 函数利用神经网络进行变换，以获得新的属性数据。图 3.22 是图神经网络中的一个典型分支——图卷积神经网络(GCN)模型的图解。图中，Sample 函数用于对 1-hop 邻居顶点进行采样，目的是减少算法模型的计算量。Aggregate 函数则用于收集邻居顶点的信息，产生中间计算结果。Combine 函数负责利用神经网络对中间结果进行变换和降维，并获得新的顶点属性向量。Pool 函数是可选函数，完成与传统卷积神经网络中 Pooling 函数相同的功能，区别在于 Pool 函数处理的对象是图。Readout 函数执行合并操作，对所有顶点的属性向量进行 element-wise (元素方式)的累加操作。它的作用是产生单个属性向量作为其他神经网络模型的输入，以用于图的分类。

如算法 4 所示，Aggregate 函数与 GAS 模型中的 Gather 函数的作用是一致的，即根据入边收集邻居顶点的信息，而 Combine 函数和 Apply 函数的作用也是一致的，即对顶点的属性(属性向量)进行更新。所以新兴的图神经网络算法也能够用 Vertex-Centric 编程模型来表示。

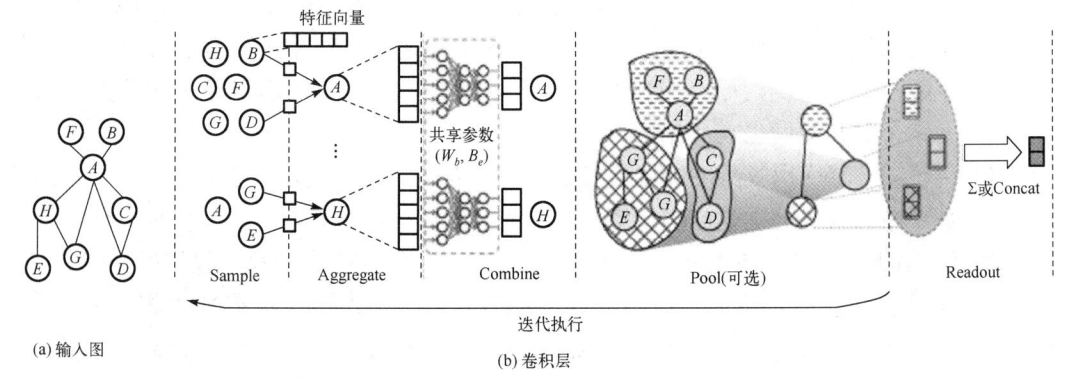

(a) 输入图　　　　　　　　　　　　　　　　　　　(b) 卷积层

图 3.22　图卷积神经网络(GCN)模型的图解

算法4　GNN 编程模型

```
1    初始化 SampleNum
2    初始化 SampleIndexArray
3    for 每个节点 v∈V do:
4        agg_res←初始化
5        sample_idxs←SampleIndexArray[v.nid]
6        for 每个 sample_idx in sample_idxs do:
7            e(u,v)←EdgeArray[sample_idx]
8            agg_res←Aggregate(agg_res,u.feature)
9        v.feature←Combine(agg_res,weights,biases)
```

GCN 是成功的图神经网络模型之一,它在基于频谱的图卷积和基于空间的图卷积之间架起了桥梁,让基于频谱的图卷积理论应用于基于空间的图卷积研究中。GraphSage 进一步采用均匀近邻采样方法减少接收域的扩展(Receptive Field Expansion),提供了权衡预测精度和执行时间的方案。GINConv 是一种极为简单的图神经网络结构,其判别能力等同于 Weisfeiler-Lehman 图同构检验(Weisfeiler-Lehman Graph Isomorphism Test)。GINConv 学习的顶点特征可以直接用于顶点分类和链路预测等任务。DiffPool 提供了一个通用的模型来实现图的 Pool 函数,它可以插入任意的图神经网络中,目的是将原始图转换为更小的图。实际上,DiffPool 使用两个额外的图卷积神经网络来实现图的 Pool 函数。

传统图计算应用和图神经网络的相同点在于它们的每一次迭代或者层的执行都包含了遍历邻居和更新顶点属性两个阶段:

● 无论是传统的图计算应用还是新兴的图神经网络都通过遍历边收集 1-hop 或者多 hop 邻居的信息作为中间结果;

● 中间结果都会被用于更新顶点属性。

传统的图计算应用和新兴的图神经网络的区别有以下三点:

● 在传统的图计算应用中,顶点属性一般只有单个元素,且在计算过程中只有值在变而元素数量不变。然而,在图神经网络中,顶点属性一般是一个向量或者更高维的张量数据,元素数量在数千个以上。除此之外,不同图数据集的维度和元素个数不尽相同,在执行的过程中,由于神经网络的变换,不仅顶点的属性值在变,元素个数和维度也在变化。

● 传统图计算应用收集的邻居信息是单个元素,并对每个元素进行归约操作。而图神经网络收集的则是向量或者更高维的张量数据,对元素进行逐个归约操作。

● 传统的图计算应用的更新操作较为简单,一般是累加或者比较等操作,所以计算访存比低。然而,在图神经网络中,每个顶点的属性更新操作更新的是一个神经网络,并且所有的顶点共享同一个神经网络,具有非常高的计算访存比。

传统的图计算应用的典型数据集如表 3.3 所示。图神经网络的典型数据集如表 3.4 所示。

表 3.3　传统的图计算应用的典型数据集

数据集	顶点个数	特征长度	边数
Flickr	0.82×10^6	1	9.84×10^6
Pokec	1.63×10^6	1	30.62×10^6
LiveJournal	4.84×10^6	1	68.99×10^6
Hollywood	1.14×10^6	1	113.90×10^6
Indochina-04	7.41×10^6	1	194.11×10^6
Orkut	3.07×10^6	1	234.37×10^6

表 3.4　图神经网络的典型数据集

数据集	顶点个数	特征长度	边数
IMDB-BIN	2647	136	28624
Cora	2708	1433	10556
Citeseer	3327	3703	9104
COLLAB	12087	492	1446010
Pumed	19717	500	88648
Reddit	232965	602	114615892

第4章 图相似与图查询

图查询与分析中最基本操作是对于一个给定的图，查找与之相似或者相关的图，本章将对这个操作的具体实现和图查询处理这一最重要的应用进行讨论。本章首先讨论图相似性的定义，继而讨论图匹配技术，最后讨论图查询算法。

4.1 图的相似性

在许多场景中，计算图之间的相似性是许多应用中基本和必要的操作，包括图分类和聚类、化学分子比较、计算机视觉中的对象识别、图相似性搜索等。在这些操作中，经常出现如下问题：

- 两个图或网络在结构方面有多大差异？
- 差异主要存在于哪些顶点和边中？

研究人员长期以来将图的相似性列为一个值得深入研究的问题，并且已经提出了多种方法来解决该问题。如何有效比较两个网络、如何评估它们的相似程度、如何识别造成差异的关键顶点或者边是图相似所探究的三个主要问题。

对比两个图结构(即两图顶点间的对应关系)的相似性是完成一些任务的关键点，例如，网络流量前后的异常变化可能表示存在网络攻击；大范围电话呼叫的差异可用于发现重大事件或电信诈骗方面的问题。此外，图相似性可以作为图分类的依据，也可以用于发现网络中特殊的行为模式，即随着时间的推移，跟踪网络中的变化，发现异常并检测异常事件。

4.2 图 匹 配

图匹配是图数据管理与分析的发展中的基本操作。给定两个数据图(Data Graph)，图匹配的目标则是确定两个图顶点或者边之间的对应关系，使其满足某些限制条件，并尽可能地保留两个图中的公共部分。图匹配对图上很多操作起着重要的支撑作用。它为图数据库上的相似图查询、图聚类及分类等提供了相似度计算手段；同时，它也是对多个图进行整合的有效手段，为在整合后的图上进行链路预测、社区发现等操作奠定基础。本节将介绍一些图的相似度衡量方法和图匹配算法。

4.2.1 图的同构

图的同构即两个图的顶点存在一个双射关系，使得图中的两个顶点相连的充分必要条件是它们在另一个图上的映射顶点相连。假设 $G_1=(V_1,E_1)$ 和 $G_2=(V_2,E_2)$ 是两个图，存在一个双射关系 $m: V_1 \rightarrow V_2$，使得对全部的 $x,y \in V_1$，均有 $(x,y) \in E_1$ 等价于 $(m(x),m(y)) \in E_2$，则称 G_1 和 G_2 是同构的。从直观上理解，最相似的两个图是一模一样的图，即两个一模一样的图是同构的。图的结构决定图的本质特征，结构相同的图会有类似的性质，因此需要研究图的同构问题。

五边形和五角星就是一组经典的同构图的例子，如图 4.1 所示。

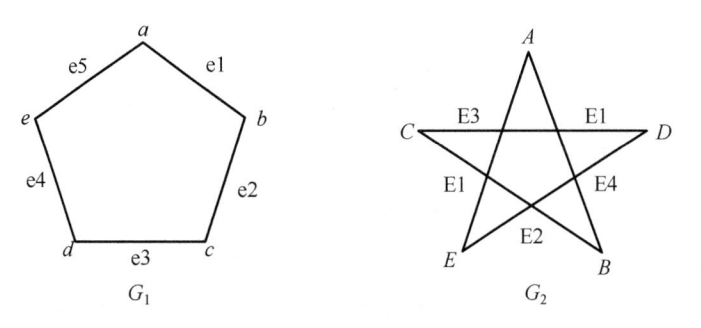

图 4.1 一组经典的同构图的例子：五边形和五角星

图 4.1 中，G_1 和 G_2 是同构的，因为：
- 从 G_1 的顶点到 G_2 的顶点，存在一个一对一的映射 f；
- 从 G_1 的边到 G_2 的边，存在一个一对一的映射 g。

在 G_1 中，当且仅当 G_2 中边 $g(e)$ 与顶点 $f(a)$、$f(b)$ 相关联（E1 与顶点 A，B 相关联）时，边 e1 与顶点 a，b 相关联。若满足此条件，函数 f 和 g 称为从 G_1 到 G_2 的同构映射。

那么如何判断两个图是否是同构的呢？

若两个图是同构的，则两个图的邻接矩阵是相同的，图 4.1 中的五边形和五角星的邻接矩阵如下：

$$
\begin{array}{c}
\begin{array}{ccccc} a & b & c & d & e \end{array} \\
\begin{array}{c} a \\ b \\ c \\ d \\ e \end{array}
\begin{bmatrix}
0 & 1 & 0 & 0 & 1 \\
1 & 0 & 1 & 0 & 0 \\
0 & 1 & 0 & 1 & 0 \\
0 & 0 & 1 & 0 & 1 \\
1 & 0 & 0 & 1 & 0
\end{bmatrix}
\end{array}
\qquad
\begin{array}{c}
\begin{array}{ccccc} A & B & C & D & E \end{array} \\
\begin{array}{c} A \\ B \\ C \\ D \\ E \end{array}
\begin{bmatrix}
0 & 1 & 0 & 0 & 1 \\
1 & 0 & 1 & 0 & 0 \\
0 & 1 & 0 & 1 & 0 \\
0 & 0 & 1 & 0 & 1 \\
1 & 0 & 0 & 1 & 0
\end{bmatrix}
\end{array}
$$

但是对于一些大图来说，计算两个图的所有可能的邻接矩阵排列可能是个非常繁重的工作，所以可以转而确定两个图不同构。具体来说，可以判定一个特性，是 G_1 具有而 G_2 不具有的，这个特性称为不变量(Invariant)或不变条件。如果 G_1 和 G_2 同构，则两个图都具有此特性，也就是说，如果 G_1 和 G_2 同构，G_1 具有某性质，则 G_2 也具有此性质。

如图 4.2 所示，G_1 具有 4 个顶点，G_2 具有 5 个顶点，显而易见，G_1 和 G_2 不同构。

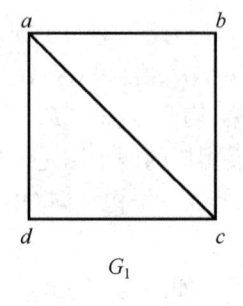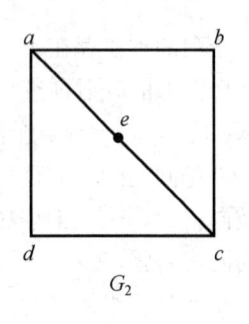

图 4.2　不同构的图

至今，人们还没有找到能迅速判断两个图不同构的不变量，只能具体问题具体分析。

4.2.2　子图同构

子图同构是两个图顶点间存在的一个单射关系，即若子图中两个顶点相连，则它们在另一个图上的映射顶点也一定相连。可以用数学语言描述为：给定图 $Q=(V(Q),E(Q))$ 和 $G=(V(G),E(G))$，称子图 Q 同构于 G，当且仅当存在一个双射函数 $g:V(Q) \to V(G)$，使得 $\forall u,v \in V(Q)$；当且仅当 $(u,v) \in E(Q)$，使得 $(g(u),g(v)) \in E(G)$。

例如，图 4.3 中，左图子图同构于右图。

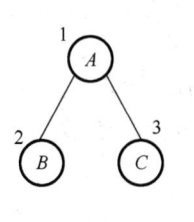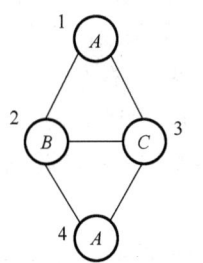

图 4.3　子图同构

二者之间存在的映射 g（两种），如图 4.4 所示。

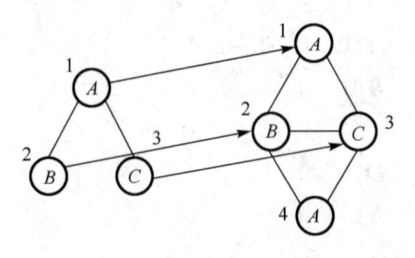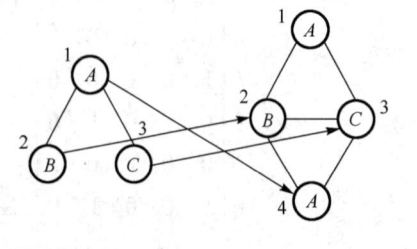

图 4.4　两种不同的映射

还可以用 MA,MB 分别表示图 Q，G 的对应的边矩阵，其中 MA[i][j]= 1 表示顶点 v_i

与 v_j 有边，MA[i][j]=0 表示无边。M' 表示映射 g 从 Q 到 G 的映射矩阵，M'[i][j]=1 表示 Q 中第 i 个顶点对应到 G 中的第 j 个顶点，否则表示没有对应。例如，图 4.4 中的 Q，G 对应的边矩阵如图 4.5 所示。

	1	2	3
1	0	1	1
2	1	0	0
3	1	0	0

MA

	1	2	3	4
1	0	1	1	0
2	1	0	1	1
3	1	1	0	1
4	0	1	1	0

MB

图 4.5　图 Q、G 的边表示方法示例

子图同构问题作为一个经典的 NP 完全问题，虽然不能在多项式时间内解决，但还是有算法可以进行判断的，最经典的判断算法是乌尔曼算法(Ullmann Algorithm)。乌尔曼算法是一个简单的子图同构算法，它采取的手段就是利用枚举找到子图同构关系。这个算法的目的是对于一个给定的图 Q，找出在图 G 中的和图 Q 同构的所有的子图。

乌尔曼算法的基本流程如下：

- 步骤 1：如果
  - Q 中第 i 个顶点与 G 中第 j 个顶点有相同的标签；
  - Q 中第 i 个顶点的度小于或等于 G 中第 j 个顶点的度。

  那么，建立矩阵 $M_{n×m}$，使得 $M[i][j]=1$，
- 步骤 2：从矩阵 $M_{n×m}$ 生成矩阵 M'，即对 $M_{n×m}$ 进行逐行检查，将部分不为 0 的元素变成 0，使得矩阵 M' 满足每行有且仅有一个元素为 1，每列最多只有一个元素不为 0，最大深度为 |MA|（|MA| 为图 Q 的顶点个数）。
- 步骤 3：按照以下规则判断矩阵 M' 是否满足条件：
  $$MC = M'(M' \cdot MB)^T, \forall i \forall j : (MA[i][j]=1) \Rightarrow (MC[i][j]=1)$$
- 步骤 4：迭代以上步骤，列出所有可能的矩阵 M'。

以图 4.6 为例，有

$$M_0 = \begin{bmatrix} 1 & 1 & 1 & 1 \\ 1 & 1 & 1 & 1 \\ 1 & 1 & 1 & 1 \end{bmatrix}$$

执行一次算法后，有

$$M_1 = \begin{bmatrix} 1 & 0 & 0 & 0 \\ 1 & 1 & 1 & 1 \\ 1 & 1 & 1 & 1 \end{bmatrix}$$

再执行一次算法后，有

$$M_2 = \begin{bmatrix} 1 & 0 & 0 & 0 \\ 0 & 1 & 0 & 0 \\ 1 & 1 & 1 & 1 \end{bmatrix}$$

最后得到

$$M' = \begin{bmatrix} 1 & 0 & 0 & 0 \\ 0 & 1 & 0 & 0 \\ 0 & 0 & 1 & 0 \end{bmatrix}$$

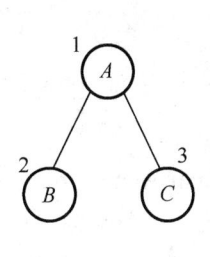 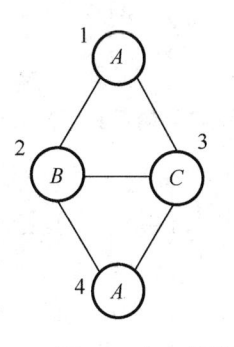 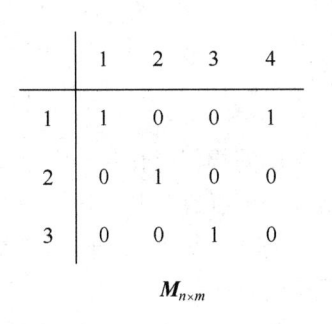

图 4.6　乌尔曼算法示例

最坏情况下，可能有 $O(|\text{MB}|!)$ 个可能的矩阵 M'。可见，乌尔曼算法的时间复杂度并不能用多项式表示。

4.2.3　图编辑距离

图编辑距离计算(Graph Edit Distance Computation)是指对两个图 G_1 和 G_2 通过点和边的增加、删除、替换操作完成相互转换所需要的最少操作数。图编辑距离计算是图分类、图匹配、图相似度搜索等问题的核心操作。例如，图 4.7 所示的 G_1 和 G_2 的编辑距离为 3。

图的编辑距离问题是一个 NP 完全问题，计算两个图的编辑距离没有一个多项式时间复杂度的算法可以实现，在计算的时候可以利用 BFS、DFS 等搜索算法来进行。注意，计算字符串编辑距离的列文施坦算法并不能运用在图编辑距离的计算上。

下面介绍一种计算图编辑距离的算法 CSI_GED。

考虑图 $G(V,E)$，其中 $V = \{v_1, v_2, \cdots, v_{|V|}\}$ 是顶点集，而 $E \subseteq V \times V$ 是边集(有向或无向)。$|V|$ 和 $|E|$ 是 G 中顶点和边的数量。给定一组离散值标签 Σ，标记图 G 是一个三元组 (V,E,l)，其中 l 表示标签函数：$l = V \cup E \rightarrow \Sigma$。令 LV 和 LE 表示分配给 G 的顶点和边的多组标签。在下文中，除非另有说明，否则标记图 G 的未标记版本(即其结构)称为 $S(G)$，并且标记图将被简称为图。将两个图 G_1 和 G_2 之间的编辑距离表示为 $\text{GED}(G_1,G_2)$，其是将 G_1 转换为 G_2 的最佳编辑路径的长度，转换包括删除和添加顶点和边。

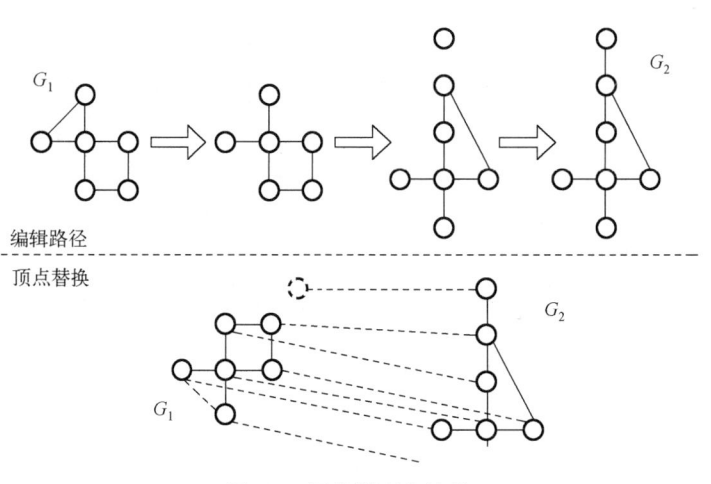

图 4.7　图编辑距离计算

此算法枚举了 G_1 和 G_2 的所有常见子结构同构(CSI),通过求解函数 $g(f)$ 来完成, $g(f)$ 定义如下:

$$g(f) = c_f(G^{l_1}, G^{l_2}) + |V_2 \setminus f(V_1)| + \lambda + \sum_{i=1}^{2}(|E_i| - |e|)$$

其中,$c_f(G^{l_1}, G^{l_2})$ 是常见的子结构编辑成本,$V_2 \setminus f(V_1)$ 是不匹配的目标顶点的集合,并且 $\lambda = \Gamma[L(V_1 \setminus V), F(V_1 \setminus V)]$。

算法为每个列出的公式计算与 $g(f)$ 相对应的编辑成本,然后将图编辑距离计算为这些成本的最小值。CSI_GED 算法可以降低获得每个顶点图 f 的编辑成本 $g(f)$ 的计算成本。不幸的是,任何枚举 CSI 的基于顶点的映射方法都需要等价的计算成本。例如,如果目标顶点未违反先前匹配的顶点上的连接,则目标顶点与源顶点匹配。为了检查先前的连接,该方法的作用与计算隐藏边的编辑操作相同,就像基于 A*的方法一样。CSI_GED 通过映射边缘来构造 CSI,也就是说,考虑边映射而非顶点映射空间。尽管乍看之下边映射空间似乎相对较大,但是实际上用于 CSI 枚举的空间比整个空间小得多,也就提升了算法的性能。在比较大图时,CSI 的数量可能会变得很大。为了解决这个问题并建立有效的 CSI_GED 算法,可以使用启发式算法从回溯树中删除整个分支。下述的第一个启发式算法排列目标边缘,以快速找到更严格的上限,而第二个启发式算法排列目标边缘,以便每个 CSI 的第二个初始分配成本最大。

通过对映射顶点及其隐含边的编辑操作,可得编辑成本的计算方法的伪代码描述如下:

```
Algorithm: Update_PED(G₁,G₂,f(uᵢ),g(f))
1        if l₁(uᵢ)≠l₂(f(uᵢ)) then
2           g(f)++;        /*vertex relabeling (deletion if f(uᵢ)=vⁿ)*/
3     for each uⱼ∈V₁, j<i do
4           if (uⱼ,uᵢ)∈E₁∧(f(uⱼ),f(uᵢ))∈E₂ then
5               if l₁(uⱼ,uᵢ)≠l₂(f(uⱼ),f(uᵢ)) then
```

```
6              g(f)++                    /*edge relabeling*/
7        if (u_j,u_i)∈E_1∧(f(u_j),f(u_i))∉E_2 then
8              g(f)++                    /*edge relabeling*/
9        if (u_j,u_i)∈E_1∧(f(u_j),f(u_i))∈E_2 then
10             g(f)++                    /*edge relabeling*/
11       return g(f)
```

计算图编辑距离的 CSI_GED 算法的伪代码描述如下：

```
Algorithm: CSI_GED(G_1,G_2)
1   Enumerate all CSIs of G_1 and G_2
2   for each CSI f do
3       compute g(f)
4       keep track of minimum g(f)
5   output the minimum g(f)
```

4.2.4 DELTACON 图相似度函数

DELTACON 是一种计算两个图之间相似性的度量函数，且可以识别造成差异的关键点及关键边。DELTACON 算法通过比较图中顶点的"亲密性"，也就是一个图中的顶点在另一个图中能否完美嵌入来计算两个图的相似性。

考虑图 $G_1(V, E_1)$ 和 $G_2(V, E_2)$。如果两个图的顶点集不相同，假设是 V_1 和 V_2，则考虑 $V = V_1 \cup V_2$，即原来没有的顶点补充成孤立顶点。首先，计算 n 个顶点两两之间的"亲密性分数"，并保存在 $n \times n$ 的矩阵中。对于两个图 G_1 和 G_2，亲密性分数矩阵为 S_1 和 S_2。然后计算两个矩阵 S_1 和 S_2 之间的距离，这里，使用 RootED 距离作为矩阵间距离的度量。选择 RootED 距离的原因是其在实际测量和应用时，往往能取得比余弦相似度、欧氏距离等更好的结果。RootED 距离的计算与欧氏距离非常类似，具体计算公式如下：

$$d = \text{RootED}(S_1, S_2) = \sqrt{\sum_{i=1}^{n}\sum_{j=1}^{n}\left(\sqrt{s_{1,ij}} - \sqrt{s_{2,ij}}\right)^2}$$

DELTACON 算法的伪代码描述如下：

```
DELTACON Algorithm
Input: edge files of G_1(V, E_1) and G_2(V, E_2), i.e., A_1 and A_2, and g(groups:
# of node partitions)
{V_j}_{j=1}^g = random_partition(V, g)          //g groups
//estimate affinity vector of modes i=1,...,n to group k
for k=1→g do
    s_{0k} = ∑_{i∈V_k} e_i
    solve [I + ε²D_1 − εA_1]s'_{1k} = s_{0k}
```

```
            solve [I + ε²D₂ − εA₂]s′₂ₖ = s₀ₖ
    end for
    S′₁ = [s′₁₁    s′₁₂    ⋯    s′₁g] ;   S′₂ = [s′₂₁    s′₂₂    ⋯    s′₂g]
    //compare affinity matrices S′₁ and S′₂
    d(G₁, G₂) = RootED(S′₁, S′₂)
    return sim(G₁, G₂) = 1 / (1 + d(G₁, G₂))
```

4.2.5　图匹配算法

图匹配算法是有效判定图相似性的算法，本节将介绍一些经典的图匹配算法。

1．IsoRank 算法

IsoRank 是一个迭代算法，该算法将两个被匹配的图构建成一个由顶点对组成的超图，超图上的每个顶点对都有一个初始分数，通过超图上边的关系，顶点对之间相互之间贡献分数，经过一定轮数的迭代，正确的顶点对会获得比较高的分数，以此来得到最终的匹配。

下面以 IsoRank 算法为例，来说明迭代算法的思路。

给定两个图 G_1 和 G_2，IsoRank 算法通常求解两个顶点的相似度。这里用 $R(v_{ij})$ 来表示顶点 i 和顶点 j 的相似度，其中顶点 i 来自 G_1，顶点 j 来自 G_2。在迭代的最开始，如果不能从某些预先知道的知识中得知顶点的相似情况，通常规定顶点的相似度分数为 1，迭代的基本思想为，如果一个顶点和另一个顶点相似，通常它的邻居也应该是相似的，即相似的顶点周围的顶点理论上也应该相似。该算法通过顶点和顶点之间相互贡献分数来求出各个顶点的相似度。若 $\boldsymbol{R}$ 代表顶点的相似度矩阵，则 IsoRank 算法的迭代公式为

$$R = \sum R_{ij} = \sum_{u \in N(i)} \sum_{v \in N(j)} \frac{1}{|N(u)||N(v)|} R_{uv} \quad i \in V_1, j \in V_2$$

公式的含义为，如果 v_i 的邻居 v_u 存在，v_j 的邻居 v_v 存在，那么认为顶点 v_i 和 v_j 的相似度应该由 v_u 和 v_v 的相似度来贡献，IsoRank 中使用了类似 PageRank 中的均一化方法，认为对于 v_u 和 v_v 的相似度，应该将它们的分数按照其邻居的个数的乘积平均分散到各个目标顶点上。因此相似度矩阵可以表示如下。

$$\boldsymbol{R} = \boldsymbol{AR}$$

$$A[u,v] = \begin{cases} \dfrac{1}{|N(u)||N(v)|} & \text{if } (i,u) \in E_1, (j,v) \in E_2 \\ 0 & \text{otherwise} \end{cases}$$

89

下面以图 4.8 为例来说明，根据上述公式可以得到下列关系：

$$R_{aa'} = \frac{1}{4} R_{bb'}$$

$$R_{bb'} = \frac{1}{3} R_{ac'} + \frac{1}{3} R_{d'c} + R_{aa'} + \frac{1}{9} R_{cc'}$$

$$R_{cc'} = \frac{1}{4} R_{bb'} + \frac{1}{2} R_{be'} + \frac{1}{2} R_{bd'} + \frac{1}{2} R_{eb'} + \frac{1}{2} R_{db'} + R_{ed'} + R_{de'} + R_{dd'}$$

$$R_{dd'} = \frac{1}{9} R_{cc'}$$

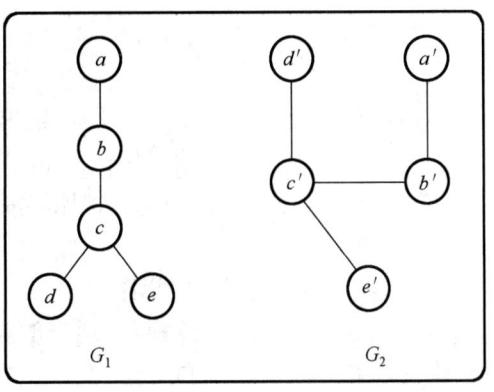

图 4.8　迭代算法中被匹配的两个图

这里展示了图中同构的两个图的顶点对的计算方式。对于两个图的顶点之间的每个可能的配对 (i,j)，计算得分 R，它们的分数都来自邻居的贡献。这里只展示了部分的顶点对的分数。最后使用 R 来提取可能的匹配项。一种策略是，选择最高的评分顶点对，输出到结果集合，从表中删除相应的行和列，然后重复。此策略将返回正确的映射 (a,a)、(b,b)、(c,c)、(d,d)、(e,e)；而 (d,e)、(e,d) 这种不正确的顶点对可以通过序列信息进行解决。

2. proper 算法

proper 算法是一种种子算法，种子算法的核心思想是，先通过一些方式对种子进行初始化，然后尽可能有效地向邻居顶点乃至整个图传递种子信息，利用这些信息，逐步寻求最适合的种子添加到种子集中，从而实现对整个图的匹配。

proper 算法的输入包括图和初始化生成的种子集。在 proper 算法中，种子以已匹配好的成对顶点表示。初始种子起着很重要的作用，影响着最终结果的准确性，它可以通过多种方式获得，具体取决于应用场景和图模型的情况，下面对 proper 算法的大致过程进行简述。

　　算法开始时，首先找到初始种子集中的种子，然后对每个以顶点对表示的种子，找到两个顶点的邻居顶点，形成两个邻居顶点集，对这两个集做笛卡尔乘积，就得到了两个图中匹配顶点的所有可能的对应关系。对种子集中的所有种子重复上述过程，最后对于所有经笛卡尔乘积得到的顶点对集合，找到这样的一个顶点对，使顶点 u 和 v 相邻的种子顶点数最多，然后即可将该顶点对作为一个新的种子添加到种子集中。重复上述的整个算法过程，直到所有顶点都被添加到种子集中。

　　下面以图 4.9 为例，说明 proper 算法的计算过程。

　　算法的输入为图 G_1 和 G_2，首先初始化种子集，然后进行第一轮匹配，找到邻居顶点集并做笛卡尔乘积。

　　设定每个目标点对可以从相邻的种子处得到 1 分，那么用 $R(v_{i,j})$ 代表每个候选点的分数，得到表 4.1。

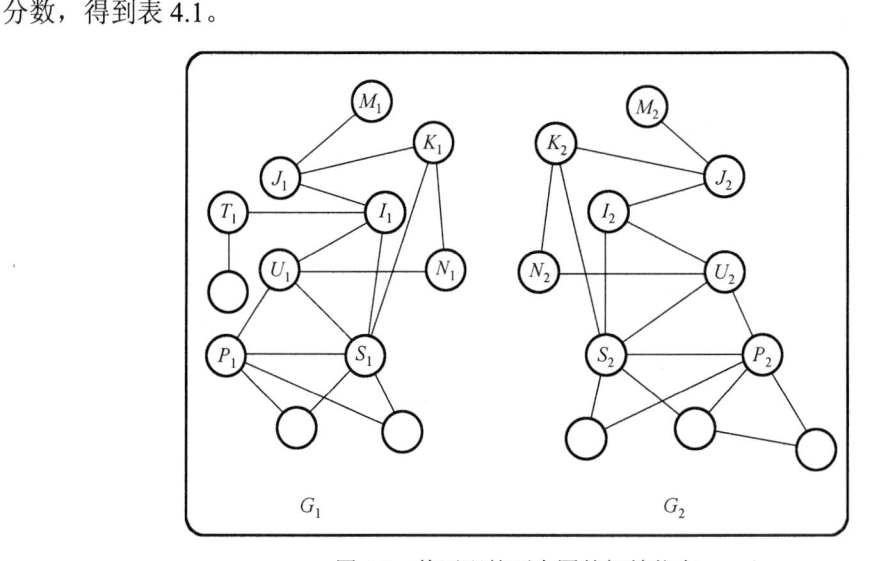

图 4.9　待匹配的两个图的初始状态

表 4.1　第一轮候选点的分数

顶点	I_2	K_2	M_2	N_2	P_2	S_2
I_1	4	3	3	3	3	3
K_1	3	2	2	2	2	2
M_1	3	2	2	2	2	2
N_1	3	2	2	2	2	2
S_1	3	2	2	2	2	2
R_1	3	2	2	2	2	2

　　可以看出，$R(v_{I_1,I_2}) = 2 + 2 = 4$ 是最高的分数，则将 (I_1, I_2) 加入种子集，这时种子集为 $S = \{ (I_1, I_2) \}$。

重复这一过程，不断向种子集中添加得分最高的顶点对，最终将种子集作为匹配的结果返回。

种子算法的缺陷在于，匹配过程中如果向种子集中引入了错误的种子，后续的匹配过程也会出现错误，从而产生更多错误的种子，影响最终的匹配效果。

4.2.6　图匹配在生物信息领域的应用

蛋白质交互网络比对是采用生物信息学的方法研究蛋白质组学的一个重要方向，在多蛋白质交互网络拓扑结构研究中具有重要的意义。蛋白质交互网络比对问题实质上就是一个图匹配问题，和序列比对一样，蛋白质交互网络比对分为局部比对和全局比对，其目的在于找到两个或多个大型蛋白质交互网络中共同保留的较小网络区域，而这类较小的网络区域很可能是具有特定生物功能的生物通路或者蛋白质复合体，发挥某些关键作用。

目前，蛋白质交互网络比对技术已经引起了相关研究者的广泛关注，越来越多的网络比对算法被提出，然而如何利用局部比对有效挖掘出隐藏的不同物种网络间的保守模式仍是一个难题。蛋白质交互网络全局比对被认为相对于局部比对有更好的效果，成了新的研究热点。

蛋白质交互网络全局比对通过找到一对一的顶点匹配，即较小网络中的每个顶点都能在较大网络中找到唯一且不重复的一个顶点与之对应，实现输入网络的整体相似性最大化。许多的图匹配算法，如 IsoRank、GMAlign 等都被应用于蛋白质交互网络全局比对。其中，IsoRank 在上文中已做介绍，下面介绍 GMAlign 算法，该算法融合了多种网络结构相似性和序列相似性，采用种子扩展策略构建初始匹配，然后基于覆盖集对初始匹配进行优化，获得最终比对结构。该算法可用于挖掘不同物种蛋白质交互网络的生物通路，研究者使用 GMAlign 算法对人类和酿酒酵母的蛋白质交互网络进行挖掘，发现了人类和酿酒酵母共同保留的由 63 个蛋白质、1406 条边构成的功能子图，找到了两条经过公开发表的生物研究工作证实存在的生物通路，实验验证了 GMAlign 算法在发现不同网络共同保留的生物通路的有效性。

4.3　图查询算法

图查询的目的是在一个大图中找到满足给定查询的部分，本节将讨论图查询的相关概念和算法。

4.3.1　图查询概述

设有数据图 $G=(V,E,\sum,L)$，其中 V 表示顶点集，E 表示边集，$\sum$ 表示顶点标签，L 表示顶点所对应的标签集合。子图的顶点、边集，以及顶点标签都包含于 G，子图与大图中的顶点所对应的标签相同。

给定图 $G=(V,E)$ 子图是指图 G 的一个部分 $G'=(V',E')$，其中 V' 是 V 的子集，E' 是 E 的子集。换句话说，子图 G' 是由图 G 的一部分顶点和边组成的图。

一个查询图是顶点有标签的图，本节重点研究无向图。

定义 1　子图查询：给定一个数据图 G 及一个查询图 Q，子图查询（Subgraph Query，SQ）问题是在 G 中找出所有与 Q 同构的图。

定义 2　覆盖值：对所有与 Q 同构的图的顶点做"并"操作，得到的顶点数量为覆盖值。

定义 3　多样化子图查询（Diversified Subgraph Query，DSQ）：给定一个数据图 G，一个查询图 Q 和一个整数 k，选出不超过 k 个与 Q 同构的子图，使得顶点的覆盖最大。DSQ 是一个 NP 问题。

子图同构是最基础的图查询，给定两个无向图 G 和 H，判断 G 是否与 H 的某个子图同构，如果是，则返回由 $V(G)$ 到 $V(H)$ 的相关映射。容易证明，子图同构是一个 NP 完全问题。

尽管如此，目前已有很多成熟的解法，且在查询图较小时，能够得到较快的响应。但是，随着数据图规模的增大，查询图的同构子图的数量变得非常多，因此许多算法在找到固定数量的子图后就会停止。然而，这些固定数量的子图通常都是重叠的，缺乏代表性和多样性。所以，如何保证查询结果中子图的多样性变得重要的，即对于给定的一个数据图，查询 k 个子图，使得这 k 个子图的重叠部分尽量少，使得子图更有代表性。

对于图 4.10（a），其在图 4.10（b）中有许多的匹配子图，给定 $k=2$，可以得到 $(v3,v7,v8,v12)$ 及 $(v3,v9,v8,v12)$，但是该 k 个子图的重叠部分过多，因此匹配结果为 $(v1,v4,v5,v10)$ 和 $(v3,v7,v8,v12)$ 更好，这说明了匹配结果子图多样性的重要性。

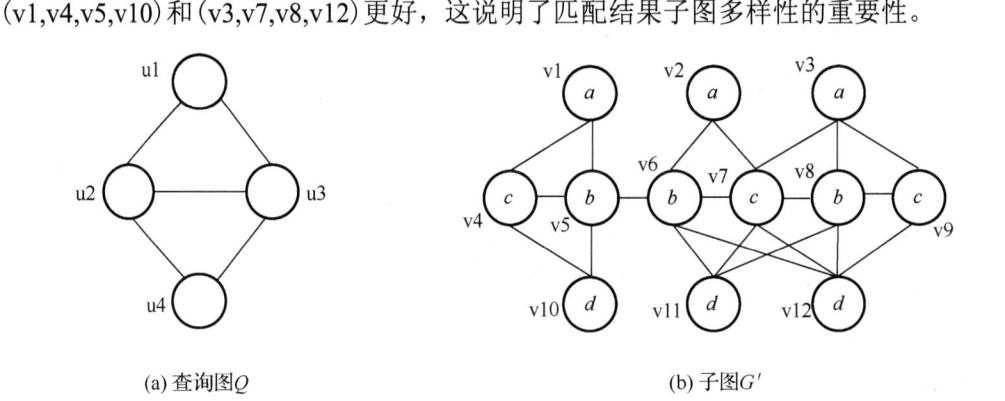

(a) 查询图 Q　　　　　　　　　　(b) 子图 G'

图 4.10　子图匹配

多样性可以修正子图重叠问题，这里使用所有子图覆盖的数据图的顶点数来表示多样性，问题就转化为：寻找 k 个重构子图，使得子图覆盖的数据图的顶点数最多。这个问题中存在的挑战有：

- 大多数算法一般在找到 1000 个子图时就终止了，但是我们要求的是多样性，因此可能需要找出更多的子图；
- 假设能存储所有的同构子图，在其中找出多样性最大的 k 个子图是一个 NP 问题；
- 对于上述讨论，需提前终止查询，返回 k 个匹配，且要求它们具有较好的近似比。

4.3.2　图查询语言

第 3 章介绍过，许多图计算系统的核心都是其对应的编程语言，图查询也有对应的图查询语言。但由于目前没有统一的图查询语言标准，我们选取主流的几种图查询语言来分析其用法，如 Gremlin、Cypher、SPARQL、nGQL。

1. Gremlin

Gremlin 是 Apache TinkerPop 图计算框架提供的属性图查询语言。Apache TinkerPop 被设计为访问图数据库的通用 API（Application Programming Interface，应用程序接口），其作用类似于关系数据库上的 JDBC 接口。Gremlin 的定位是图遍历语言，其执行机制就好像一个人置身于图中，沿着有向边，从一个顶点到另一个顶点进行导航式游走。这种执行机制决定了用户使用 Gremlin 时，需要指明具体的导航步骤。Gremlin 可以是声明性的，也可以是命令性的。虽然 Gremlin 是基于 Groovy 的，但具有许多变体，允许开发人员以 Java、JavaScript、Python、Scala、Clojure 和 Groovy 等许多现代编程语言原生编写 Gremlin 查询。它可以在应用程序的属性图上用简洁的语言表达复杂的遍历。

Gremlin 支持三个基本的操作：

- map-step：对数据流中的对象进行转换；
- filter-step：对数据流中的对象就行过滤；
- sideEffect-step：对数据流进行计算统计。

Gremlin 步骤库在这三个基本操作的基础上进行扩展，为用户提供了丰富的步骤集，用户可以编写这些步骤来查询数据中存在的信息。

Gramlin 支持的图数据库有（包括但不限于）：

- Janus Graph；
- InfiniteGraph；
- Cosmos DB；
- DataStax Enterprise（5.0+）；
- Amazon Neptune。

2．Cypher

Cypher 是一个描述性的图查询语言，允许不编写图形结构的遍历代码，支持对图形存储表现力和效率的查询。Cypher 还在继续发展和逐渐成熟，这意味着未来有可能会出现语法的变化，也意味着其作为组件，没有经历严格的性能测试。Cypher 的设计目的是成为一个人类查询语言，适用于开发人员和在数据库上做点对点模式（ad-hoc）查询的专业操作人员，它的构想基于英语单词和灵巧的图解。Cypher 的许多关键字如 like 和 order by 受到了 SQL 的启发，模式匹配的表达式来自 SPARQL，正则表达式匹配实现使用 Scala 编程语言。此外，它是一个声明式的语言。对比命令式语言（Java 等）和脚本语言（Gremlin 和 JRuby 等），它的焦点在于如何从图中找回，而不是如何去做。这使得在不对用户公布的实现细节中，人们关心的是怎么去优化查询。

Cypher 支持的图数据库有（包括但不限于）：

- Neo4j；
- RedisGraph；
- AgensGraph。

3．SPARQL

SPARQL 的英文全称为 SPARQL Protocol and RDF Query Language，是为 RDF 开发的一种查询语言和数据获取协议，是 W3C 制定的 RDF 知识图谱标准查询语言，大部分的图数据库都支持 SPARQL 查询。SPARQL 在语法上借鉴了 SQL，可以用于任何可以用 RDF 来表示的信息资源。

RDF 的英语全称为 Resource Description Framework，中文名称为资源描述框架。RDF 是一种描述数据文件储存的数据模型，该数据模型通常描述由三部分组成的事实，称为三元组（Triples）。三元组由主语（Subject）、谓语（Predicate）和宾语（Object）组成。

SPARQL 查询是基于图模式的匹配，图模式是 SPARQL 查询的核心。

一个基本图模式（Basic Graph Pattern）通常是三元组模式（Triple Pattern）的集合，在这种情况下，基本图模式查询可以视作三元组模式查询的合取查询。在基本图模式中，除三元组模式的合取之外，还可以通过过滤器（Filter）对将变量绑定到 RDF 进行约束和过滤。

在 SPARQL 中，多个（基本）图模式可以根据不同的逻辑关系组合为更复杂的图模式，默认情况下，简单地给出多个图模式意味着它们的合取。两个基本图模式之间还可以由 UNI/ON 连接，表示只需要匹配其中一个图模式即可，表示析取关系；还可以通过 OPTINAL 连接，表示这个图模式可以匹配也可以不匹配。

下面通过一个例子来说明 SPARQL 的查询语句的基本结构。

```
prefix ontology:<http://dbpedia.org/ontology/>
select distinct  ?p  ?o
from <http://dbpedia.org>
```

```
where   {ontology:deathDate ?p ?o}
LIMIT 10
```

上述查询例句包括以下五部分。

第一部分是前缀声明，这部分的作用主要是令后面的查询内容更简洁。上例中用 ontology 代替 http://dbpedia.org/ontology/，在后面的查询中可以直接使用 ontology，如 ontology:deathDate 就表示 http://dbpedia.org/ontology/deathDate。

第二部分是 select 子句，用来确定需要查找的内容。上例中查找?p 和?o，按照三元组的主谓宾结构，这里查找的是谓语和宾语，分别用带问号的字符(串)来表示。

第三部分是 from 子句，用来确定从哪个图数据库中查找。上例中需要在图数据库 http://dbpedia.org 中进行查找。也可以把 http://dbpedia.org 这个 Graph IRI 作为默认的数据集名称。

第四部分是 where 子句，这部分是用来匹配三元组的，把需要匹配的内容放到{}中。上例中，ontology:deathDate ?p ?o 的含义就是找出主语是 ontology:deathDate，谓语是?p，宾语是?o 的所有三元组。

第五部分是查询修正的内容，类似于关系数据查询中最后的一些限定子句，比如排序(order by)，限制结果(limit)等。上例用的是 limit 10，即限定只输出 10 个结果。

上述例子的查询结果如图 4.11 所示。

4．nGQL

nGQL 是一种类 SQL 的声明式的文本查询语言，对关键词大小写不敏感，目前支持模式匹配、聚合运算、图计算，可无嵌入组合语句。它支持图数据库 Nebula Graph。

表 4.2 对比了 Gramlin、Cypher 和 nGQL 三种图查询语言的关键词异同。可以看到，大体上它们对顶点和边的叫法类似，但 Cypher 直接使用了 Relationship 一词代表边，而在其他的术语中边的表达基本都非常直观。

4.3.3　子图匹配算法

子图匹配(Subgraph Matching)是图查询处理中一个基本操作，在社交网络、化学分子分析等领域也有其应用。给定一个查询图 Q 和数据图 G，子图匹配的目标是找到所有从查询图到数据图的子图同构。一个子图同构是从查询图到数据图的单射，保持查询图点和边的标签。也有些子图匹配任务的目标是寻找子图同态。相比子图同构，子图同态取消了映射为单射的限制，可以让多个查询图中的顶点映射到同一个数据图中的顶点。

子图匹配算法主要可以分为两类，一类基于 DFS 和回溯的方式，典型的算法有：乌尔曼算法、VF2、SPath 等，其中乌尔曼算法已在 4.2.2 节中介绍过；另一类则为基于广度优先的多路连接算法(Multi-Way Join)，即在搜索树上一层一层去找，典型的算法有 WOC Join。此外，本节还将介绍一种分布式子图匹配算法 DPSM。

p	o
http://www.w3.org/1999/02/22-rdf-syntax-ns#type	http://www.w3.org/2002/07/owl#FunctionalProperty
http://www.w3.org/1999/02/22-rdf-syntax-ns#type	http://www.w3.org/1999/02/22-rdf-syntax-ns#Property
http://www.w3.org/1999/02/22-rdf-syntax-ns#type	http://www.w3.org/2002/07/owl#DatatypeProperty
http://www.w3.org/2002/07/owl#equivalentProperty	http://www.wikidata.org/entity/P570
http://www.w3.org/2002/07/owl#equivalentProperty	http://schema.org/deathDate
http://www.w3.org/2000/01/rdf-schema#label	"Sterbedatum"@de
http://www.w3.org/2000/01/rdf-schema#label	"date de décès"@fr
http://www.w3.org/2000/01/rdf-schema#label	"death date"@en
http://www.w3.org/2000/01/rdf-schema#label	"sterfdatum"@nl

图 4.11　SPARQL 例句查询结果

表 4.2　Gremlin、Cypher、nGQL 三种图查询语言的对比

术语	GREMLIN	Cypher	nGQL
顶点	Vertex	Node	Vertex
边	Edge	Relationship	Edge
顶点类型	Label	Label	Tag
边类型	Label	Relationship Type	Edge Type
顶点 ID	vid	id(n)	vid
边 ID	eid	id®	无
插入	add	create	insert
删除	drop	delete	delete/drop
更新属性	setproperty	set	update

1. VF2 算法

VF2 算法于 2004 年由 Luigi P Cordella 等人提出，它在乌尔曼算法的基础上进行了一些修改，是一种无索引的子图匹配算法。VF2 算法可以找出数据图 G 中所有与搜索图 Q 同构的子图，它的核心思想是搜索和剪枝，本质上也是一个树搜索算法，搜索树上的每个顶点都表示一个状态(State)，每个状态包含一系列的顶点映射关系，即从搜索图 Q 到数据图 G 中的映射 f 以顶点对的形式表示。开始的时候状态为空，不包含任何顶点映射，随着搜索的进行，以 key-value 形式表示的映射关系被逐渐添加到状态中。

满足下列条件的状态，称为一致状态：

● 对于小图中每个顶点，大图中都要有一个顶点与之对应；

● 小图中任意两个不一样的顶点，它们对应的大图中的顶点不能是同一个；

● 小图中每条边，大图中都要有一条边与之对应，并且它们两端的顶点一一对应；

● 如果顶点或者边携带标签 Label，则每对对应顶点或边的标签应该相同。

如果一个一致状态包含了搜索图 Q 中的所有顶点，则称当前状态为目标状态，如果一个状态不可能再派生出一致状态，一般称之为死亡状态。在搜索过程中需要及时对死亡状态进行判定，如果发现死亡状态，则要将其舍弃以完成剪枝过程。

在 VF2 算法中，使用可行函数来判断在当前状态下加入顶点对是否可行，判定规则主要分为两类，一类是基于顶点和边的标签进行判定，另一类则是基于图的结构进行判定，主要包括 4 个规则：

● 新加入顶点对后，检查对应顶点和产生的边的标签是否相同；

● 新加入顶点对后，检查新的状态是否还保持一致状态；

● 考虑未来一步是否可能构成一致状态；

● 考虑未来两步是否可能构成一致状态。

算法伪代码如下：

```
VF2 Algorithm
Input:中间变量 s,初始变量 s0
Output: G₁和 G₂两图之间的匹配结果
1    if M(s)包含 G₂中的全部顶点 then:
2        输出 M(s):
3    else://计算候选节点对集合 P(s)
4        for each (n,m) in P(s):
5            if F(s,n,m) then:
6                add (n,m) to M(s)
7                CALL Match(s)
```

2．SPath 算法

作为一种经典的子图匹配算法，SPath 算法提出了一个基于路径的图索引结构用来解决子图匹配问题，它的原理是利用数据图中每个顶点的最短路径来形成 k 个邻居的子图，将这些信息作为顶点的索引单元，对候选匹配顶点进行裁剪，下面介绍 SPath 算法涉及的一些基础概念。

定义 4　k 距离集合：给定图中一个顶点 u 和一个非负正数 k，顶点 u 的 k 距离集合 $S_k(u)$ 表示为

$$S_k(u) = \left\{ S_k^l(u) \middle|\, l \in \Sigma \right\} \setminus \{\varnothing\}$$

其中 l 表示顶点的标签。

定义 5　邻居签名：给定图中一个顶点 u 和一个代表邻居范围的非负正数 k_0，u 的邻居签名 $\mathrm{NS}(u)$ 表示为

$$\mathrm{NS}(u) = \{ S_k(u) \mid\, k \leqslant k_0 \}$$

$\mathrm{NS}(u)$ 记录了顶点在距离内的所有邻居的标签和距离。

定义 6　NS 包含：给定图 G 中一个顶点 u 和图 Q 中一个顶点 v，当 $\mathrm{NS}(v)$ 包含于 $\mathrm{NS}(u)$ 时，记作

$$\mathrm{NS}(v) \subseteq \mathrm{NS}(u)$$

如果存在 $k \leqslant k_0$，则

$$\left| \bigcup_{k \leqslant k_0} S_k^l(v) \right| \leqslant \left| \bigcup_{k \leqslant k_0} S_k^l(u) \right|$$

根据上述定义，可以得到以下结论：

定理　对于数据图 G 和查询图 Q，如果 Q 子图同构于 G，设 f 是 Q 到 G 的同构子图的对应关系映射，则有：

$$\forall v \in V(Q), \mathrm{NS}(v) \subseteq \mathrm{NS}(f(v)), \text{ where } f(v) \in V(G)$$

利用定理可以对数据图 G 中的候选顶点进行裁剪，如果 $\mathrm{NS}(u)$ 不包含 $\mathrm{NS}(v)$，那么 G 中的顶点 u 不会成为匹配成功的点，候选匹配顶点集 $C(v)$ 减小，从而加速顶点的搜索匹配过程。

SPath 算法利用分解的最短路径作为基本索引单元，既在图搜索空间剪枝方面表现出较好的效果，又在索引构建和部署方面具有高可扩展性。通过 SPath 算法，图查询除用传统的逐顶点方式之外，可通过一种更高效的逐路径方式进行处理和优化：查询被分解为一组最短路径，其中一个具有良好选择性的候选子集由查询计划优化器选择；候选路径进一步连接以帮助恢复查询图，最终完成图查询处理。

3. WCO Join 算法

下面介绍一种基于多路连接的图匹配算法——最坏情况最优连接(Worst-Case-Optimal Join，WCO Join)。

WCO Join 的目标是在给定数据库元组数量的情况下，寻求一种通用的连接算法，使得在最坏情况下(连接结果数最大)，算法也能保证很好的性能。给定若干表{R1, R2, ..., Rn}，在它们之上的多表连接所能得到结果的数量上限可以根据它们的连接所对应超图(Hypergraph)的部分边覆盖(Fractional Edge Cover)来确定。

WCO Join 算法的计算过程如图 4.12 所示。例如，假设已经匹配了 BC 这条边，即 G 中的 v_2 和 v_3 匹配了 Q 中的 u_2 和 u_3。那么要找查询图 Q 的 ABC 的匹配，则要查找 G 中是否有一个三角形恰好能够匹配 Q 的 ABC，并且三角形包含 v_2 和 v_3。假设考虑中间结果表的第一行，把 v_2 和 v_3 的邻居 $N(v_2)$ 和 $N(v_3)$ 找出来，然后求两个集合的交集，再将其与 A 点的候选集合 $C(u_1)$ 做交集。在这个例子中，$N(v_2)$、$N(v_3)$、$C(u_1)$ 集合的交集不为空，为 $\{v_1, v_4\}$；将其分别串联到 v_2 和 v_3 后面，得到 v_1、v_2、v_3 和 v_4、v_2、v_3 这两个匹配。在上面的例子中，可以对每一行都执行该操作，因此该算法很容易并行化。

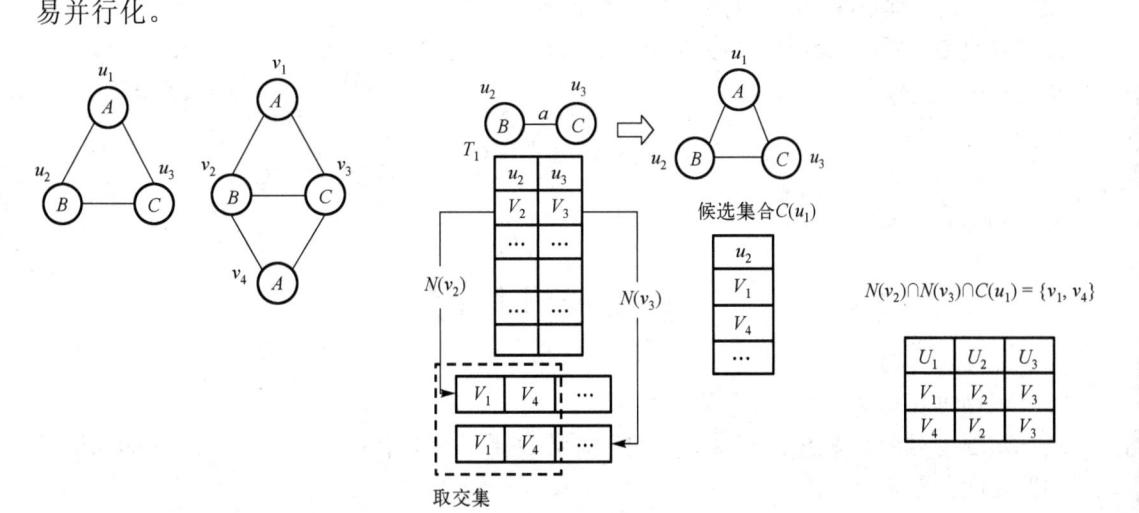

图 4.12　WCO Join 算法的计算过程

WCO Join 算法被广泛用于子图匹配，例如，LogicBlox 就是一个典型的应用 WCO Join 算法执行查询的系统。LogicBlox 中应用的连接算法名为蛙跳算法，其包含单变量求交和多变量连接两个技巧。在单变量求交中，假设需要求一些集合元素的交集，则预先将各个集合排序，根据最小值的大小将它们排成一列，如图 4.13 中的 A、B、C 所示，如果发现集合 A 的最小元素与集合 C 的最小元素 2 不相等，便在 A 中寻找大于或等于 2 的最小元素。依次做下去，直到迭代器位置的元素都是相同的，如图 4.13 中元素 8 的位置所示，代表找到了一个交集中的元素，输出即可，再继续之前的步骤，直到所有集合完成遍历。画出这个过程，便可直观地理解"蛙跳"之名的意义。在多变量连接中，LogicBlox 也需要查询变量的连接顺序，不同的边代表关系，存成树，则一层代表了一个变量，同层之间做上面介绍的单变量求交集步骤，便可得到连接结果。

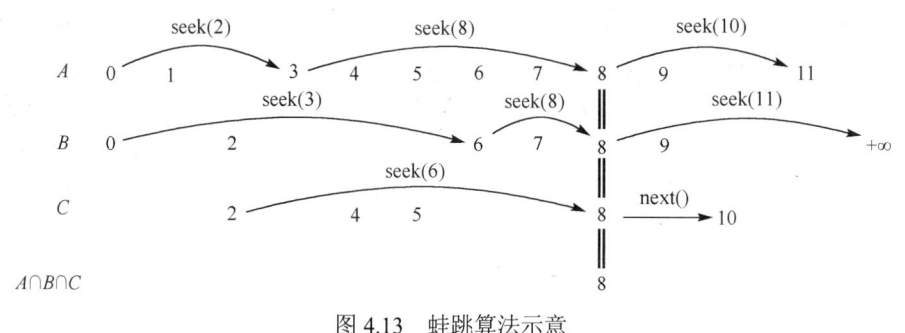

图 4.13 蛙跳算法示意

4．DPSM 算法

大规模的子图匹配任务带来了存储和计算方面的挑战，单机性能往往无法满足要求，这种情况下可以考虑使用分布式系统来提供性能支持，如何实现数据图的分布式存储和查询图在数据图中的分布式查询成了关键性的问题。

DPSM 是 2016 年被提出的一种可扩展、高效的分布式子图匹配方法，以数据并行的方式解决大规模有向图子图匹配问题。DPSM 将查询图分解为基本匹配单元，利用基本匹配单元在数据图中进行分布式并行查询，最后连接查询的结果，得到查询图的子图匹配结果。

在查询图分解过程中，DPSM 算法通过优化数据图在集群顶点上的分布，使得基本匹配单元在数据图分区中查询时各分区保持独立，尽量避免了分区间的网络通信开销。同时基于此分区算法，设计了一种高效分区索引结构，可以对数据图中的某条边所在的分区进行快速索引，DPSM 算法利用高效分区索引结构，在占用较少空间情况下，可以将基础操作的时间复杂度由线性大小降为常数大小。

4.2.4 图查询处理系统例析

处理大规模图数据上的查询，不仅需要高效的算法，还需要高效的系统，当前有一些面向大规模图数据的查询处理系统被提出，本节以大规模链接数据图查询系统 Lusail 为例介绍图查询处理系统。

生命科学、分布式社交网络、物联网等多种应用场景需要整合来自多个终端的数据。由于在访问数据集节点数量方面可扩展性的限制，当前的一些图查询系统难以满足要求。

当图中的顶点的分布为地理分布时(即不在相同的集群中)，现有系统的局限性变得更严重。根据调查，尽管 FedX 优于所有现有系统，但是其无法处理 LargeRDFBench 的所有查询，这是一个具有 13 个不同真实数据集的基准数据集，其中包含多达 10 亿个三元组。

因此，研究者们提出一种大规模链接数据图查询系统 Lusail，其能够满足应用对于地理分布数据集的连接需求。Lusail 是一个用于查询链接 RDF 数据的地理分布图引擎。Lusail 使用新颖的局部性感知查询分解技术提供了卓越的性能，该技术可最小化子查询要访问的中间数据，以及可选择性感知和并行查询执行，以减少网络延迟并增加并行性。用户将能够查询实际部署的 RDF 端点及作者在公有云中部署的大型综合和真实基准数据，实验证明，Lusail 在可伸缩性和响应时间方面的表现优于其他先进的系统。

Lusail 通过两种策略优化联合 SPARQL 查询处理：

- 在编译时，Lusail 采用一种新颖的局部感知分解技术。Lusail 的分解不是基于模式的，而是基于满足查询数据实例的实际位置的。这种分解增加了查询执行的并行性，并最大限度地减少了检索不必要的数据；
- 在运行时，Lusail 采用选择性感知和并行查询执行技术，根据选择性对子查询进行排序。它延迟了预期会返回大量结果的子查询，并选择了实现高度并行性的子查询的连接顺序。Lusail 系统架构如图 4.14 所示。

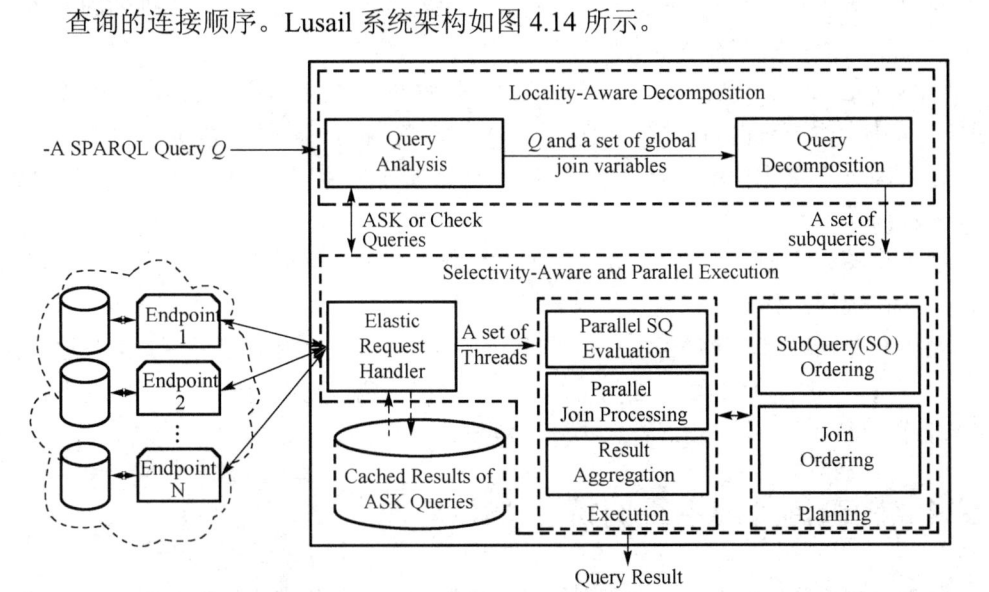

图 4.14　Lusail 系统架构

接下来对 Lusail 系统的两种优化策略进行详细介绍：

局部感知分解：为了避免一次处理一个三元模式，系统利用了与查询变量相匹配的实际 RDF 三元实例的位置信息。考虑一个来自 LUBM 基准的例子，其中每个端点代表一所大学。了解这些实例的实际位置会导致两种不同情况需要处理：本地实例，与变量匹配的实例在 Student 中位于同一端点，即所有建议的学生正在上课。远程实例，其中一个实例与大学端点中的变量 Univ 匹配，其对应三元组中 Prof 和 Univ 位于不同的终点，也就是说，在某所大学工作的教授与他毕业的大学不同。在前一种情况下，同一节点上的三元组可以作为一个处理单元，而在后者中，三元组必须单独发送，然后由联合查询处理器处理。现有的 SPLENDID，HiBISCuS 和 FedX 等 SPARQL 系统无法确定三元组的位置。因此，它们会从数据源中检索不必要的数据，导致可扩展性和响应时间较差。与其他系统相比，Lusail 采用额外的步骤检查每对具有公共(或连接)变量的三元组是否可以通过相关端点计算，从而将对其的计算看为一个处理单元。此检查的结果用于确定可以一起发送到端点的三元组集合。

选择性感知与并行执行：是指系统提供的一套独立子查询，同时提交给每个相关节点执行。这些子查询的结果由 Lusail 加入。与其他系统不同，每个子查询都被视为独立任务，因此允许 Lusail 根据需要使用更多线程。这个决定是由弹性请求处理程序做出的。最简单的方法是同时将子查询提交给相关节点，并等待其结果返回。Lusail 为每个节点分配一个线程来收集子查询的结果，该结果被视为关系，该关系在不同线程之间进行分区。Lusail 根据分区数量和每个子查询结果的实际大小决定连接顺序，因此，可以实现高度的并行性，同时最大限度地降低两个层面的通信成本。

第5章 子图挖掘

5.1 图挖掘概述

图挖掘是数据挖掘的一种，数据挖掘是从大规模数据中提取有用的隐藏信息的过程。从一般意义上说，数据挖掘可以看成从大量数据中发现模式和其他知识的过程。以图数据为目标数据的数据挖掘过程，称为图挖掘。图挖掘的目标可以是图中各顶点的关系模式，也可以是依顶点远近而产生的"顶点团体"，还可以是任何图中蕴含的知识。图挖掘可以分为数据图挖掘和模式图挖掘两种。数据图是以数据顶点为基础来进行分析的图，模式图是以数据整个关系模型为基础来进行分析的图。

本章重点介绍图挖掘中的一类重要的技术——子图挖掘，其目的是在图中发现满足某些特征的子图，其和第 4 章中子图匹配的区别是，子图匹配的目的是查找和查询图相同或者相似的子图，输入条件是查询图，而子图挖掘的目的是找到满足某个约束的子图，输入条件是子图需要满足的约束，这个约束可以是子图的类别(如二分图)或者子图的性质(如频繁或者稠密)。本章将对二分图匹配、频繁子图挖掘和密集子图检测这三类重要子图挖掘问题进行介绍。

5.2 二分图匹配

二分图又称二部图，是图论中的一种特殊模型。设 $G=(V,E)$ 是一个无向图，如果顶点 V 可分割为两个互不相交的子集 (A,B)，并且图中的每条边所关联的两个顶点分别属于这两个不同的顶点集，那么称图 G 为一个二分图。简单地说，一个图被分为两部分，如果同一部分内部没有边，那么这个图就是二分图。

给定一个二分图 G，在 G 的一个子图 M 中，若 M 的边集 E 中的任意两条边都不依附于同一个顶点，则称 M 是一个匹配。

极大匹配(Maximal Matching)指在当前已完成的匹配下，无法再通过增加未完成匹配的边的方式来增加匹配的边数。

最大匹配(Maximum Matching)指所有极大匹配中边数最大的一个匹配。选择这样的边数最大的子集称为图的最大匹配问题。

如果在一个匹配中，图中的每个顶点都和图中某条边相关联，则称此匹配为完全匹配，也称完备匹配。可以看出，完全匹配一定是最大匹配，而最大匹配不一定是完全匹配。

图 5.1(a)是一个二分图，但从其形状来看并不明显，可以更为直观地将其转换成图 5.1(b)所示的样式。图 5.1(c)则是这个二分图的一个匹配(虚线部分)，图 5.1(d)中的虚线部分则是它的最大匹配，也是完全匹配。

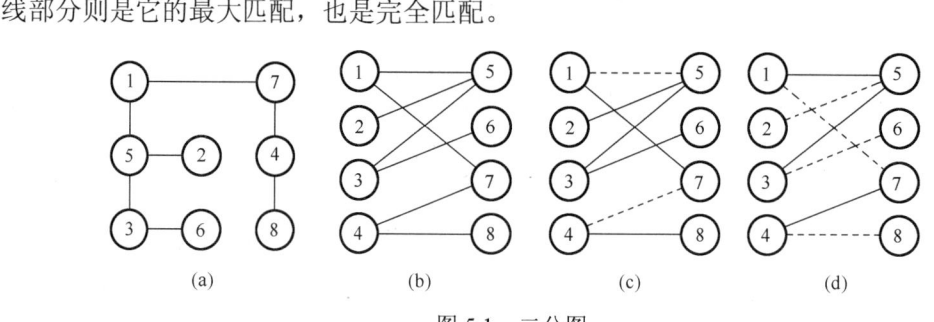

(a)　　　　　　(b)　　　　　　(c)　　　　　　(d)

图 5.1　二分图

求二分图匹配可以用最大流(Maximal Flow)算法或匈牙利算法(Hungarian Algorithm)，下面重点介绍匈牙利算法。

匈牙利算法是由匈牙利数学家 Edmonds 于 1965 年提出。匈牙利算法基于 Hall 定理中的充分性证明的思想，是图匹配中最常见的算法。该算法的核心就是寻找增广路径，以求二分图最大匹配。匈牙利算法是二分图匹配的核心算法，除二分图多重匹配外，均可使用。

为寻找二分图的最大匹配，先介绍几个概念。

- 覆盖点：M 中没有边连接到的顶点。
- 增广路径：是长度为奇数的一条路径，其起点在一边，终点在另一边；路径中的顶点左右交替出现，只有起点和终点是未覆盖点，其他点都实现了配对；对增广路径进行编号，所有奇数边都不在 M 中，偶数边都在 M 中；对增广路径取反得到的匹配比原来的匹配多一个。

利用增广路径寻找最大匹配示意图如图 5.2 所示。

首先集合 M 为空(没有边在其中)，然后从 X_1 开始寻找增广路径，只能在 Y_i 中找，找到 Y_1，得到 (X_1,Y_1) 这条路径，满足条件，取反，将 (X_1,Y_1) 这条路径加入 M 中。

接着，找到 X_2 点，遵循原则，找到 Y_1，Y_1 不是未覆盖点，这时有两个选择：一是进行深度搜索，二是进行广度搜索。采用深度搜索，虽然 Y_1 不是未覆盖点，(X_2,Y_1) 不是增广路径，但是 Y_1 连着 X_1，X_1 又和 Y_3 相连，考虑 (X_2,Y_1,X_1,Y_3) 这条路径的增广路径条件(奇数、左右交替、起终点未覆盖、奇路径不属于 M 而偶路径属于 M)，满足所有增广路径条件，所以这是一条增广路径，然后取反，图 5.3 为增广路径取反示意图。

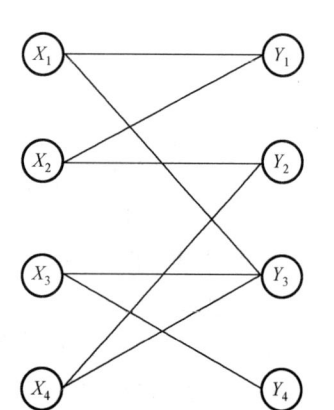

图 5.2　寻找最大匹配示意图

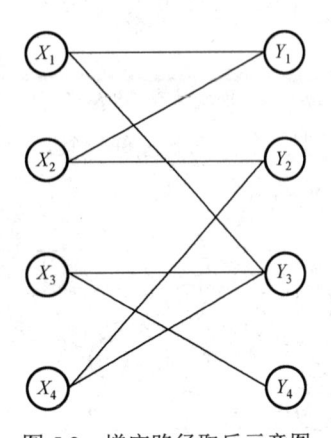

图 5.3　增广路径取反示意图

现在集合 M 中的路径有两条，由于找到了增广路径，因此 M 中的边数增加。所以增广路径是匈牙利算法的核心，每找到一条增广路径，就意味集合 M 中边数增加 1。当找不到增广路径时，M 中边数就是二分图的最大匹配数量。基于上述寻找增广路径的过程，寻找增广路径的伪代码如下：

```
Finding Augmenting Path
Input: Graph G, Node Xi;
Output: Bool augmenting_path_exists;
1    while(找到Xi的关联顶点Yj){
2        if(顶点Yj不在增广路径上){
3            将Yj加入增广路径;
4            if(Yj是未匹配点||从Yj处继续寻找能够找到增广路径){
5                将Yj的匹配点改为Xi;
6                return true;
7        return false;
```

5.3　频繁子图挖掘

频繁子图挖掘算法是一种思路简单，用于挖掘出大图中所有频繁子图的计算方法。频繁子图挖掘在多个领域都有广泛的应用，例如，在生物学领域，在通过对多种分子和基因相互作用网络的研究来分析生物功能时，其核心问题就是发现网络的功能模块，其目的是了解生物系统如何在基本单元的基础上组织起来，可以通过频繁子图挖掘算法发现一定的生物功能，为分析理解生命基本规律提供依据；在化学领域，不同种类的化合物往往含有一些关键子结构从而具有某一相同的性质，这些关键子结构共同决定这一相同性质。对于由具有某一相同性质的一类化合物组成的数据集，可以通过频繁子图挖掘算法找出频繁出现的关键子结构，利用这些关键子结构预测其他一些化合物是否也具有这样的相同性质；在社交网络分析中，可以通过频繁子图挖掘算法挖掘出用户关系的关系模式，进而对社交网络中的用户提供个性化的推荐、辨认网络中异常的用户，产生全新的用户聚类；在信息安全领域，恶意代码检测、可疑金融交易识别、软件缺陷检测等应用中均通过恶意代码、缺陷代码或可疑特征数据库，通过频繁子图算法去匹配检测代码或用户交易行为，进而标记出所有恶意代码、缺陷代码或可疑交易的出处。

5.3.1 频繁子图

子图是图论的基本概念之一，指顶点集和边集分别是某图的顶点集的子集和边集的子集的图。若子图的顶点集或边集是某图的真子集，则称该子图为真子图；若图 G 的顶点集也是它的子图 H 的顶点集，则称 H 是 G 的支撑子图。

设 S 是 $V(G)$ 的子集，以 S 为顶点集，由 G 的所有两顶点都在 S 内的边组成边集，所得到的 G 的子图称为 S 在 G 中的导出子图。

设 B 是 $E(G)$ 的子集，由 G 的所有与 B 内至少有一条边关联的顶点组成顶点集，以 B 为边集，所得到的 G 的子图称为 B 在 G 中的边导出子图。

对于某种性质 P，若一个图的具有性质 P 的子图不是任何具有性质 P 的子图的真子图，则称它为具有性质 P 的极大子图；在所有极大子图中，边数最多的子图称为最大子图。

判断某子图是频繁子图的时候，首先给出支持度的定义：给定图的集族 ξ，子图 g 的支持度定义为包含它的所有图所占的百分比。基于支持度可以计算某子图在图集中的占比，进而可定义频繁子图如下：给定一个图的集族 ξ 及一个最小支持度 τ，$\mathrm{Sup}(\xi,S)$ 表示子图 S 在 ξ 中同构图的计数，也称为支持度，当 $\mathrm{Sup}(\xi,S) \geqslant \tau$ 时，S 为 G 的一个频繁子图，其中 τ 是一个临界值。

5.3.2 基于 Apriori 的算法

Apriori 算法是经典的关联规则挖掘算法。它利用逐层搜索的迭代方法找出数据库中项集的关系，以形成规则，其过程由连接(类矩阵运算)与剪枝(去掉那些没必要的中间结果)组成。该算法中，项集即项的集合，包含 k 个项的集合为 k 项集。项集出现的频率是包含项集的事务数，称为项集的频率。如果某项集满足最小支持度，那么称它为频繁项集。在一个图中，应用 Apriori 算法即可找出图中包含的频繁子图。

Apriori 算法主要依靠生成与测试(Generation and Test)思想：使用 k-频繁子集生成 $k+1$-子集，根据向下闭包属性(Downward Closure Property)进行剪枝，生成 $k+1$-候选集，通过对数据库进行扫描判断候选集中哪些是频繁的。如此下去，直到不能再找到频繁项集为止。其中向下闭包属性性质指：如果 $k+1$-子集的任何一个 k-子集是非频繁的，那么 $k+1$-子集一定也是非频繁的。

Apriori 算法的伪代码描述如下：

```
Apriori Algorithm
Input: Data D, int min_support;
```

```
Output: Set frequent_items;
1    L1 = find_frequent_1_itemsets(D)
2    for (k=2; Lk-1≠∅; k++):
3        Ck = apriori_gen(Lk-1, min_support)
4        for each transaction t∈D:
5            Ct = subset(Ck, t)
6            for each candidate c∈Ct:
7                c.count++
8        Lk = {c∈Ck | c.count≥min_support}
9    return ∪(KLk)
```

上述 Apriori 思想还可以用于频繁子图挖掘，其中，用 k-子集生成 $k+1$-子集的常用算法有两种：

- AGM 算法：每次添加一个顶点；
- FSG 算法：每次添加一条边。

AGM 算法每次添加一个顶点，采用基于顶点的候选生成方法，即在每次迭代中将子图大小增加一个顶点。仅当两个大小为 $k+1$ 的频繁子图具有相同的 k 大小子图时，它们才会合并。这里，图的大小指的是图中顶点的数量。新形成的候选包括共同的大小为 k 的子图及两个大小为 $k+1$ 模式的额外顶点。而 FSG 算法则每次添加一条边。FSG 算法采用基于边的候选生成策略，在每次迭代中将子图大小增加一条边。仅当两个大小为 $k+1$ 的模式具有相同的 k 条边的子图时，它们才会合并。在边不相交路径方法中，图被根据其具有的不相交路径数进行分类，如果两条路径不共享任何公共边，则它们是边不相交的。通过连接具有 k 条不相交路径的子图来生成具有 $k+1$ 条不相交路径的子图模式。

AGM 算法采用邻接矩阵作为图的存储结构，并且根据邻接矩阵来生成这个图的规范标号。由于一个图可以用多个邻接矩阵表示，为了唯一地表示一个图，就将最小的表达式作为该图的规范标号，这样可以避免直接进行图同构的计算。

规范标号是对每一个图都进行映射得到的唯一串表达式。将以邻接矩阵表示的图转为最小邻接矩阵，在矩阵的上三角部分从左到右按列依次输出元素，即可得到规范标号，如图 5.4 所示。

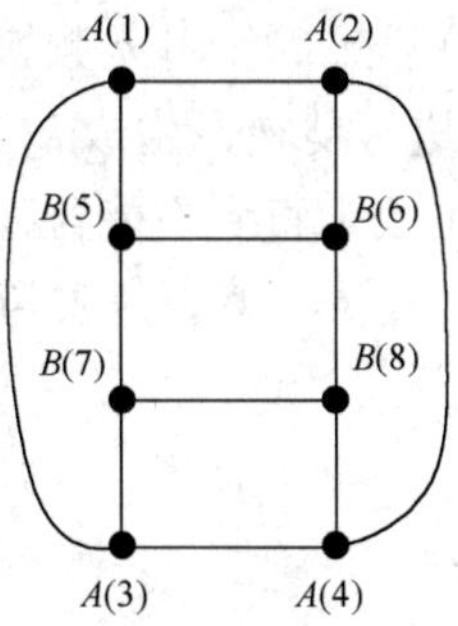

	A(1)	A(2)	A(3)	A(4)	B(5)	B(6)	B(7)	B(8)
A(1)	0	1	1	0	1	0	0	0
A(2)	1	0	0	1	0	1	0	0
A(3)	1	0	0	1	0	0	1	0
A(4)	0	1	1	0	0	0	0	1
B(5)	1	0	0	0	0	1	1	0
B(6)	0	1	0	0	1	0	0	1
B(7)	0	0	1	0	1	0	0	1
B(8)	0	0	0	1	0	1	1	0

Code = 1100111000010010010100001011

图 5.4 规范标号示意图

下面对 AGM 算法进行描述。

- 根据 Apriori 思想，首先将频繁顶点作为初始项集，判断 X_k, Y_k 是否包含同一个 $k-1$ 阶子图 X_{k-1}，其中 k 表示顶点个数。若包含，则将二者按编码从小到大顺序将其作为第一操作因子、第二操作因子，生成候选子图 $Z_{k+1} = X_k + Y_k$。通过点增长的方式生成 $k+1$ 阶候选子图。

- Z_{k+1} 是频繁的，当且仅当 Z_{k+1} 的任一 k 阶子图都是频繁的。根据这一性质对 Z_{k+1} 进行剪枝。

- 计算候选子图的支持度，就是计算图数据库中与该图规范编号相同的图的个数，即找出候选子图与输入数据库中哪些图是子图同构的关系。

AGM 算法以递归统计为基础，比较简单，可以挖掘出所有的频繁诱导子图，但是对于大型数据库来说执行效率不高，主要的时间开销来自生成规范标号、生成候选子图、剪枝等过程。FSG 算法对 AGM 算法做了改进。通过每次增加一条边的策略，生成下一个候选子图，并强化了剪枝，对支持度的计算也采用了优化策略，性能比 AGM 有所提高。

5.3.3 基于 Pattern-Growth 的算法

除基于 Apriori 的算法外，还有一类挖掘频繁子图的典型算法是基于 Pattern-Growth 的算法，主要算法包括 gSpan、FP-Growth、FFSM 等。基于 Pattern-Growth 的算法通过在每一个可能的位置添加一条新的边来直接扩展频繁图，省去了昂贵的连接操作。而这种算法的一个弊端是，同样的图可能被多次发现。因此许多基于 Pattern-Growth 的算法都致力于解决这个问题，接下来将介绍典型算法思想及其流程。

1. gSpan 算法

gSpan 算法是经典的频繁子图挖掘算法之一，于 2002 年由 Xifeng Yan 等人提出，适用于在图的集族中进行频繁子图挖掘。gSpan 算法基于 Pattern-Growth 思想，采用深度优先遍历策略，以邻接链表的形式存储图结构，每个顶点对应着一个包含它自身及其所有邻居顶点的链表，如图 5.5 所示。

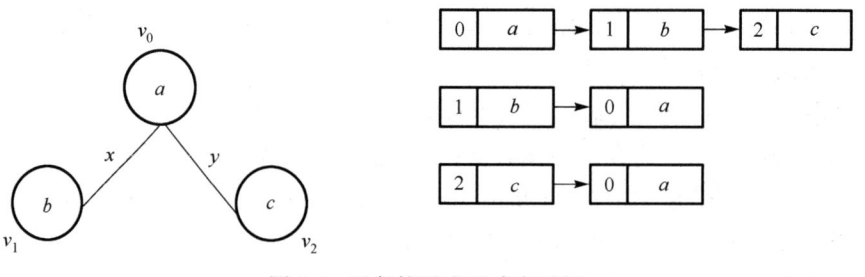

图 5.5　以邻接链表形式存储图

gSpan 算法使用边增长策略，对初始化的频繁子图进行深度递归的扩展，为每个候选子图定义了一个支持度，每次搜索后将不满足预先设置的最小支持阈值的候选子图删除。对于候选子图 s，其支持度的含义是指，在图集合 GD 中包含 s 的图 G 所占整个图集合的比例，可以形式化地定义为

$$\mathrm{sup}(s) = \frac{|\{G|\ s \subset G, G \in \mathrm{GD}\}|}{|\{G'|\ G' \in \mathrm{GD}\}|}$$

算法的基本步骤如下。

● 步骤 1：遍历整个图集，得到所有图集中的点和边的频繁性，将所有支持度小于最小支持度的点和边从图集中删除。

● 步骤 2：将剩余的单一频繁边输入频繁子图集，作为初始的一阶频繁项集进行扩展。

● 步骤 3：对于 k 阶频繁子图，向其中添加一条边，形成 $k+1$ 阶频繁子图，计算该图在图集中的支持度，删除所有不满足最小支持度阈值的候选子图。

● 步骤 4：对于剩余的满足最小支持度阈值的候选子图，对其进行 DFS 编码，检查它的 DFS 编码是否是 min-DFS-code，删除掉非 min-DFS-code 的候选子图，将其余的候选子图加入频繁子图集中。

● 重复步骤 3、4，直到所有满足条件的频繁子图都被挖掘出来。

其中，步骤 4 删除非 min-DFS-code 的候选子图的目的是去除冗余，避免最终得到的结果中包含同构的频繁子图。

2．FP-Growth 算法

Apriori 算法在产生频繁模式完全集前需要对数据库进行多次扫描，同时产生大量的候选频繁集，算法的时间和空间复杂度较大，因此基于 Apriori 的算法在频繁子图挖掘时性能低下。

FP-Growth 算法是由韩嘉炜等人在 2000 年提出的关联分析算法，采取如下分治策略：将提供频繁项集的数据库压缩到一棵频繁模式树（FP-tree）中，但仍保留项集关联信息。

在算法中使用了一种称为 FP-tree 的数据结构。FP-tree 是一种特殊的前缀树，由频繁项头表和项前缀树构成。FP-Growth 算法基于以上结构加快整个挖掘过程。

FP-Growth 算法涉及以下概念。

● 支持度：表示前项与后项在一个数据集中同时出现的频率。

● FP-tree：将表中的各个项按照支持度排序后，将每个项按降序依次插入一棵以 NULL 为根节点的树中，同时在每个节点处记录该节点出现的支持度。

● 条件模式基：包含在 FP-tree 中与后缀模式一起出现的前缀路径的集合。

● 条件树：将条件模式基按照 FP-tree 的构造原则形成的一个新的 FP-tree。

FP-Growth 算法的基本思想是不断迭代 FP-tree 的构造和投影过程。首先对于每个频繁项，构造它的条件投影数据库和投影 FP-tree。然后对每个新构建的 FP-tree 重复这个

过程，直到构造的新 FP-tree 为空或只包含一条路径。当构造的 FP-tree 为空时，其前缀即频繁模式；当其只包含一条路径时，通过枚举所有可能组合并与此树的前缀连接，即可得到频繁模式。

FP-Growth 算法的伪代码描述如下：

```
FP-Growth Procedure
Input: FP_tree,mode a;
Output:
1   if FP_tree contains single path P:
2       for each vertex pair b in path P:
3           generate model b∪a with its support = the minimum support
in b
4   else:
5       for each aᵢ in head of FP_tree:
6           generate mode b = aᵢ∪a with its support = ai.support
7           generate new FP_tree_b from mode b
8           if FP_tree_b≠∅
9               FP_growth(FP_tree_b, b)
```

3. FFSM 算法

2003 年，研究者们提出了一个新的子图扩展策略，并在此基础上形成了频繁子图挖掘算法 FFSM。FFSM 算法是一种基于 FP-Growth 思想实现的子图挖掘算法，与上文介绍的采用广度有限的挖掘算法 AGM 算法不同，FFSM 算法主要依赖子图"交"和"扩展"这两种操作，深度逐层递归挖掘频繁子图。

FFSM 算法也使用邻接矩阵表示图，将邻接矩阵转换为规范邻接矩阵 CAM 后，从左到右、从上到下扫描邻接矩阵的上三角部分可得到规范标号。参考 FP-Growth 算法的思想，FFSM 使用 CAM 作为顶点，将其组织成一棵树的形式，称为 CAM Tree，规定 NULL 顶点作为 CAM Tree 的根节点，CAM Tree 的每个子节点都比其父节点多一条边。

下面对 FFSM 的算法过程进行阐述。

- 使用 FFSM-Join 连接方法生成候选子图。如果图 G 的 CAM 中最后一行至少包含两条边，则称图 G 为 inner 型的，否则称其为 outer 型的。根据 k 项频繁子图 G_1 和 G_2 所属类型的不同，采用不同的方式进行合并，生成 $k+1$ 阶候选子图。
- FFSM-Extension 方法以每次增加一个顶点的方式对候选子图进行扩展，生成下一阶的候选子图。
- 如果候选子图是非频繁子图或者候选子图的邻接矩阵不是次最优形式的，则对候选子图进行剪枝以减少候选子图的数量。

● 与 k-频繁子图具有子图同构关系的所有图的集合称为嵌入集，通过扫描嵌入集的方式求 $k+1$ 阶候选子图的支持度，可以提高支持度的计算效率。

5.3.4 其他算法

在挖掘频繁子图时面临的一个主要挑战是挖掘过程通常会生成大量的模式。这是因为如果一个子图是频繁的，那么它的所有子图也是频繁的。而一个具有 n 条边的频繁图模式可能会有 $2n$ 个频繁子图，这是一个指数级的问题。封闭子图挖掘和最大子图挖掘算法的提出正是为了解决这个问题。

封闭子图：如果一个子图 g 在图集合 D 中频繁的，并且不存在超图 g' 满足 $g \subseteq g'$ 而且 g' 在 D 中的支持度与 g 相同，那么 g 是 D 的封闭子图。

封闭频繁子图挖掘的典型算法有 ECE-CloseSG、CloseGraph、TGP 等。其中 ECE-CloseSG 算法用于挖掘闭合频繁唯一一边标签子图。该算法采用了一种剪枝方法来减少搜索空间，然后通过应用强可达性属性来忽略不感兴趣的子图。CloseGraph 算法则放弃挖掘所有的频繁子图，通过探索多种有趣的剪枝方法，仅从多图数据集中挖掘出封闭频繁子图模式。CloseGraph 的性能表明，它不仅显著减少了不必要的生成子图的数量，还大幅提高了挖掘性能。CloseGraph 算法针对候选子图的等效出现进行搜索空间剪枝，并以小的额外成本进行早期终止。而由 Y.Li 等提出的 TGP 算法引入了一种称为词典式模式网的新型图形式来存储图模式，从而使得闭合频繁模式的验证更加高效，并且可以动态地加速提高频率阈值的过程，可以不使用最小支持度就能挖掘所有封闭模式。

最大子图是指不属于任何其他频繁子图的子图。

最大子图挖掘的典型算法有 SPIN 和 MARGIN。SPIN 是最早的挖掘最大频繁子图的算法，在大型图数据库中，频繁子图的总数可能会过多，以至于使用合理的计算资源进行完整枚举变得困难。SPIN 仅挖掘最大频繁子图，这在最佳情况下可能会指数级地减少输出集的大小；在对实际数据集进行的实验中，挖掘最大频繁子图将挖掘的模式总数减少了两到三个数量级。首先从通用图形数据库中挖掘所有频繁树，然后从已挖掘的树中重构所有最大子图，从而取得了比之前算法快五倍以上的性能提升。而 MARGIN 则考虑到最大频繁子图集比频繁子图集小得多，因此提供了丰富的剪枝空间。MARGIN 沿着罕见子图和频繁子图的"边界"在搜索空间中移动，寻找有前途的顶点，这极大地减少了在搜索空间中考虑的候选模式数量。

前文所介绍的频繁子图挖掘算法都是从多个小图中挖掘频繁子图，而在单个大图上提出的挖掘频繁子图的算法并不是很多,由于一个模式图的多个实例图可能会有所重叠，所以在单个大图上挖掘频繁子图是比较困难的,算法的复杂性随着图的增大指数性增长。因此，目前已存在的单个大图的频繁子图挖掘算法大多数是启发式的算法，典型算法有 SUBDUE、HSIGRAM 和 VSIGRAM。

SUBDUE 算法于 1994 年由 L.B.Holder 等人提出，既可用于多个小图，也可用于单个大图。SUBDUE 采用最小描述长度原则(MDL)压缩原始图,并利用启发式的搜索策略挖掘频繁子图,但不能保证结果集的完整性,是一种不精确算法。SUBDUE 在最小描述长度原则下,使用顶点替代方式来识别出所有能够有效压缩原始输入数据的模式。这一算法以仅含有输入图 G 中的一个顶点所对应的子图为起点,逐渐加入顶点的方式下使子图得到扩展。此外,SUBDUE 还有一大优势在于它能够实现与子图近似值的匹配,此外它还能够以预先定义子图的方式来实现背景知识的嵌入。SUBDUE 运用了一种启发式搜索模式降低搜索空间大小,以此来达到提升计算性能的目的。此后,SUBDUE 还被拓展成了一种图分类算法,被称作 SUBDUECL。这种新的算法不需要再使用最小的描述长度,而使用以子图置信度的启发模式。

2004 年,研究者们提出了一个新的子图挖掘问题,即在一个稀疏的超大规模的图中(包含数以十万计的顶点和边的图)挖掘不相邻的子图模式,并提出基于水平和垂直模式挖掘连通的频繁模式的算法 HSIGRAM 和 VSIGRAM,其中,HSIGRAM 采用广度优先的思想挖掘频繁子图,VSIGRAM 采用深度优先方法。算法采用三种不同方法定义一个子图边不相交的嵌入数目,同时基于近似的和精确的最大独立集的对其进行计算,从而对不频繁的子图进行剪枝。

5.4 密集子图检测

5.4.1 子图密度与密集子图

密集子图是指边密度大的子图,可以直观地理解为"顶点少而边多"的子图。其中,子图密度可以分成绝对密度和相对密度两种。

- 绝对密度:其目的是度量构成一个密集子图的规则和参数值,是一个定量的描述。密度定义考量的只是密集子图内部顶点和边的特性,与密集子图外部的拓扑结构无关。绝对的密集子图定义一般是对"团"定义的松弛操作。
- 相对密度:它的定义没有预设的密度标准,查找密集区域的时候,比较当前的区域和其他区域密度值的大小,目的是查找最密集的子图。当然也可以找到全局范围内相对密度最大的 k 个子图,即 top-k 密集子图。

从相对密度和绝对密度两个角度定义的密集子图有一个最大的不同点是,相对密度定义的密集子图在网络拓扑结构中一定能够找到可行解,而绝对密度定义的子图不一定存在可行解。

要检测图中的密集子图,可以采用基于枚举的算法。然而通过枚举求密集子图通常是 NP 难问题,时间复杂度太大,往往需要启发式的方法来提升速度。此外,还可以使用近似算法来加快问题求解速度。因此,本节将分别介绍精确算法、启发式算法及一些近似算法。

在进行密集子图检测时，密度度量是一个重要的问题，根据密集成分种类的不同，密度度量的方式有以下几种：

- Average degree：子图的边数与顶点数的比值。
- k-core：子图内部中任何一个顶点都至少有 k 个邻居顶点。
- k-edge：子图内部中任何一个顶点都至少有 k 条相邻边。
- k-Clique：子图内部中任意两个顶点之间的最短路径都小于 k；
- k-truss：子图内部每条边的支持度 support $\geqslant k-2$。其中支持度指图的一条边包含在几个三角形中，若有 support$(e) = k$，则表示边 e 包含在 k 个三角形中。
- quasi-Clique：子图中至少包含 $r \times n(n-1)/2$ 条边，其中 n 为顶点数，r 视情况而设置。

接下来将根据对密集成分的不同度量方法，分别介绍不同的算法。

5.4.2 基于 Clique 的方法

Clique 可翻译成"小集团"或"团"，即在图内联系紧密、任意两个顶点之间都有边的部分，通过找到图中的最大团来进行密集子图检测是一个非常直观的想法。然而，在大小为 n 的图中判断其是否含有大小至少为 k 的团是一个 NP 完全问题。即使对问题进一步进行优化，去寻找图内最大的团，仍然是一个 NP 完全问题，因为这两个问题可以在多项式时间内进行转化。枚举算法的目的是找到图中的所有满足特定规模的团，就算对于中等大小的图，都需较长的计算时间。

为此，研究者们提出了一个经典的枚举算法，用于枚举图中的所有可能的团结构，从而找到最大团。算法的思想是利用分支-边的技术对那些无法生成团结构的顶点进行剪枝，通过从一个候选集中选择顶点来扩张子集的顶点集，直到找到最大的团。假设 C 代表已经形成团的顶点集，Cand 代表可能被用于扩充集合 C 的顶点集，NCand 代表不能用于作为候选扩充 C 的顶点集。$N(v)$ 代表顶点 v 的邻居顶点集。最开始，C 和 NCand 都是空的，Cand 则包含图中的所有顶点。算法的伪代码如下：

```
CliqueEnumeration Procedure
Input: C,Cand,NCand;
Output:
1    if Cand=∅ and NCand=∅:
2        output the Clique induced by vertices C;
4    else:
5        for all vᵢ∈ Cand do:
6            Cand ← Cand\{vᵢ};
7            call CliqueEnumeration(C ∪ {vᵢ},Cand∩N(vᵢ), NCand ∩
N(vᵢ));
```

```
8              NCand ← NCand ∪ {vᵢ};
9        end for
10  end if
```

实验证明，该算法的复杂度可以达到 $O(3.14^n)$，但缺乏相关的理论证明。

相比于 Clique，quasi-Clique 能够提供更好的灵活性和对搜索空间更多的剪枝机会，从而提升算法性能。但是本质上来说，quasi-Clique 算法在时间复杂度上仍然是一个 NP 完全问题，对于 quasi-Clique 可以使用 Quick 算法进行改进。Quick 算法是一种用于寻找带有大小限制的最大 quasi-Cliques 的算法。该算法提出了多个基于顶点度、子图直径及子图大小的剪枝技巧，并结合深度优先搜索尽可能减小密集子图发现问题的搜索空间，以提高密集子图发现的效率。

5.4.3　基于 *k*-core 的方法

最早的基于 *k*-core 的枚举算法采用的思想是递归地从原始图数据中移除那些度数小于 k 的顶点及与这些顶点关联的边，递归结束就能够得到一个 *k*-core。*k*-core 问题不是一个 NP 完全问题，*k*-core 枚举是一个在多项式时间内完成的贪心算法；该算法尝试为每个顶点分配一个所属的 core 编号。在开始时，该算法根据最小度数将所有顶点放置在优先队列中。对于每次迭代，从队列中消除最低度数的顶点 v。然后，将 v 的度数指定为其 core 编号。考虑 v 的邻居度数大于 v 的情况，将它们的度数减少 1，并重新排序队列中的剩余顶点。重复此过程，直到队列为空。最后，根据它们分配的 core 编号输出 *k*-cores。

近年来，有许多基于 *k*-core 的新算法涌现出来，例如，针对无向图的基于 *k*-core 的密集子图检测，可以使用 Global 算法。Global 是一种贪心算法，该算法遵循计算最密子图的削减框架，并迭代地删除顶点。具体来说，令 $G_0 = G$ 且 G_t 为第 t 次迭代中的图（1 ≤ t < n）。在第 t(1 ≤ t < n)步中，它删除 G_{t-1} 中具有最小度数的顶点，并获得更新的图 G_t。上述操作迭代进行，如果满足以下条件之一，则在第 T 步停止：

- 查询顶点 Q 中至少有一个在图 G_{T-1} 中具有最小度数；
- 查询顶点 Q 不再连接。

之所以将上述算法称为 Global，是因为它以全局方式查找密集成分。通过使用一些特殊的优化技术，Global 能够实现线性时间和空间复杂度，即 $O(n+m)$。很容易观察到，由于 Global 去掉了所有低度数的顶点，因此返回的子图是最大的连通子图，在这个子图中，每个顶点都至少有 k 个邻居。因此，返回的子图是一个包含 Q 的连通 *k*-core，其中 k 等于 Q 中顶点的最小核数。

除了全局搜索的算法，还有一些局部搜索的算法。例如，可以使用一种名为 Local 的局部密集成分检测算法，其工作方式是以局部扩展的方式寻找一个可能比全局密集成分小的密集成分。具体来说，它假定只有一个查询顶点 q（即 $Q = \{q\}$）。Local 算法的执行包括三个步骤：

- 从 q 开始扩展搜索空间；
- 在搜索空间中生成候选顶点集 C；
- 从 C 中找到密集成分。

其中关键步骤是第 2 步，它采用迭代方式工作。在每次迭代中，它选择局部最优的顶点并将其添加到候选集 C 中。为了确定局部最优顶点，算法采用了一些启发式标准。一种典型的标准是选择导致某一度量函数 f 增量最大的顶点；另一种标准是选择与候选集顶点的连接数量最大的顶点。设 H 和 H' 分别为 Global 和 Local 返回的密集成分，则有 $f(H')=f(H)$ 且 $H' \subseteq H$。此外，由于在最坏情况下候选集 C 可能与顶点集 V 相同，因此在最坏情况下 Local 的时间复杂度为 $O(n+m)$，与 Global 算法相同。但是在对大图进行实践时，由于候选集比剩余集要小得多，因此 Local 往往能取得更好的效果。

而在有向图处理方面，最直接的处理办法是，直接忽略方向，从而利用针对无向图的算法。但是这样做有一些弊端。考虑下面这种情况，图 5.6 所示是一个社交网络的有向图。

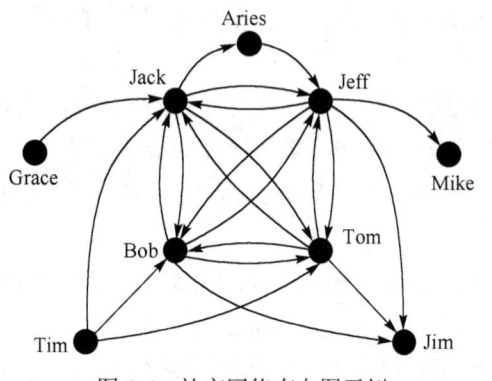

图 5.6　社交网络有向图示例

如果以 Jack 为中心，那么可以找到一个密集子图{Jack, Jeff, Bob, Tom, Tim, Jim}。然而，在这个图中，如果考虑方向，Tim 仅有出边，而 Jim 则仅有入边，他们二者和密集子图内的其他顶点的关系明显没有其他顶点之间关系的那么紧密。为了解决有向图的密集子图检测问题，研究者定义了一个更为精确的密度度量 D-core，也叫 (k,l)-core，其本质是针对有向图定义的 k-core。

(k,l)-core 定义如下：给定一个有向图 $G=(V,E)$ 和两个非负整数 k 和 l，(k,l)-core 是 G 的最大子图 C，使得 $\delta_{in}(C) \geqslant k$ 和 $\delta_{out}(C) \geqslant l$，其中 δ_{in} 和 δ_{out} 为衡量 C 中顶点的最小入度 core 值和出度 core 值的函数。

图 5.7 展示了一个带 D-core 的有向图。让 $q=B$，$k=2$，$l=2$。

在之前使用 k-core 的方法中，把密度度量由 k-core 换为 D-core 就可以处理有向图了。

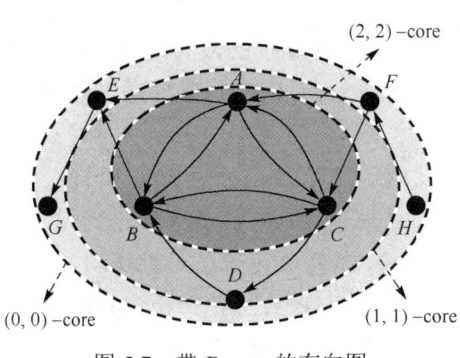

图 5.7 带 *D*-core 的有向图

5.4.4 基于 *k*-truss 的方法

k-truss 分解算法诞生于 2008 年，其模型定义是基于边的支持度提出的。对于无权无向图 $G=(V,E)$，以 e_{ij} 表示顶点 i 和 j 之间的边，如果顶点 i 和 j 之间存在一条边，则 $e_{ij}=1$，否则 $e_{ij}=0$，以 Δ_{ijk} 表示顶点 i，j，k 构成的三角形，Δ_G 表示图 G 中三角形的集合，则边的支持度可以形式化地定义为

$$\sup(e_{ij}) = \left| \left\{ \Delta_{ijk} : \Delta_{ijk} \in \Delta_G \right\} \right|$$

k-truss 分解算法的执行步骤如下：

● 设置初始参数 $k = 2$；
● 删除网络中支持度小于 $k-2$ 的边，同时遍历该边构成的三角形，将三角形另外两条边的支持度减 1，更新网络的拓扑，继续删除支持度小于 $k-2$ 的边，直到网络中所有边的支持度都大于 $k-2$；
● 将当前的孤立顶点加入对应的 truss 层，重复第 2 步，直至整个网络被完全分解。

k-truss 算法流程示意图如图 5.8 所示。

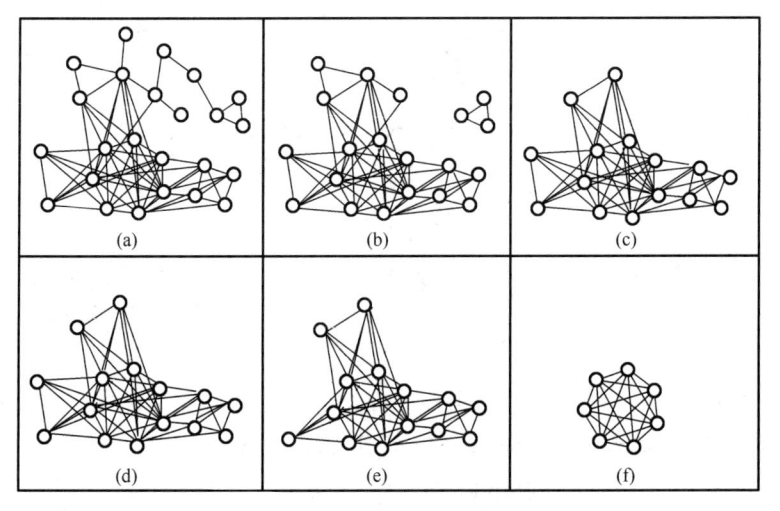

图 5.8 *k*-truss 算法流程示意图

如果在 k-truss 模型上加上三角形连接的限制,那么该模型称为三角形连接的 k-truss,其搜索问题称为 TTC 搜索问题。针对 TTC 搜索问题,接下来简要介绍两种算法的关键思想。

- 在线搜索算法:算法用于在图 G 上处理 TTC 查询。该算法首先对图 G 进行桥联分解,计算所有边的桥联度。根据密集子图的定义,它从查询顶点 q 开始,检查与 $(q,v) \in E$ 相连的边,其桥联度 $\tau[(q,v)] \geq k$,以搜索三角形相连的桥联密集子图。它按照 BFS 方式探索与所有三角形相连且桥联度不小于 k 的边。此过程迭代进行,直到处理完 q 的所有相邻边。最后,返回包含 q 的 k-truss 密集子图集合。但是,这种在线搜索算法可能会在检查无资格的边时产生大量无用的边访问,效率较低,有待优化。

- 基于 TCP-index 的搜索算法:为避免上述计算问题,Huang 等人设计了一个三角形连接保持索引(TCP-index)。TCP-index 在紧凑的树状索引中保留了桥联数和三角形邻接关系,并以线性时间支持关于社区大小的 k-truss 密集子图查询,这是最优的。对于给定的图 G,需要为 G 中的每个顶点构建一个 TCP-index,以 T_x 表示(以顶点 x 为例进行 TCP-index 构建)。实际上,T_x 是 G_x 的最大生成森林,其中 G_x 是由 x 的邻居 $N(x)$ 的顶点集诱导出的子图。对于每个边 $(y,z) \in E(G_x)$,赋予它一个权重 $w(y,z) = \min\{\tau[(x,y)], \tau[(x,z)], \tau[(y,z)]\}$,这表示仅当 $k \leq w(y,z)$ 时,其才能出现在 k-truss 密集子图中,其中 k 为社区的大小。如图 5.9 所示,q 的 TCP-index 为 T_q。其中,x_1、x_2、x_3 和 x_4 通过权重为 5 的加权边相互连接,表明这些顶点在一个三角形相连的 5-truss 密集子图中。

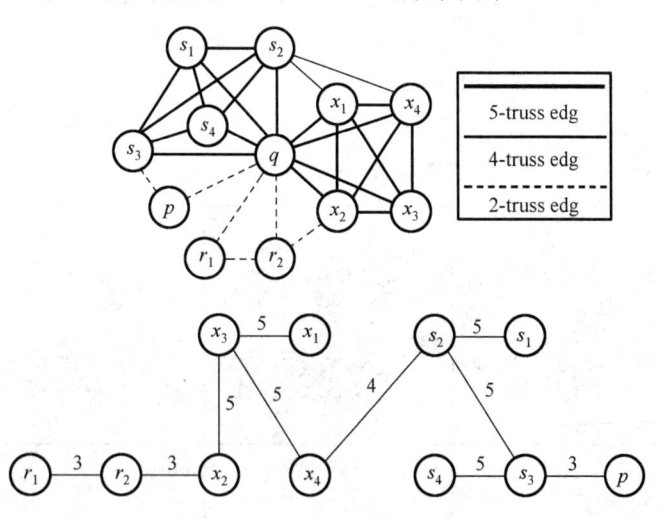

图 5.9 TCP-index 算法示意图

基于 TCP-index,人们开发了一种高效的查询处理算法用于 CTC 搜索。假设想要查询在图 G 中包含查询顶点 q 的 5-truss 密集子图,则需访问 q 上的一个关联边,比如 (q,x_1),其中 $\tau[(q,x_1)] = 5$。从图中的 TCP-index T_q 中,检索出相同的 5-truss 社区的顶点集 $\{x_1, x_2,$

x_3, x_4}。T_q 是一个生成森林，不保留顶点之间的所有边，查询处理算法然后对每个顶点 x_1、x_2、x_3、x_4 在 TCP-index 上执行反向操作，可获得完整的 5-truss 密集子图。值得注意的是，TCP-index 支持 k-truss 密集子图查询的最优时间，每个结果中的每条边恰好被访问两次。同时，TCP-index 可以在 $\min[\deg G(u), \deg G(v)]$ 的时间内构建，并在 $O(m)$ 的空间中存储。

5.4.5　基于 k-plex 的方法

k-plex 中文翻译为 k 丛，如果一个密集子图的规模为 n，那么只有当该子图中任意点的度数都不小于 $n-k$ 时，可称之为 k-plex。最直观的算法当然是枚举算法，然而同样如前文所述，枚举面临着时间复杂度太高的问题，因此接下来介绍两种效率比枚举更高效的 k-plex 密集子图检测算法。

1. 基于 Bron-Kerbosch 思想的 k-plex 密集子图检测算法

k-plex 密集子图检测算法是基于 Bron-Kerbosch 算法对无向图进行深度优先搜索，同时引入一个 k 值的限制，使得最终找到的子图满足 k-plex 性质。具体流程如下：
- 初始化：定义三个集合 R、P、X，其中 R 为已选点集，P 为备选点集，X 为不可选点集，全部初始化为空。
- 递归：在备选点集 P 中任选一个点 v，将其加入已选点集 R，同时从 P 中删除 v 和 v 的所有邻居顶点，将其加入备选点集 P' 中。然后，对 P' 中的点进行递归操作，重复以上过程。
- 返回：当备选点集 P 和不可选点集 X 均为空时，将已选点集 R 加入结果集合中。

值得注意的是，在上述递归过程中，为了满足 k-plex 性质，需要加入一个限制条件，即已选点集 R 中的任意两个点的邻居顶点交集大小不能小于 k。当找到的子图中点数大于或等于 k 时，将其加入结果集合中。

2. 最大 k-plex 检测方法

最大 k-plex 检测(MCKPQ)问题定义如下：给定一个简单的无向图 $G = (V,E)$，一个查询点集 $Q \in V$，一个整数 k，返回一个子图 $G_Q = (V_Q, E_Q) \subseteq G = (V,E)$，满足以下属性：
- 连通性：G_Q 是连通的并且包含 Q；
- 结构内聚性：G_Q 是一个 k-plex；
- 最大结构：不存在其他满足上述属性且 $G_Q \subset G'$ 的 G_Q。

MCKPQ 问题非常具有计算挑战性，因为它是 NP 完全的，这可以通过从 k-plex 问题中进行归约来证明。此外，在多项式时间内近似 MCKPQ 问题是困难的。

解决 MCKPQ 问题的一个基本方法是使用生成和验证方法，该方法枚举整个搜索空间中的所有 k-plexes，然后返回最大尺寸的 k-plex。显然，该方法对于大型图形而言过于"昂贵"和不切实际。为了解决这个问题，Wang 等人开发了一种更先进的方法，基于分支和界限范式，具有一些有效的修剪标准和一个启发式算法，可以快速执行但没有理论保证。

5.4.6　启发式算法

前文已经说过，由于枚举全部 Clique 是一个 NP 完全问题，因此确切地枚举所有极大 Clique 是不切实际的，特别是对于一些具有大量顶点的应用程序，比如蛋白质交互网络。在这种情况下，快速的启发式算法可以用来解决这个问题。这些算法能够高效地识别一些密集子图，但不能保证发现所有的密集子图。本节介绍的算法都采取了启发式搜索来进行密集子图的挖掘。

Shingling 技术：采用 Shingling 技术可以在大规模图中发现密集二分子图，该技术对二分图中位于一侧相同顶点的共同邻居顶点(位于二分图的另外一侧)进行等长度 Hash 编码，最终利用共享邻居的数量作为指标来发现密集子图；由于利用 Shingling 技术可将任意大小的密集组件转换为具有恒定大小的 shingles，对于单个大图来说，该技术非常高效且实用，并且可以轻松扩展到流图数据中。

研究者们还利用贪心随机自适应搜索算法框架(Greedy Randomized AdaptiveSearch Procedure，GRASP)提出一种新的 quasi-dense components 发现算法。GRASP 是一个多次迭代的启发式算法。每次迭代都是由两个独立阶段的组成，即贪心随机构造阶段(Greedy Randomized AdaptiveConstruction Phase)和局部搜索阶段(Local Search Phase)。GRASP 算法的每一次迭代都在贪心随机构造阶段首先构建一个贪心随机的可用解，然后在局部搜索阶段对第一阶段的可用解进行提高，在第一阶段得到的可用解的基础上，进一步搜索可用解的邻解，直到找不到更好的解为止。这两个阶段被重复执行多次，最后选择全局最优解作为算法的最终结果输出。

此外，还可以利用谱分析进行密集子图检测。首先利用概率统计的方法发现密集区域，算法构造图的相似性矩阵，计算其中的特征值与特征向量。然后根据特征值的特性对密集区域进行发现，其中特征值为正数的特征向量被识别为一个 quasi-Clique，特征值为负数的特征向量则被认为是一个 quasi-biClique。最后利用统计学中的 p-value 对密集区域进行验证，保证算法找到的每个密集区域都是显著有效的。此类启发式算法具有效率高的特点，在很多应用场景能够得到不错的效果。但是也存在一些缺点，如不能够保证足够的有效性。

5.4.7　近似算法

近似图匹配指在数据图中搜索出与模式图在数据和顶点与边属性上匹配的子图，允许噪声和错误，一般以最大公共子图、最小公共超图来衡量两个图之间的相似程度。为了达到更快的性能，接下来将介绍几种贪心近似密集子图检测算法，它们能够保证有界的近似度。这些有界近似算法能够有效地处理大规模图，并获得合理的结果。

最经典的近似算法的基本思想是，由于边的数量等于度数之和的一半，因此一个直观的想法是：一个图的密度必然不小于其最小度数的一半。所以可以每次从图中移除一个度数最小的顶点，直到图为空，并记录此过程中的最大密度，就可以得到一个密集子图的近似解。由于在移除顶点的时候为了重新计算度，需要把该顶点相邻的边纳入统计，且需要用一个堆维护最小度数，因此总时间复杂度为 $O(m\log n)$。如果使用优先队列来存储，就不需要维护堆的开销，因此可以将时间复杂度提升到 $O(m)$。

此外还可以使用 3-hop 近似算法，该算法引入了一个新的概念 "随机子图" （Rank Subgraph）来检测密集子图。随机子图的定义如下：给定图 $G = (V, E)$ 和一个正整数 d，去除图 G 中所有度小于 d 的顶点和与这些顶点相连的边。重复这个过程，直到没有顶点可以被去除，将由此形成的新图命名为 G_d。在得到的图 G_d 中，每一个顶点都至少与 d 个以上的顶点相连。如果 G_d 中没有顶点，则命名为 $G_空$。在此基础上，构建一个子集序列 $G \supseteq G_1 \supseteq G_2 \supseteq \cdots \supseteq G_i \supset G_空$，其中 $G_i \neq G_空$ 并且包括至少 $i+1$ 个顶点。将 i 定义为图 G 的自由度，G_i 就是 G 的随机子图。由以上定义可以得到下面的引理：给定无向图 G，设 G_S 为 G 的密集子图，密度为 $d(G_S)$，设 G_i 为 G 的密集子图，密度为 $d(G_i)$，则 G_i 的密度不会小于 G_S 的一半，即 $d(G_i) \geq d(G_S) / 2$。该引理说明了可以使用具有高随机度的随机子图 G_i 来估计 G 的密集子图，所得的结果在最差情况下的密度是最密子图的一半，因此这个方法可以用于生成更有效的搜索算法来查找最密子图。

第6章 图 聚 类

"物以类聚，人以群分"，在自然科学和社会科学中，存在着大量的聚类问题。聚类分析又称群分析，它是研究(样品或指标)分类问题的一种统计分析方法。聚类分析起源于分类学，但是聚类不等于分类。聚类与分类的不同在于，聚类所要求划分的类是未知的。聚类是将物理或抽象对象的集合分成由类似的对象组成的多个类的过程。由聚类所生成的簇是一组数据对象的集合，这些对象与同一个簇中的对象彼此相似，与其他簇中的对象相异。聚类分析的方法非常丰富，有系统聚类法、有序样品聚类法、动态聚类法、模糊聚类法、图论聚类法、聚类预报法等。

图聚类是对图中的顶点进行聚类，使得每一类中的顶点有相似的结构或者内容。基于顶点关联的图聚类其实质是图划分问题，聚类的过程其实就是对图划分过程的优化。优化的目的是使子图间的相似度变小，子图内的相似度变大，从这一角度看来，5.4 节中介绍的密集子图检测算法可以看成是某些高质量聚类的发现。基于顶点内容的图聚类可以看成是顶点内容对应对象的聚类，例如，若顶点的内容是多维元组，则可以看成是多维数据的聚类。对于相对复杂结构特征的图，很多应用要求基于结构特征进行聚类，比如所在子图的特征相似性、邻居特征相似性等。

本章将首先从传统机器学习中的聚类算法入手，分析其思路和特性，以便于不熟悉机器学习的读者对聚类算法的目的和常见思想产生初步的认识。之后将分别介绍多种不同类型的图上的顶点聚类方法。由于图是一种特殊的结构，常见的利用图进行聚类的思路既可以从图的结构出发(图划分)，也可以先通过一些表征方法(如图卷积、图嵌入和图自编码器等)将图转为便于处理的向量形式，在此基础上使用深度学习的方法对图进行聚类。对于图划分，将首先介绍普通的划分方法和基于谱聚类的方法，以及针对谱聚类无法解决的桥顶点和离群点问题而提出的 SCAN 类算法。然后介绍用于图聚类的图神经网络，包括经典与前沿算法。需要注意的是，5.4 节中介绍的密集子图检测方法也可以看成发现图中某些聚类的方法。

6.1　聚类算法的思路和特性

主流的传统机器学习中的聚类算法有以下几种。

- **K-means 聚类**：K-means 是一种迭代的聚类算法，它将数据集划分为 K 个簇，每个簇都具有与之最相似的数据点。该算法的思路是通过迭代地更新簇的中心点，将每个数据点分配给最近的中心点，直到收敛。
- **层次聚类**：层次聚类将数据集看作是一棵树，每个数据点开始时都是一个独立的簇，然后通过计算相似性度量来合并最相似的簇，直到形成一棵完整的层次聚类树。可以通过自上而下的划分（分裂）或自下而上的合并（聚合）来构建层次聚类。

- 密度聚类：密度聚类算法通过寻找数据集中紧密相连的区域来划分簇。其中一种流行的密度聚类算法是 DBSCAN（Density-Based Spatial Clustering of Applications with Noise），它根据数据点周围的密度来划分簇，能够有效地处理噪声和任意形状的簇。

- 基于网格的聚类：这类算法首先将数据空间划分为规则的网格，然后将数据点分配到网格中的单元格中，最后在每个单元格内进行进一步的聚类。这种方法适用于高维数据集和大规模数据集。STING（Statistical Information Grid）和 CLIQUE（CLustering In QUEst）是两个基于网格的聚类算法的例子。

- 模型聚类：模型聚类算法使用概率模型或图模型来描述数据的生成过程，并基于模型的参数估计进行聚类。例如，高斯混合模型（GMM）将数据看作是由多个高斯分布组成的混合，通过最大似然估计来估计模型参数和分配数据点到不同的簇中。

一般来讲，一个好的聚类算法应具有尽量多的特性和能力，它们同样适用于图聚类，典型的特性和能力如下。

- 可扩展性：许多聚类算法在小于 200 个数据对象的小数据集合上的聚类效果很好；但是一个大规模数据库可能包含几百万个对象，在这样的大数据样本上进行聚类可能会导致结果出现偏差。因此，聚类算法需要具有高度可扩展性。

- 处理不同类型数据的能力：许多算法被设计用来聚类数值类型的数据。但是应用时可能要求其也能聚类其他类型的数据，如二元类型（Binary）数据、分类/标称类型（Categorical/Nominal）数据、序数类型（Ordinal）数据，或者这些类型数据的混合。

- 发现任意形状聚类的能力：许多聚类算法基于欧几里得或者曼哈顿距离来决定聚类结果。基于这样距离度量的算法趋向于发现具有相近尺度和密度的球状簇，但是一个簇可能是任意形状的。因此，提出能发现任意形状簇的算法是很重要的。

- 用于决定输入参数的领域知识最小化：许多聚类算法在聚类分析中要求用户输入一定的参数，如希望产生的簇的数目。聚类结果对输入参数十分敏感，参数通常很难确定，特别是对于包含高维对象的数据集来说，这样不仅加重了用户的负担，还使得聚类的质量难以控制。

- 处理"噪声"数据的能力：现实中的绝大多数数据库都包含有孤立、缺失或者错误的数据。一些聚类算法若对这样的数据敏感，则可能导致低质量的聚类结果。

- 对数据输入顺序不敏感：一些聚类算法对输入数据的顺序是敏感的。例如，同一个数据集，当以不同的顺序输入同一个算法时，可能生成差别很大的聚类结果。因此，开发对数据输入顺序不敏感的算法具有重要的意义。

- 高维数据处理能力：一个数据库可能包含若干维度或者属性。许多聚类算法擅长处理低维的数据，可能只涉及二维或三维。人类的眼睛最多在三维的情况下能够很好地判断聚类的质量。因此在高维空间中进行聚类是非常有挑战性的，特别是考虑到这样的数据可能分布得非常稀疏，而且高度偏斜。
- 基于约束的聚类能力：现实世界中，可能需要在各种约束条件下进行聚类。比如，在城市中为给定数目的自动取款机选择安放位置，为了做出决定，可以对住宅区进行聚类，同时要考虑城市的河流和公路网、每个地区客户的要求等情况。要找到既满足特定的约束，又具有良好聚类特性的数据分组是一项具有挑战性的任务。
- 可解释性和可用性：用户希望聚类结果是可解释的、可理解的和可用的。也就是说，聚类可能需要与特定的语义解释和应用相联系。应用目标如何影响聚类算法的选择也是一个重要的研究课题。

6.2　基于图划分的图聚类

本节介绍基于图划分的图聚类算法。图聚类来源于图划分理论，核心是将顶点聚类问题看成图划分的问题，并将图划分这个 NP 难问题通过连续松弛化求解。

基于图划分的图聚类本质是将图中的顶点划分为不同簇或社区的聚类方法。它利用图的拓扑结构和连接性来确定数据点之间的相似性和相关性，并将它们划分为不同的簇或社区。图划分的原则是使得同一个簇内的顶点具有较高的相似性，而不同簇之间顶点的相似性较低。为了实现高质量的图划分，需要定义一个划分质量度量函数来评估划分的好坏。

常用的划分质量度量函数包括最小分割（MinCut）、归一化割（Normalized Cut）、模块度（Modularity）等。这些度量函数在划分过程中都考虑了簇内的连接紧密度和簇间的连接稀疏度。

图划分问题是经典的 NP 完全问题，由于其应用的广泛性，目前已经有许多关于图划分的研究，许多不同类型的图划分算法被提出，其中包括比较经典的 KL 算法、谱划分算法、几何划分算法、多层划分算法等。图划分在社交网络分析、生物信息学、推荐系统等领域中得到广泛应用。它能够揭示数据的内在组织和关联，发现图中的紧密子结构和社区，对于数据挖掘和知识发现非常有价值。本节只介绍基本算法，基于谱聚类的算法将在下节具体介绍。

6.2.1　KL 算法

KL 算法通常被认为是最早出现的图划分算法，于 1970 年被提出。它的主要思想是先将图随机进行两等分，然后对交换任意两个顶点能导致的收益值进行估价，再高效地从中选择收益最高的顶点进行交换，直到不能再获得收益为止。

假设经过随机等分后，图 G 被分为 A 和 B 两个初始分区，对于 $\forall u,v \in V$，以 $\delta(u,v)$ 表示从顶点对 (u,v) 到 $\{0,1\}$ 的一个映射，当 u,v 之间存在边的时候，映射为 1，不存在边时，映射为 0，以 g_u 表示将 u 从原分区移动到新分区产生的收益，这个收益可以是负数，那么将 u,v 进行互换所产生的收益为

$$g(u,v) = g_u + g_v - 2\delta(u,v)$$

图 6.1 是一个顶点交换实例，可以看到，这里对 v_2 和 v_4 进行了互换，将 v_2 从 P_2 分区移动到 P_1 分区所产生的收益为 2，移动 v_4 产生的收益为 −1，且由于 v_2，v_4 之间没有边，所以本次互换产生的收益为 1。

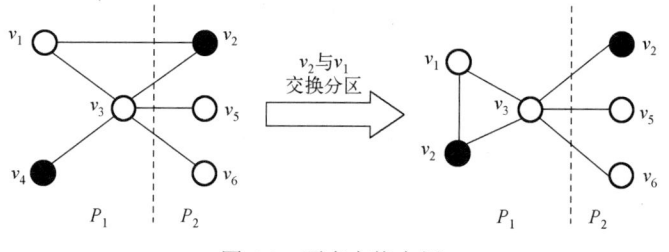

图 6.1 顶点交换实例

KL 算法将会不断重复上述过程，只要可以产生收益就进行交换，直到无法获得改进为止。考虑到时间复杂性，KL 算法只能处理顶点数量在一万个以内的图。

Fiduccia—Mattheyses(FM)算法对 KL 算法进行了改进，FM 算法采用单点移动，并引入了桶列表数据结构，减少了时间复杂度，使算法的效率和划分的质量都得到了提高。

KL 算法有许多不同版本，其主要变化在于执行顶点交换的策略。以下是一些可能用于执行交换的策略示例：

● 随机选择一对顶点进行交换(如果它改善了底层解的质量)。

● 测试所有可能的顶点对交换(或部分可能的交换)，并选择使解得到最大改善的交换。

● k 交换是一次执行 k 次交换的序列。可以测试任何 k 交换，并在它改善底层解的质量时执行它。

● 从一组可能性中选择最优的 k 交换。

需要注意的是，使用更复杂的策略可以在每次交换中更好地改善目标函数，但也需要更长的时间来进行每次交换。例如，确定一个最优的 k 交换比一个简单的交换需要更长的时间。这是一种自然的权衡，可能因应用的性质而有所不同。此外，策略的选择也会影响陷入局部最优解的可能性。一方面，对于较大的 k 值，使用 k 交换技术很少会导致局部最优解。实际上，通过在所有可能的 k 值中选择最佳交换，可以确保始终达到全局最优解。另一方面，随着 k 值的增加，以有效方式实现算法变得越来越困难。这是因为交换的时间复杂度随着 k 值的增加呈指数性增长。

6.2.2　几何划分算法

几何划分算法利用顶点的坐标信息对图进行划分，主要包括坐标嵌套二分法、空间填充曲线方法等。几何划分的本质是利用网格的几何信息寻找划分方案，不同方案的差异在于利用顶点坐标信息寻找数据依赖关系的方法不同。下面以坐标嵌套二分法和空间填充曲线法为例说明几何划分算法的思想。

1．坐标嵌套二分法

1987 年，研究者们提出了坐标嵌套二分法。坐标嵌套二分法的主要思想是，首先，根据每个顶点的坐标信息计算出它们的质心，将这些质心按照高维 x 轴方向进行投影，在 x 轴方向会形成一排有序序列，再对这个有序序列进行二划分，就得到了该网格的二分结果，然后也可以在此基础上对子网格进一步迭代二划分，如图 6.2 所示。

坐标嵌套二分法是一种递归二分法，有很快的执行速度，但其缺点是划分质量非常低，而且还会产生不连通的子区域。为了改进这种缺点，递归惯性二分法使用惯性主轴代替平面主轴，可以有效降低不连通子区域的数量。

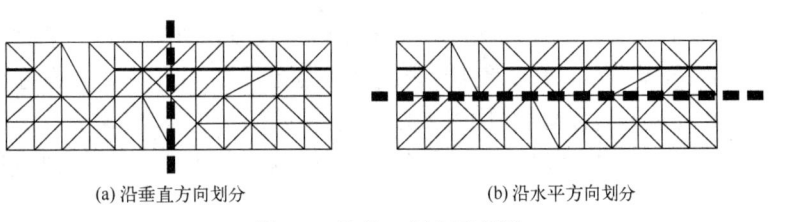

(a) 沿垂直方向划分　　　　　　　　　　(b) 沿水平方向划分

图 6.2　迭代二划分示意图

2．空间填充曲线法

1994 年，研究者们提出了空间填充曲线法，该方法是一种基于多维的划分方法。首先将数据空间划分为大小相同的网格，再对这些网格按照一定的方式进行编码，例如，可以使用贝塞尔曲线、皮亚诺曲线等，同时在这个过程中保持空间数据的相似性。这样就实现了从高维空间数据到一维空间的降维，最后对得到的一维空间编码结果进行二分。在同类的几何划分算法中，空间填充曲线法考虑到更多维度，可以产生划分质量更好的结果。

几何划分方法虽然思路简单，耗时较短，但是因为其没有考虑网格的拓扑结构及顶点的度，在很多实际应用中的划分效果不特别理想。

6.2.3　多级层次划分算法

早期算法主要在单机环境下运行，随着图数据规模的增大，多级图划分算法逐渐兴起，被广泛应用于各类大图的划分，在百万规模以内的图上，这类算法通常有较好的效果。多级层次划分算法的执行主要包括三个阶段：

● 通过粗糙化技术将大图缩减为可接受的小图；

● 对第一阶段获得的小图进行随机划分，并进行优化；

● 通过反粗糙化技术及优化技术将小图的划分还原为原图的划分。

其中，粗糙化过程主要对原图进行一级一级的压缩，每一级粗糙化过程中，都会将图中的顶点进行两两合并，直到压缩得到的图足够小且满足预定的条件。第二阶段中，对粗糙化后得到的小图进行 k 路划分，可以使用现有的一些划分方法，如 KL 算法、谱划分算法等。将小图还原为原始图的过程叫细化，细化过程中使用了一些启发式算法进行优化。

多级层次划分算法示意图如图 6.3 所示。

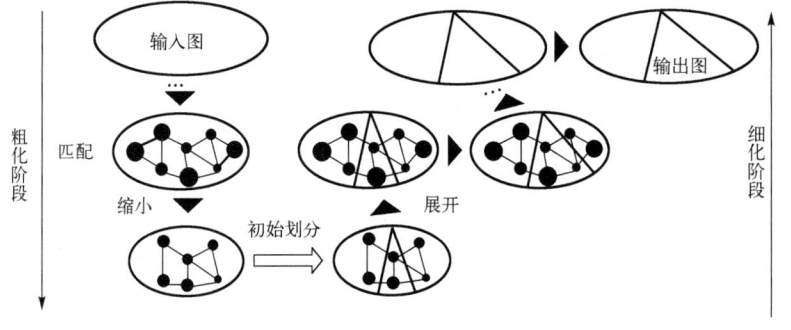

图 6.3　多级层次划分算法示意图

6.3　基于谱聚类的算法

本节主要介绍基于图划分的图聚类算法中的一类重要算法——谱聚类算法。谱聚类算法首先根据给定的样本数据集定义一个描述成对数据点相似度的矩阵，并且将问题转化为拉普拉斯矩阵的求解，使用待划分图的拉普拉斯矩阵的一个或多个特征向量，这些特征向量是某些图划分问题松弛的解，以选择合适的特征向量聚类不同的数据点。本节首先介绍作为理论基础的拉普拉斯矩阵，然后介绍谱聚类的基本算法和改进策略。

6.3.1　拉普拉斯矩阵

对于邻接矩阵 A，定义图 G 中子图 a 与子图 b 之间所有权的权重之和如下：

$$A(a,b) = \sum_{i \in a, j \in b} A_{ij}$$

其中 A_{ij} 定义了数据点 i, j 之间的权重。

定义与数据点 i 相连的所有边权重之和为度 d_i，即

$$d_i = \sum_{j=1}^{n} A_i$$

全部度构成度向量 D，如此构建拉普拉斯矩阵 $L = D - A$。

下面通过实例介绍拉普拉斯矩阵构建的过程。假设有 6 个数据点，分布如图 6.4 所示(可以是二维原始数据，也可以是基于某种规则计算了数据间的相似度后所呈现的关联数据)。

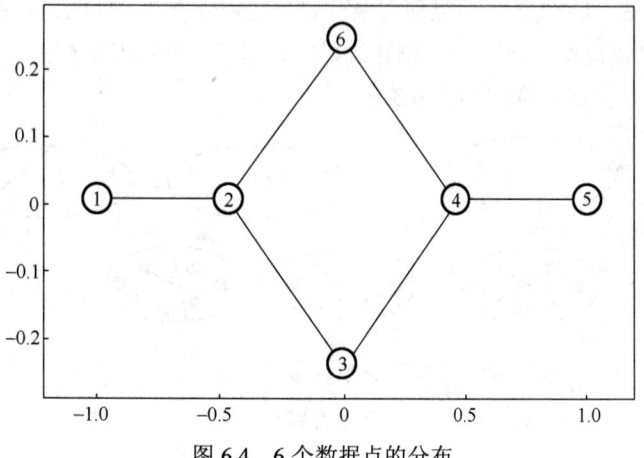

图 6.4   6 个数据点的分布

将此图转换为邻接矩阵的形式，记为矩阵 A:

$$A = \begin{bmatrix} 0 & 1 & 0 & 0 & 0 & 0 \\ 1 & 0 & 1 & 0 & 1 & 0 \\ 0 & 1 & 0 & 1 & 0 & 0 \\ 0 & 0 & 1 & 0 & 1 & 1 \\ 0 & 1 & 0 & 1 & 0 & 0 \\ 0 & 0 & 0 & 1 & 0 & 0 \end{bmatrix}$$

写出度矩阵 D:

$$D = \begin{bmatrix} 1 & 0 & 0 & 0 & 0 & 0 \\ 0 & 3 & 0 & 0 & 0 & 0 \\ 0 & 0 & 2 & 0 & 0 & 0 \\ 0 & 0 & 0 & 3 & 0 & 0 \\ 0 & 0 & 0 & 0 & 2 & 0 \\ 0 & 0 & 0 & 0 & 0 & 1 \end{bmatrix}$$

其拉普拉斯矩阵 L 为

$$L = \begin{bmatrix} 1 & -1 & 0 & 0 & 0 & 0 \\ -1 & 3 & -1 & 0 & -1 & 0 \\ 0 & -1 & 2 & -1 & 0 & 0 \\ 0 & 0 & -1 & 3 & -1 & -1 \\ 0 & -1 & 0 & -1 & 2 & 0 \\ 0 & 0 & 0 & -1 & 0 & 1 \end{bmatrix}$$

拉普拉斯矩阵具有如下性质。

- 性质 1：为半正定矩阵。
- 性质 2：最小的特征值是 0。
- 性质 3：有 n 个非负实特征值。
- 性质 4：为对称矩阵。
- 性质 5：对于任意向量，满足

$$\boldsymbol{f}^{\mathrm{T}}\boldsymbol{L}\boldsymbol{f} = \frac{1}{2}\sum_{i,j=1}^{n}A_{ij}(f_i - f_j)^2$$

前 4 个性质较易证，证明略。性质 5 的证明如下：

$$\boldsymbol{f}^{\mathrm{T}}\boldsymbol{L}\boldsymbol{f} = \boldsymbol{f}^{\mathrm{T}}\boldsymbol{D}\boldsymbol{f} - \boldsymbol{f}^{\mathrm{T}}\boldsymbol{A}\boldsymbol{f} = \sum_{i=1}^{n}d_i f_i^2 - \sum_{i,j=1}^{n}f_i f_j A_{ij}$$

$$= \frac{1}{2}\left(\sum_{i=1}^{n}d_i f_i^2 - 2\sum_{i,j=1}^{n}f_i f_j A_{ij} + \sum_{j=1}^{n}d_j f_j^2\right) = \frac{1}{2}\sum_{i,j=1}^{n}A_{ij}(f_i - f_j)^2$$

此外，还有一种更为常用的拉普拉斯矩阵形式是正则化的拉普拉斯矩阵（Symmetric Normalized Laplacian），定义为

$$\boldsymbol{L}^{\mathrm{sym}} = \boldsymbol{D}^{-1/2}\boldsymbol{L}\boldsymbol{D}^{-1/2} = 1 - \boldsymbol{D}^{-1/2}\boldsymbol{A}\boldsymbol{D}^{-1/2}$$

6.3.2 谱聚类算法概述

6.3.2.1 目标函数

本节将详细定义和介绍常用的图划分目标函数。k 路划分问题旨在通过消除图中的边来产生 k 个连接的子图。其目标是产生被 k 个连接的子图表示的互相分离的簇。在选择要消除的边集时可以考虑几个不同的准则，下面将介绍其中一些准则及其优点和局限性。

1. 最小分割问题

k 路最小分割问题定义如下：

$$\min_{\pi^k \in \Pi} \mathrm{cut}(\pi^k)$$

其中

$$\mathrm{cut}(\pi^k) = \frac{1}{2}\sum_{i=1}^{k}W(C_i, \bar{C}_i)$$

该问题旨在最小化来自不同簇的顶点的边权重之和。Wu 和 Leahy 观察到，在许多测试图中，这个问题的解是具有孤立顶点的分区。为了解决这个限制，研究者们提出了考虑其他方面的表达式。例如，可以考虑用一些下界和上界来限定分区 P_k 的簇大小。在

这种情况下，可以向 k 路最小分割公式中添加一组约束：$L_i \leq |C_i| \leq U_i$，其中 L_i 和 U_i 分别是第 i 个簇的下界和上界，$|C_i|$ 是簇 C_i 中的顶点数。

2. 最小比例分割问题

有一种避免在簇中找到孤立顶点的算法，考虑用最小分割公式除以每个簇中的元素数量。这种表达式最初是为了解决双分区问题而提出的，也称为二分比例分割问题。后来，通过与加权二次放置问题的联系，这种表达式被推广为 k 路最小比例分割问题。k 路最小比例分割问题的表达式如下：

$$\min_{\pi^k \in \Pi^k} \text{ratiocut}(\pi^k)$$

其中

$$\text{ratiocut}(\pi^k) = \frac{1}{2} \sum_{i=1}^{k} \frac{W(C_i, \bar{C}_i)}{|C_i|}$$

3. 最小归一化分割问题

k 路最小分割问题的替代算法是将总和 $W(C_i, \bar{C}_i)$ 分割为簇 C_i 内对象的顶点度数之和，即 $\text{vol}(C_i) = \sum j, j \in C_i$。这个问题称为 k 路最小归一化分割问题，如下所示：

$$\min_{\pi^k \in \Pi^k} \text{NCut}(\pi^k)$$

其中

$$\text{NCut}(\pi^k) = \frac{1}{2} \sum_{i=1}^{k} \frac{W(C_i, \bar{C}_i)}{\text{vol}(C_i)}$$

k 路最小归一化分割问题是从分区的归一化关联和分离度量之间的关系推导出来的。前者度量了分区中每个簇内顶点之间的平均连接性，而后者度量了分区的切割成本相对于图中所有顶点的切割边连接的百分比。可以证明的是，找到最小化簇间分离度的分区问题与找到最大化每个簇内关联度的分区问题是等价的。

4. 最大最小分割问题

最小最大分割公式旨在最小化簇间相似性，并最大化簇内相似性，最大最小分割问题的定义如下：

$$\min_{\pi^k \in \Pi^k} \text{MinMaxCut}(\pi^k)$$

其中

$$\text{MinMaxCut}(\pi^k) = \sum_{i=1}^{k} \frac{W(C_i, \bar{C}_i)}{W(C_i, C_i)}$$

6.3.2.2 谱聚类的基本概念

谱聚类是图聚类中通用的算法。在谱聚类中定义了"截"函数的概念,当一个网络被划分成为两个子网络时,"截"即指子网络间的连接密度。谱聚类的目的就是要找到一种合理的分割,使得分割后形成若干子图,连接不同的子图的边的权重尽可能低,即"截"最小,同子图内的边的权重尽可能高。

从图论的角度来说,聚类问题可以看成图的分割问题。即给定一个图 $G = (V, E)$,顶点集 V 表示各个样本,带权的边表示各个样本之间的相似度,谱聚类的目的便是要找到一种合理的分割的方法,使得分割后形成若干子图,连接不同子图的边的权重(相似度)尽可能低,同子图内的边的权重(相似度)尽可能高。把图的顶点集分割为不相交的子图,有多种算法,如 Ratio Cut, Normalized Cut 等。目的是要让被割掉各边的权值和最小,因为被割掉的边的权值和越小,代表被它们连接的子图之间的相似度越小,隔得越远,而相似度小的子图正好可以从中"一刀切断"。

谱聚类根据图上顶点之间的关系(关系度量方式:ϵ 邻域图,k 近邻图,全连接图)构建一个邻接矩阵 W 来描述各个顶点之间的相似度:

$$W = \begin{bmatrix} w_{11} & w_{12} & \cdots & w_{1m} \\ w_{21} & w_{22} & \cdots & w_{2m} \\ \vdots & \vdots & & \vdots \\ w_{m1} & w_{m2} & \cdots & w_{mm} \end{bmatrix}$$

由顶点之间关系的对称性可知,矩阵 W 是对称矩阵。现在,我们希望学习到顶点的向量表示,使得相似度越大的两个顶点 i, j 的向量表示差异尽可能小,因此定义如下损失函数:

$$\min \sum_{i,j=1}^{m} w_{ij} \frac{\left| x_i - x_j \right|^2}{\left| x_i \right| \left| x_j \right|}$$

即当 w_{ij} 越大时,相似度越大,$\left| x_i - x_j \right|^2$ 应尽可能小。上式经过如下变换可以得到谱聚类与拉普拉斯矩阵的关系:

$$\begin{aligned} \frac{1}{2} \sum_{i,j=1}^{m} w_{ij}(x_i - x_j)^2 &= \frac{1}{2} \left(\sum_{i=1}^{m} \sum_{j=1}^{m} w_{ij} x_i^2 - 2 \sum_{j=1}^{m} w_{ij} x_i x_j + \sum_{i=1}^{m} \sum_{j=1}^{m} w_{ij} x_j^2 \right) \\ &= \sum_{i}^{m} d_i x_i^2 + \sum_{j=1}^{m} d_i x_i^2 - 2 \sum_{i,j=1}^{m} w_{ij} x_i x_j \\ &= \sum_{i=1}^{n} d_i x_i^2 - \sum_{i,j=1}^{n} w_{ij} x_i x_j \\ &= \mathrm{tr}(DXX^{\mathrm{T}}) - \mathrm{tr}(WXX^{\mathrm{T}}) \\ &= \mathrm{tr}(X^{\mathrm{T}}DX) - \mathrm{tr}(X^{\mathrm{T}}WX) \\ &= \mathrm{tr}(X^{\mathrm{T}}LX) \end{aligned}$$

其中，tr()表示矩阵的迹(主对角线上各个元素的总和)，d_{ij}是第 i 行、第 j 列按行、按列求和的结果，如此定义的矩阵 D，为 W 按行、按列求和的对角矩阵，矩阵如下：

$$D = \begin{bmatrix} d_{11} & 0 & \cdots & 0 \\ 0 & d_{21} & \cdots & 0 \\ \vdots & \vdots & & \vdots \\ 0 & 0 & \cdots & d_{mm} \end{bmatrix}$$

不难发现，矩阵 X 的每一项只可能是 0 或 1，所以 $D–W$ 是一个拉普拉斯矩阵。目标函数为

$$\min \mathrm{tr}(X^{\mathrm{T}}LX)$$
$$\leftrightarrow \sum_{i=1}^{K} X_k^{\mathrm{T}}LK_k = \sum_{i=1}^{K} LK_k X_k^{\mathrm{T}}$$
$$\mathrm{s.t.} \quad X^{\mathrm{T}}X = I$$

其中，$X_k \in \mathbb{R}^{m \times 1}$，表示所有样本在 k 维空间构成的向量，由 $X^{\mathrm{T}}X = I \rightarrow X_k^{\mathrm{T}}X_k = 1$，所以目标函数右乘 X_k，有

$$\sum_{i=1}^{K} LX_k = \lambda X_k$$

因此，最小化目标函数等价于 L 的前 K 个最小特征值之和，对应的 X 为前 K 个最小特征值对应的特征向量。所以，目标函数求解问题转变为特征向量求解问题。

得到图顶点的向量表示之后，就可以采用常用的聚类算法进行聚类，如 K-means 算法等。

谱聚类算法的流程总结如下：

● 确定图上顶点关系度量，得到相似度度量矩阵；
● 根据相似度度量矩阵得到拉普拉斯矩阵；
● 对拉普拉斯矩阵求解前 K 个最小特征值对应的特征向量，即顶点的向量表示；
● 采用聚类算法对顶点向量进行聚类。

如前所述，解决图划分问题的另一种方法是谱聚类。对图划分问题的适当松弛使得可以探索其拉普拉斯矩阵和邻接矩阵的特征值和特征向量性质。这种方法的一个优点是可以定义目标函数的上界或下界。谱聚类在计算机视觉、VLSI 设计和蛋白质结构聚类检测等领域的数据聚类中取得了一些好的结果。

谱聚类算法可以分为两种：递归的二分谱聚类算法和直接的 k 路谱聚类算法。前者找到图 G 的拉普拉斯矩阵的 Fiedler 特征向量，并递归地将 G 划分为 k 路。后者使用前 d 个特征向量，通过一些启发式算法直接找到一个划分。

6.3.2.3 多路划分问题

多路划分问题要比两路划分问题复杂得多，而且是 NP 难问题。在多路划分问题中，

我们希望将图划分为 k 部分，以使边的总权重最小，其中边的两端位于不同的分区中。

接下来介绍一些基于谱聚类的多路划分算法。

1. MELO

MELO（多特征向量线性排序）是用于解决 k 路最小分割问题的算法，该算法基于将 k 路最小分割问题归约为向量划分问题。向量划分问题是在一组向量 Y 中寻找 k 路划分 $P_i = \{P_1, \cdots, P_k\}$，其中使用下界和上界来限定集合 P_i 的大小，$1 \leqslant i \leqslant k$。要优化的函数如下：

$$f(P_k) = \sum_{j=1}^{k} \left\| Y_j \right\|^2, \quad 其中 \quad Y_j = \sum_{y \in P_j} y$$

这个函数可以被最小化（最小-总和向量划分问题）或最大化（最大-总和向量划分问题）。为了进行转化，k 路最小分割问题被重新定义为

$$\max_{\pi^k} nH - \mathrm{cut}(\pi^k)$$

其中

$$H \geqslant \lambda_n, \mathcal{L}_i \leqslant |C_i| \leqslant \mathcal{U}_i, 1 \leqslant i \leqslant k$$

接下来，算法定义了一个经过缩放的 $n \times d$ 维的特征向量矩阵 $V_d = [v_{ij}]$，其中：

$$v_{ij} = u_{ij} \sqrt{H - \lambda_j}$$

而 $U = [u_{ij}]$（$n \times d$ 维）是由图 G 的拉普拉斯矩阵 L 的前 d 个特征向量组成的矩阵，其中每一列代表一个特征向量。

考虑 $P = \{y_1^n, \cdots, y_n^n\}$，其中 y_i^n 是 V_d 的第 i 行，算法证明了对于任意 i（从 1 到 n），当且仅当 $y_i^d \in P_l$ 时，有 $nH - \mathrm{cut}(\pi^k) = f(P_k)$。

基于这个转化，研究者们提出了一种基于线性排序的贪婪算法，名为 MELO。在线性排序步骤之后，MELO 通过使用动态规划过程生成 k 路最终划分，算法的伪代码如下：

```
MELO Algorithm
1    Input: A graph G = (V, E); the number of desired clusters, k;and
the number of eigenvectors to be used,d
2    Construct the matrix of scaled eigenvectors Vd according to (set
P = ∅)
3    Make Y = [ yᵢᵈ ]ₙₓ𝒹, for 1≥i≥n, where yᵈ is the i-th row of Vd
4    or j=1 to n do
5        Find yᵢᵈ,1≥i≥n , that maximizes ‖∑_{y∈P} y + yᵢᵈ‖
6        Add yᵢᵈ to P and remove yᵢᵈ from Y
7        Label vᵢ as the j-th vertex in the ordering
```

```
    8    end for
    9    Find the final k-way partition using the linear ordering found in
the previous steps and the strategy proposed by Alpert and Kahng (1994)
    10   Output: The final partition
```

MELO 算法的复杂度为 $O(d \times n^2)$，其中有两个需要设置的参数：d 和 H。Alpert 等通过在范围$[1,10]$内使用整数值对 d 进行性能分析。算法得出的结论是无法预测该参数对结果质量的影响。最佳的 d 值取决于问题的配置及选择的 k 值。然而，一般来说，为了找到一个好的划分，需要 $d > k$ 个特征向量。关于参数 H，Alpert 等测试了不同的值，并发现在 $H = k^2 + kd$ 时取得了最佳结果。

2. KNSC

KNSC 是用于解决 k 路最小归一化分割(NCut)问题的算法。KNSC 算法基于广义特征系统的前 k 个特征向量。为了更详细地解释该算法的工作原理，Von Luxburg 定义了二进制矩阵 $X = [x_{ij}]_{n \times k}$，其中 $x_{ij} = 1$，如果 v_i 属于 C_j，则为 1，否则为 0。

通过将 x_j 视为矩阵 X 的第 j 列，可以看出 $x_j^t L x_j = \text{NCut}(C_j, \bar{C}_j)$，式中，t 表示非负约束。此外，可以看出 $X^t D X = I$。因此，k 路 NCut 问题可以按照以下方式重写：

$$\min_{\pi^k \in \Pi^k} \text{tr}(X^t L X), \quad \text{s.t.} \quad X^t D X = I$$

通过放宽 X 的整数条件，令 $Y = D^{1/2} X$。如果考虑到

$$L_N = D^{-1/2} L D^{-1/2} = I - D^{-1/2} W D^{-1/2}$$

则以下问题是 k 路 NCut 问题的一个松弛：

$$\min_{Y \in \mathbb{R}^{n \times k}} \text{tr}(Y^t L_N Y), \text{s.t.} \ Y^t Y = I$$

这个问题的解是将矩阵 L_N 的前 k 个特征向量按列排列得到的矩阵 Y。将 X 替换为 $D^{1/2} Y$ 并考虑到 L_N 的一些性质，问题的解是 $I - D^{-1} W$ 的前 k 个特征向量。Shi 和 Malik 在他们的谱聚类算法中使用了这个结果。他们将 K-means 算法应用于矩阵 Y 的行，其中每一行代表数据集中的一个对象。

KNSC 算法的伪代码如下：

```
KNSC Algorithm
    1    Input: A graph G = (V,E); and the number of desired clusters,k
    2    Find the first k eigenvectors of the generalized Eigensystem(17)
and sort them in the columns of the matrix U. The i-th row of the matrix
U will represent node u from graph G
    3    Apply the K-means algorithm to the matrix U and find a k-way partition
π'k = {C'1, C'2, …, C'n}
    4    Form the final partition assigning every node vi, with 1≥i
```

≥n, to cluster C if the i-th row of U belongs to C'₁ in the partition π'ᵏ

　　5　Output: The final partition

KNSC 的一种改进算法为 KNSC1。与 KNSC 不同，KNSC1 算法中要聚类的特征向量是从拉普拉斯矩阵 $\boldsymbol{L}_N$ 中获得的。算法的伪代码如下：

```
KNSC1 Algorithm
1    Input: A graph G = (V,E); and the number of desired clusters,k
2    Find the first k eigenvectors of the Laplacian matrix L and sort
them in the columns of the matrix U. For matrix U=[uᵢⱼ]ₙ×ₖ from U by
```

$$normalizing\ each\ row\ of\ U\ using\ u_{ij} = u_{ij}' \Big/ \sqrt{\sum_k u_{ik}'^2}$$

```
3    The ith row of the matrix U will represent node u from graph G
4    Apply the k、K-means algorithm to the matrix U and find a k-way
partition π'ᵏ = {C'₁, C'₂, ⋯, C'ₙ}
5    Form the final partition assigning every node, with 1≥i≥n, to cluster
C, if the i-th row of U belongs to C'₁ in the partition π'ᵏ
6    Output: The final partition
```

6.3.3　谱聚类算法的改进

谱聚类在预处理阶段需要进行相似度图的构建，这个过程的准确度和时间复杂度都影响着聚类算法的性能。接下来介绍的几个算法将通过不同的方式对相似度图的构建方法进行改进，使其拥有更高的准确度和更低的时间复杂度。

6.3.3.1　ONGR

随着数据规模的扩大，谱聚类的计算成本会很高，并且会受到后处理性能的限制。为了同时解决这两个问题，研究者提出了一种由正交和非负图形重建表示的新算法 ONGR，它的复杂度与数据大小呈线性关系。ONGR 提供了可解释性，即可以直接获得最终的群集标签而无须进行后期处理。

以前的大多数算法都不能达到很好的聚类效果，因为它们受后期处理性能的限制。例如，K-means 是获取最终聚类标签的常用算法，而 K-means 本身对初始化非常敏感。ONGR 能够摆脱这个额外的步骤，同时能够处理可伸缩性问题。

在谱聚类中，拉普拉斯矩阵的特征向量可以看作松弛的指示向量，但是它缺乏可解释性，因此依赖于后处理。为了摆脱额外的步骤，ONGR 增加了额外的非负约束 t 来获得离散的指标向量。有两个约束的目标函数如下：

$$\min_{\boldsymbol{F}^{\mathrm{T}}\boldsymbol{F}=\boldsymbol{I},F\geqslant 0} \mathrm{tr}(\boldsymbol{F}^{\mathrm{t}}\boldsymbol{L}\boldsymbol{F}) \tag{6-1}$$

由于非负性，式(6-1)提供了可解释性，指标矩阵中的条目直接对应于数据点和聚类之间的关系。约束使得 F 成为一个矩阵，每行只有一个非零的数值，并且每列的 2 范数为 1，式(6-1)很难处理。考虑到计算成本，算法通过提出一个近似模型实现一种循环的方式。可证明上述目标函数可以转化为以下形式：

$$\min_{F^{\mathrm{T}}F=I,F\geq0}\left\|W-FF^{\mathrm{T}}\right\|_F^2 \tag{6-2}$$

$\|\cdot\|_F$ 表示矩阵的 Frobenius 范数：

$$\|A\|_F=\sqrt{\left(\sum_i\sum_j a_{ij}\right)^2}$$

表示 A 全部元素平方和的平方根。

式(6-2)可以看作一种具有正交和非负约束的图的重构。由于数据中通常存在噪声，原始构建的图不具有清晰的结构，而图形重构是学习结构化图形的优化过程。式(6-2)中的目标函数试图通过块对角矩阵重建相似性矩阵。模型最终表述如下：

$$\min_{F^{\mathrm{T}}F=I,G\geq0}\left\|W-FG^{\mathrm{T}}\right\|_F^2+\lambda\left\|F-G\right\|_F^2 \tag{6-3}$$

式中第一项是重建项，第二项是正则化项，为了让 F 和 G 更加相似。λ 是超参数，并且从式(6-3)中可以看出，当 λ 充分大的时候，式(6-3)与式(6-2)相等。与式(6-2)相比，式(6-3)更容易计算，因为式(6-3)的计算成本较低但仍提供了可解释性。从某种意义上说，F 的可解释性被传递给了 G。标签矩阵 G 中的条目可以被认为是数据点和聚类之间的软关系。

为了优化式(6-3)中的非凸问题，可以把它分成两个子问题，来迭代的求解。

一是固定 F 更新 G。通常求解式(6-3)的方法是拉格朗日乘数法和 KKT 条件。但是固定 F 以后仍然有条件 $FF^{\mathrm{T}}=I$ 的限制，因此考虑用另一种简单的方法解决这个最优化问题，通过增加或减少某些约束条件，得到下式：

$$\min_{G\geq0}\left\|W-FG^{\mathrm{T}}\right\|_F^2+\lambda\left\|F-G\right\|_F^2$$
$$\Rightarrow\min_{G\geq0}\mathrm{tr}(G^{\mathrm{T}}G-2G^{\mathrm{T}}WF)+\lambda\mathrm{tr}(G^{\mathrm{T}}G-2G^{\mathrm{T}}F)$$
$$\Rightarrow\min_{G\geq0}\left\|G-\frac{WF+\lambda F}{1+\lambda}\right\|_F^2$$

同理最优解可以写成：

$$G=\frac{WF+\lambda F}{1+\lambda}$$

二是固定 G 更新 F。假设矩阵 $WG+\lambda G$ 的 SVD 分解是 $U\wedge V^{\mathrm{T}}$，$Q=V^{\mathrm{T}}F^{\mathrm{T}}U\in\mathbb{R}^{k\times n}$，当 G 固定的时候，式(6-3)可以写成：

$$\min_{F^T F = I} \left\| W - FG^T \right\|_F^2 + \lambda \left\| F - G \right\|_F^2$$

$$\Rightarrow \max_{F^T F = I} \mathrm{tr}\left(F^T \left(WG + + \lambda G \right) \right)$$

$$\Rightarrow \max_{F^T F = I} \sum_i \wedge_{ii} Q_{ii}$$

由于 $Q = V^T F^T U$，最优解可以写成：

$$F = U[I_k; 0]V^T$$

ONGR 通过计算双随机矩阵的方法来建图，即给定一个数据矩阵 $X = [x_1, x_2, \cdots, x_n]$ 和子集 $X_{sub} = [u_1, u_2, \cdots, u_m]$，可以用下面的方式来表示稀疏矩阵 Z：

$$Z_{ij} = \frac{K_h(x_i, u_j)}{\sum_{j' \in \langle i \rangle} K_h(x_i, u_{j'})}, i = 1, \cdots, n; j \in \langle i \rangle$$

ONGR 算法的伪代码如下：

```
ONGR Algorithm
Input:X = [X₁,X₂,...,Xₙ] , Number of clusters k,m,s,λ
Output: Clustering label Y
1   select m anchors using K-means or random selection;
2   Construct a sparse regression matrix Z
3   Initialize F∈ ℝᵏˣⁿ by left singular vectors of Z;
4   repeat
5       update G
6       update F
7   until converges
8   Find the column index of the largest entry
```

6.3.3.2 PwMC 和 SwMC

基于谱聚类的算法还可以应用在多视图学习中。在多视图聚类问题中，根据视角重要性的不同对每个视角分配合理的权值是十分必要的。如果能在聚类多视图数据的同时学习各视图权重，那么其将是一种非常有效的算法。PwMC (Parameter-weighted Multiview Clustering) 算法基于 Laplacian 秩受限图 (Laplacian Rank Constrained Graph)，可以近似看作构建图的图心 (Centroid)，对于不同视角拥有不同的信任度 (Confidence，即是后文中提到的权值，归一化后也可以看作概率)。PwMC 算法从一个简单的想法开始，即通过引入超参数来学习权值。通过分析这种简单算法的不足之处，该算法提出了一种新的多视图聚类方式，这种方式可以以自学习的方式获得权值。更重要的是，一旦在 PwMC 算法的模型中获得了目标图，即可以对每个数据点直接分配标签，而不需要进行额外的后处理(比如基于 K-means 的谱聚类)。

该算法提出的动机如下:

- 避免后处理聚类操作。基于图的聚类算法,在谱学习中是非常常见的,不过大部分算法都需要在最后一步进行一次 K-means 谱聚类来获得指示矩阵(Indicator Matrix),以获得最终的聚类结果。然而,这步后处理的不确定性会增加性能的不稳定性。PwMC 算法可以通过权值将各视图学习模型组合起来,同时进行图模型学习和聚类,以避免后处理操作。

- 去除超参数 λ。之前提到的自适应权值学习策略中引入了超参数 λ,这个超参数是很难获得的,原因如下:在无监督学习中,各样本都是没有标签的,一般的超参数调整方法如交叉验证是没有用的;这个超参数随着数据集的不同而发生变化,没有一个统一的值。

为了去除超参数 λ 同时使精度损失不太大,人们进一步提出了 SwMC(Self-weighted Multiview Clustering,自权值多视图聚类)算法。

SwMC 算法主要思想是图的聚类。假设有 n 个样本,想要聚为 c 个类,使用基于图的方法,需要构造一个 SM(Similarity Matrix,相似度矩阵),在该算法中,相似度矩阵与图是等价的,表示样本之间的亲缘关系(Affinities)。

将构建的高质量的 SM 作为基于图聚类的输入。不过对于假设问题,所构建的相似度矩阵 $S \in \mathbb{R}^{n \times n}$ 最好恰好具有 c 个连通分量,这样 S 可以直接用于聚类。

基于这个思想,引入 CLR(Constrained Laplacian Rank,受限拉普拉斯秩)方法,给定一个随机 SM 输入:$A \in \mathbb{R}^{n \times n}$,目标 SM(即具有 c 个连通分量的聚类)可通过最小化下式来获得:

$$\min_{S_i \mathbf{1}n=1, S_{ij} \geqslant 0, S \in C} \|S - A\|_F^2$$

其中,S_i 表示矩阵 S 的第 i 行,$S_i \mathbf{1}n=1$,即矩阵 S 第 i 行所有元素和为 1。$S_{ij} \geqslant 0$,表示 S 中每个元素都非负。C 表示所有具有 c 个连通分量的 $n \times n$ 矩阵。

根据图论,对连通分量的限制可以转化为对矩阵秩的限制,即

$$\min_{S_i \mathbf{1}n=1, S_{ij} \geqslant 0, \mathrm{rank}(L_s)=n-c} \|S - A\|_F^2$$

式中,L_s 为拉普拉斯矩阵,$L_s = D_s - (S^T + S)/2$,D_s 指的是度矩阵(Degree Matrix),该矩阵为一个对角矩阵,该矩阵第 i 个对角元素为 $\sum_j (s_{ij} + s_{ji})/2$。

6.4 SCAN 类算法

虽然应用谱聚类可以找到图中一些有用的结构,但它往往无法识别和分离两种特殊的顶点——桥接集群的顶点(桥顶点)和与集群有少量连接的顶点(离群点)。所以,

SCAN(Structural Clustering Algorithm for Networks)类算法为了解决桥顶点和离群点问题而出现。

6.4.1 SCAN 算法

识别桥顶点对研究病毒传播和流行病学等应用是非常重要的，因为桥顶点往往负责传播思想或疾病。相比之下，离群点的影响很小，甚至没有影响，可以将其作为数据中的噪声进行隔离。

SCAN 算法的流程如下：

- 在开始时，将所有的顶点都标记为非分类的，扫描算法对每个顶点进行分类，顶点要么是集群的成员，要么不是集群成员。
- 对于每个尚未分类的顶点，扫描检查其是否是这些顶点的核心。
- 如果顶点是核心，则从这个顶点拓展一个新的集群，否则，将顶点标注为非集群成员。
- 为了找到一个新的集群，从任意核心 v 搜索所有可达顶点，足以找到包含顶点 v 的完整集群。

对于给定的一个有 m 条边和 n 个顶点的图，SCAN 算法首先通过检查图的每个顶点来查找所有结构连接的集群(需要检索所有顶点的邻居)。图结构使用邻接表存储，其中每个顶点都有一个与之相邻的顶点列表，邻域查询的成本与邻域的数量成正比，也就是与查询顶点的程度成正比。SCAN 算法的伪代码描述如下：

```
SCAN Algorithm
Input: Graph G<V, E>, int ε, int μ;
Output:
1   for each unclassified vertex v:
2       if v is a core(ε, μ):
3           generate new clusterID
4           insert all x∈Nε(v) into queue Q
5           while Q is not empty:
6               y = first vertex in Q
7               R = {x∈V | DirREACHε,μ(y, x)};
8               for each x∈R:
9                   if x is unclassified or non-member:
10                      assign current clusterID to x
11                  if x is unclassified:
12                      Q.push(x)
13              Q.pop()
14      else:
```

```
15          label v as non-member
16  for each non-member vertex v:
17          if (∃x, y ∈ Γ(v) (x.clusterID≠y.clusterID)):
18              label v as hub
19          else:
20              label v as outlier
```

算法的总代价是 $O(\deg(v_1)+\deg(v_2)+\cdots\deg(v_n))$，其中 $\deg(v_i)$ 是顶点 v_i 的度，$i=1,2,\cdots,n$。算法的运行时间为 $O(m)$。

如果边的数量未知，那么可以根据顶点的数量推导出算法的运行时间。在最坏的情况下，即每个顶点连接到一个完整图的其他所有顶点上，总代价是 $O(n(n-1))$ 或 $O(n^2)$。

6.4.2　ppSCAN 算法

ppSCAN(Parallelizing Pruning-Based Graph Structural Clustering)算法是一种社区发现/图聚类算法，是 SCAN 算法针对大图数据的优化算法。该算法将 SCAN 算法的计算分解为两个步骤，即角色计算(Role Computing)、核心和非核心聚类(Core And Non-Core Clustering)。为了应用剪枝技术，该算法进一步将每个步骤分成多个阶段，并以无锁的方式并行化每个阶段。

ppSCAN 对 SCAN 算法的优化内容如下。

- 顶点顺序约束：该算法在核心顶点检测聚类中增加了约束 $u < v$，以保证每个无向边 (u,v) 的相似度最多计算一次，核心顶点聚类最多使用一次。
- 线程安全的聚类：
  - 核心集群操作采用 Wait-Free Union-Find(无等待并查集)实现；
  - 对集群 ID 的初始化采用比较和交换操作；
  - 在非核心顶点聚类中采用管线式设计，通过重叠计算局部非核心 ID 和聚类 ID 对，并复制至全局对数组。
- 多阶计算：该算法进一步将大步骤分解为应用剪枝技术的阶段和避免来自并发的工作负载冗余的阶段。
  - 为了应用相似度重用和最小最大剪枝技术，该算法将核心检查分为两个阶段：第一阶段只在 $u<v$ 时进行相似度计算，第二阶段整合所有顶点的角色。
  - 为了充分利用 Wait-Free Union-Find 剪枝技术，该算法将核心聚类分为两个阶段：第一阶段产生没有设置交叉点的核心聚类，第二阶段产生设置交叉点的核心聚类。

以下是 ppSCAN 算法的详细步骤。

- 预处理：ppSCAN 算法首先对图进行预处理。预处理的主要目标是提高后续步骤的效率。预处理包括排序顶点和建立索引等。
- 计算结构相似度：在预处理之后，ppSCAN 算法会计算图中每对顶点的结构相似度。结构相似度是基于两个顶点的邻居顶点的数量和重叠度来计算的。如果两个顶点的结构相似度大于预设的阈值 ε，那么这两个顶点就被认为是结构相似的。

- 发现核心顶点：ppSCAN 算法会根据预设的阈值 ε 和 μ，找出所有的核心顶点。核心顶点是指那些结构相似度大于 ε，并且至少有 μ 个邻居顶点的顶点。
- 构建社区：最后，ppSCAN 算法会根据核心顶点和它们的邻居顶点来构建社区。如果两个核心顶点的结构相似度大于 ε，并且它们有至少 μ 个共享的邻居顶点，那么这两个核心顶点就会被归入同一个社区。

ppSCAN 算法的优点是它能够处理大规模的图，并且能够发现具有复杂结构的聚类。此外，ppSCAN 算法的并行化处理也使得它在处理大规模图时具有很高的效率。然而，ppSCAN 算法也有一些缺点。例如，它的性能依赖于阈值 ε 和 μ 的选择，如果选择不当，可能会导致簇发现的效果不佳，而且 ppSCAN 算法在处理大规模图时需要大量的计算资源。

6.5 深度图聚类

无论是在传统机器学习还是图机器学习中，神经网络都是极为重要的模型。近年来，得益于图神经网络强大的表征能力，深度图聚类取得了长足的进展。

本节将重点介绍图神经网络 (Graph Neural Network, GNN) 和在图神经网络基础上引入卷积操作的图卷积神经网络 (Graph Convolutional Network，GCN)，以及基于 GNN 和 GCN 的一些重要图聚类算法。

深度图聚类的一般流程如图 6.5 所示。具体而言，编码神经网络 F 以自监督方式进行训练，并将顶点嵌入潜在空间中得到的向量 Z。随后，设计的聚类方法 C 可将顶点嵌入向量 Z 分离成几个不相交的聚类。本节将从不同的神经网络和嵌入方法出发，介绍一些典型的 GNN 算法。

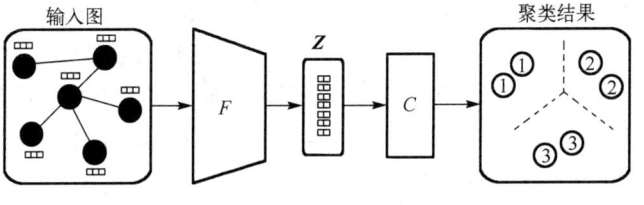

图 6.5 深度图聚类一般流程

6.5.1 图神经网络

GNN 是用于学习包含大量连接的图的联结主义模型。当信息在图的顶点之间传播时，GNN 会捕捉到图的独立性。与标准神经网络不同的是，GNN 会保持一种状态，这个状态可以代表来源于人为指定的深度的信息。

GNN 处理的数据就是图，而图是一种非欧几里得数据。GNN 的目标是学习每个顶点的邻居的状态嵌入，这个状态嵌入是向量且可以用来产生输出，如顶点的标记，如图 6.6 所示。

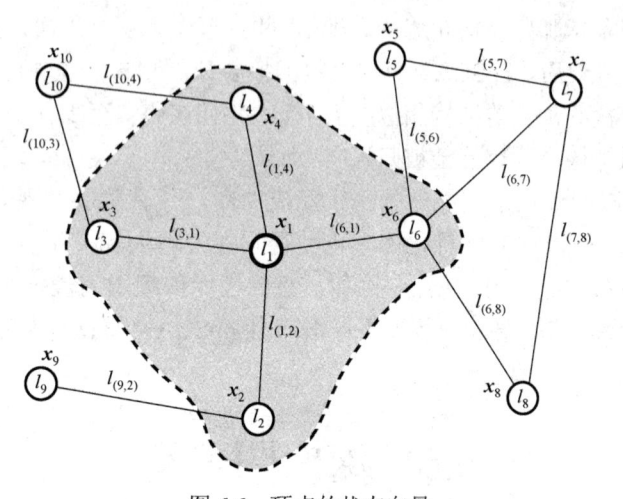

图 6.6　顶点的状态向量

GNN 的来源有二。一是 CNN，CNN 可以提取大量本地紧密特征并组合为高阶特征，但 CNN 只能够操作欧几里得数据。CNN 算法的关键在于局部连接、权值共享、多层使用；二是图嵌入，在低维向量上学习表示图顶点、边或者子图。该思想源于特征学习和单词嵌入，第一个图嵌入学习方法是 DeepWalk，它把顶点看成单词并在图上随机游走，并且在它们上面使用 SkipGram 模型，有关图嵌入的内容将在 6.7 节做更详细的介绍和阐述。

基于以上两种来源，GNN 会在图结构上聚合信息，因此可以对输入/输出的元素及元素间的独立性进行建模。GNN 还可以同时使用循环神经网络 (Recurrent Neural Network，RNN) 核对图上的扩散过程进行建模。

标准神经网络无法解决图输入无序性问题，因为它们将点的特征看成特定的输入；两点之间的边代表着独立信息，在标准神经网络中，这种信息被看成点的信息。而 GNN 可以通过图结构进行传播，而不是将其看成特征；通常而言，GNN 更新隐藏顶点的状态，是通过近邻顶点的权值和来进行的；标准神经网络可以生成合成图像或文档，但无法生成图；而 GNN 则可以生成无结构的数据。

在图结构中，一个顶点可以表示一个对象或概念，而边可以表示顶点之间的关系。GNN 用一个状态向量 x_n 表示顶点 n 的状态，顶点 n 的状态需要用四部分的向量进行计算：顶点 n 的特征向量、邻居顶点的特征向量、邻居顶点的状态向量、边(与 n 相连)的特征向量。

GNN 计算的公式主要包括传播和输出两部分。传播部分主要是用转换函数 f_w 将邻居顶点和边的信息结合在一起，得到当前顶点的状态向量。输出部分用输出函数 o_n 将顶点的特征和状态向量转为输出向量。转换函数和输出函数如下：

$$x_n = f_w(l_n, l_{co[n]}, x_{ne[n]}, l_{ne[n]})$$
$$o_n = g_w(x_n, l_n)$$

对于位置图，在使用转换函数时，需要把邻居顶点的位置信息也包含进来。例如，可以将邻居顶点的特征 $l_{ne[n]}$、状态 $x_{ne[n]}$ 和边的特征 $l_{co[n]}$ 按照位置的顺序排列，然后需要进行填充，把不存在的邻居顶点的位置置为空值。

GNN 仍然存在许多不足，例如，更新顶点的隐藏状态是低效的；在迭代中使用相同的参数，更新顶点隐藏状态是时序的；在边上有一些信息化的特征无法在原始 GNN 中建模；难以学习边的隐藏状态；如果目标是顶点的表示而不是图，使用固定点是不合适的等。因此要想在实际问题或数据集中提升 GNN 的表现，需要对其做出一定的改进，包括图类型的改进、传播步骤的改进和训练方法的改进。

下面主要介绍传播步骤和训练方法的改进。

对 GNN 而言，传播步骤非常重要，它可以获得顶点(边)的隐藏状态。传播步骤使用的方法通常是不同的聚合函数(在每个顶点的邻居收集信息)和特定的更新函数(更新顶点隐藏状态)，下面给出一些常见的传播机制及其功能。

● 卷积操作。在图上的卷积操作通常可以分为谱方法和非谱方法。谱方法在图的谱表示上运行，学习的过滤器是基于拉普拉斯特征权重的，因此与图的结构紧密相关，难以泛化；非谱方法直接在图上定义卷积，对紧密相近的顶点进行操作，主要的挑战是在不同大小的邻居上定义和保持 CNN 的局部变量。非谱方法有点分类和图分类两种。

● 门限机制。在 GNN 中使用门限机制可减少限制并改善长期的图结构上的信息传递。

● 注意力机制。注意力机制已经成功应用于基于时序的任务中，如机器翻译、机器阅读等。图注意网络(Graph Attention Network，GAT)在传播步骤中使用了注意力机制，会通过顶点的邻居来计算顶点的隐藏状态。

● 跳跃连接。许多机器学习的应用都会使用多层神经网络，然而多层神经网络不一定更好，因为误差会逐层累积，最直接定位问题的方法是残差网络，其来自计算机视觉。即使使用了残差网络，多层 GCN 依旧无法像 2 层 GCN 一样表现良好。有一种方法是使用高速路图卷积神经网络(Highway GCN)，它可以像高速路网络一样使用逐层门限。

在训练方法上，原始的 GNN 在训练和优化步骤上有缺陷，它需要完整的全图拉普拉斯，对大图而言计算力消耗大。更多地，L 层上的顶点嵌入是递归计算的。因此，单层顶点是成倍增长的，对顶点的计算消耗巨大。且 GCN 是对每个固定图进行独立训练的，因此泛化能力不好。

以下是四种训练方法改进方式。

● GraphSAGE：将全图拉普拉斯替换为可学习聚合函数，是使用信息传递并生长到未见顶点的关键，GraphSAGE 还使用了邻居采样来避免收接域爆炸。

- FastGCN：FastGCN 对采样算法做了更深入的改进，其对每层直接采样接受域，而非对每个顶点进行邻居采样。
- 基于控制变量的随机逼近：使用顶点的历史激励作为控制随机数，此方法限制接受域为 1 跳邻居，但使用历史隐藏状态作为可接受最优化方法。
- 协同训练 GCN 和自训练 GCN：用于解决 GCN 需要许多额外的有标记数据及卷积过滤器的局部特征的限制，使用此方法来扩大训练数据集，协同训练 GCN 为训练数据找到最近的邻居，自训练 GCN 则采用了类似 boosting 的方法。

总的来说，GNN 应用最重要的两点是 CNN 特征提取和图嵌入降维操作，基于上述操作，再通过一些神经网络必要的训练操作等，可以得到对图的大致表示，然后就可以实现聚类、分类、回归等任务了。GNN 应用也需要防止过拟合和欠拟合，由于图数据通常过大，所以可以采用随机游走的方式来获取图的特征。

6.5.2　图卷积网络

正如 6.5.1 节中所述，对于 GNN 的一个经典改进方法是引入卷积操作，从而得到一种经典图神经网络模型 GCN。

GCN 最早于 2016 年被提出，于 2017 年发表被在国际表征学习大会（ICLR）上。GCN 实现将卷积操作应用到图结构上，如图 6.7 所示，GCN 输入为 C，即顶点 X_i 特征向量的维度，输出为 F，即顶点 Z_i 特征向量的维度，最后用顶点的特征对顶点进行分类预测。

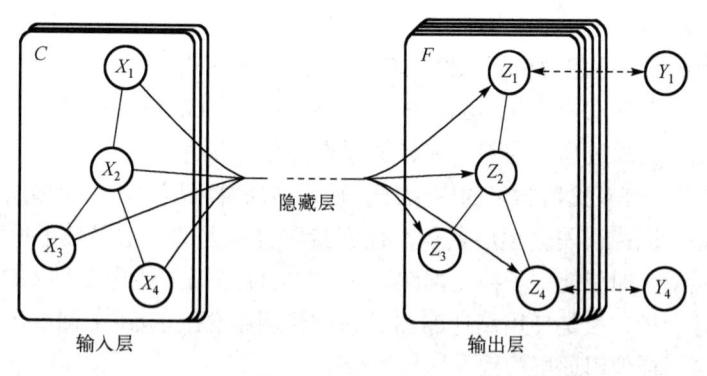

图 6.7　GCN 示意图

GCN 和 CNN 类似，具有强大的特征学习能力，它们的实质也是类似的，即某个点的卷积可以看成对该点邻居的加权求和。图 6.8 为传统图像上的二维卷积，图中每个点表示一个像素，图像的像素也可以看成一种图结构，相邻的像素之间有边连接，而卷积是对像素邻居进行加权平均得到的。

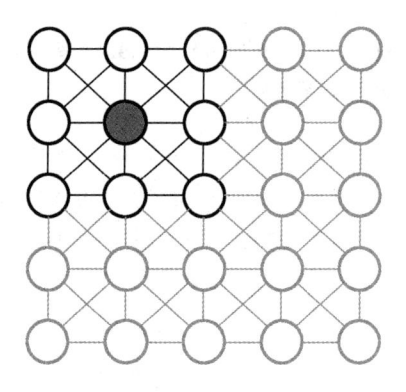

图 6.8　传统图像上的二维卷积

　　而对于图结构，也可以采取类似的方法进行卷积。例如，对图 6.9 中灰色顶点的卷积就等于其邻居顶点的加权平均。

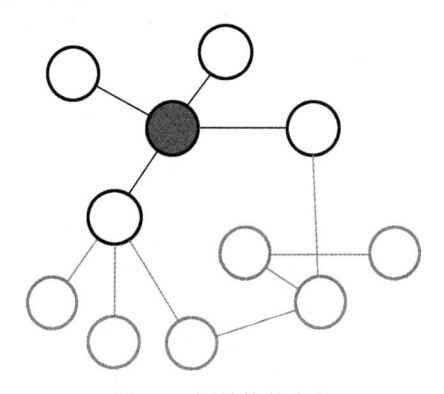

图 6.9　图结构的卷积

GCN 中给出了图卷积的计算公式：

$$H^{(l+1)} = \sigma\left(\tilde{D}^{-\frac{1}{2}} \tilde{A} \, \tilde{D} D^{-\frac{1}{2}} H^{(l)} W^{(l)} \right)$$

$$\tilde{A} = A + I$$

$$\tilde{D}_{ii} = \sum_j \tilde{A}_{ij}$$

其中 $H^{(l)}$ 表示顶点在第 l 层的特征向量，$H^{(l+1)}$ 表示经过卷积后顶点在第 $l+1$ 层的特征向量，$W^{(l)}$ 表示第 l 层卷积的参数，σ 表示激活函数。而由矩阵 A、D 组成的部分是拉普拉斯矩阵，$A+I$ 中的 I 为单位矩阵，即对角线上的元素为 1，其他元素为 0 的矩阵。

　　通过多层 GCN 卷积，就可以提取出每个顶点需要的信息，用于各种分类或分析。要理解卷积公式，就要认识到对图像中某一个像素进行卷积，实际上是对该像素及邻居像素进行加权求和，那么在图结构中，对某一个顶点进行卷积就应该是对该顶点和其邻居顶点进行加权求和。

　　首先，考虑最简单的图卷积操作，公式如下：

$$H^{(l+1)} = f(H^{(l)}, A) = \sigma(AH^{(l)}W^{(l)})$$
$$H^{(0)} = X \in \mathbb{R}^{n \times d}$$

上面的公式中，W 为卷积变换的参数，可以训练优化。A 矩阵为邻接矩阵，A_{ij} 不为 0 则表示顶点 i，j 为邻居。H 为所有顶点的特征向量矩阵，每一行是一个顶点的特征向量，$H(0)$ 就是 X 矩阵。A 和 H 的乘积其实就是把所有的邻居顶点向量相加，如下所示：

$$\begin{bmatrix} 0 & 1 & 1 & 0 \\ 1 & 0 & 0 & 0 \\ 1 & 0 & 0 & 1 \\ 0 & 0 & 1 & 0 \end{bmatrix} \begin{bmatrix} 1 & 1 & 1 & 1 & 1 \\ 2 & 2 & 2 & 2 & 2 \\ 3 & 3 & 3 & 3 & 3 \\ 4 & 4 & 4 & 4 & 4 \end{bmatrix} = \begin{bmatrix} 5 & 5 & 5 & 5 & 5 \\ 1 & 1 & 1 & 1 & 1 \\ 5 & 5 & 5 & 5 & 5 \\ 3 & 3 & 3 & 3 & 3 \end{bmatrix}$$

上述邻接矩阵中，顶点 1 和顶点 2、3 为邻居，则 A 和 H 的乘积中，顶点 1 的特征向量就由顶点 2、3 特征向量加和得到，即 [2,2,2,2,2]+[3,3,3,3,3]=[5,5,5,5,5]。得到 A 和 H 的乘积后，将其再和 W 相乘，最后经过激活函数 σ 得到下一层顶点的特征向量。

但是上面的公式存在一些问题，通过 A 和 H 的乘积，我们只获得了某个顶点的邻居信息，而忽略了顶点本身的信息。为了解决这个问题，可以将矩阵 A 中对角线元素的值设为 1，即每个顶点会指向自身，得到新的卷积公式如下：

$$H^{(l+1)} = \sigma\left(\tilde{A}H^{(l)}W^{(l)}\right)$$
$$\tilde{A} = A + I_N$$

使用上面的卷积公式即可把顶点自身的信息也考虑进去，但是这个公式仍然存在问题：矩阵 A 没有归一化，AH 会把顶点所有邻居的向量都相加，这样经过多层卷积后向量的值会很大。因此需要对矩阵 A 进行归一化，归一化要用到图的度矩阵 D，可以直接使用矩阵 D 的逆和 A 相乘，如下：

$$A = D^{-1}A$$
$$A_{ij} = \frac{A_{ij}}{d_i}$$

但是使用上面的归一化公式得到的 A 不是对称矩阵，通常使用对称归一化的方法：

$$A = D^{-\frac{1}{2}}AD^{-\frac{1}{2}}$$
$$A_{ij} = \frac{A_{ij}}{\sqrt{d_i}\sqrt{d_j}}$$

把上面的优化方法结合在一起，可得到 GCN 的卷积公式。

6.5.3 自适应图卷积方法

虽然近年来的几种图卷积的聚类方法在一些真实的属性网络上取得了良好的聚类性能，但是现有方法都是低阶的，只考虑每个顶点的邻居，或者两三跳之外的顶点，没有利用顶点关系，忽略了图的深度。而自适应图卷积方法(Adaptive Graph Convolution，AGC)从两方面进行了改进，一是从图信号处理谱图理论的角度来理解 GNN，增强聚类效果，二是利用高阶图卷积选择全局聚类结构。

相邻的顶点往往在同一个类中，如果相同类中的顶点拥有相似的顶点特征，那么做顶点聚类就简单很多。AGC 不像传统 GCN 一样采用多层叠加，而是设计一个 k 阶的图卷积，对顶点特征做低通滤波，获得平滑的特征表示。k 可以通过类内距离自适应选择。

AGC 是针对属性图聚类问题提出的自适应图卷积方法，主要思想是运用高阶图卷积来捕获图的全局簇结构特征，并且对不同的图来自适应地选择合适的阶数。AGC 在各类数据集上的效果基本均优于当前的基准，下面详细介绍 AGC 算法的推导与应用。

给定无向图 $G=(V,E,\boldsymbol{X})$，其中 V,E 分别表示顶点集 $\{v_1,v_2,\cdots,v_n\}$ 和边集，$\boldsymbol{X}$ 是表示所有顶点的特征矩阵，$\boldsymbol{X}=[x_1,x_2,\cdots,x_n]^{\mathrm{T}}\in\mathbb{R}^{n\times d}$，$\boldsymbol{A}$ 表示邻接矩阵，$\{a_{ij}\}\in\mathbb{R}^{n\times n}$。属性图聚类的目标是将图 G 中的顶点划分到 m 个不同的簇中，有 $C=\{C_1,C_2,\cdots,C_m\}$。

图卷积的公式可以表达为以下形式：

$$\bar{f}=Gf$$

其中 $\boldsymbol{f}$ 表示图信号，$\bar{f}$ 表示过滤后的图信号，可以理解为图顶点特征矩阵 $\boldsymbol{X}$ 中的一列；$\boldsymbol{G}$ 表示基于拉普拉斯矩阵的一个线性的图滤波器 $\boldsymbol{G}=Up(\Lambda)U^{-1}\in\mathbb{R}^{n\times n}$，其中归一化的拉普拉斯矩阵特征分解矩阵 $\boldsymbol{L}_s=U\Lambda U^{-1}$，$\Lambda=\mathrm{diag}(\lambda_1,\cdots,\lambda_n)$，$\boldsymbol{U}=[u_1,\cdots,u_n]$，$p(\Lambda)=\mathrm{diag}(p(\lambda_1),\cdots,p(\lambda_n))$ 表示傅里叶变换的频率响应函数。所以图信号可以使用拉普拉斯矩阵的特征向量为一组基进行表示：

$$\boldsymbol{f}=Uz=\sum_{q=1}^{n}z_q u_q$$

其中，$\boldsymbol{z}=[z_1,\cdots,z_n]^{\mathrm{T}}$ 表示这组基的系数，因此图卷积公式可以重写成：

$$\bar{f}=Gf=Up(\Lambda)U^{-1}\cdot Uz=\sum_{q=1}^{n}p(\lambda_q)z_q u_q$$

为了过滤掉图中的高频信号并保留低频信号，频率响应函数 p 应该是递减且非负的，算法就设计了一种图的低通滤波器，令 $p(\lambda_q)=1-\dfrac{1}{2}\lambda_q$，注意：拉普拉斯矩阵的特征值范围为 $[0,2]$，所以才可以定义这种线性函数。图滤波器 G 的形式变化为

$$G = Up(\Lambda)U^{-1} = U\left(I - \frac{1}{2}\Lambda\right)U^{-1} = I - \frac{1}{2}L_s$$

对于图中所有顶点特征进行卷积的计算公式可以表示为

$$\bar{X} = GX = \left(I - \frac{1}{2}L_s\right)X$$

算法中提出的滤波器和三代图卷积 GCN 的不同点主要在于：GCN 的一阶近似滤波器 $G = I - L_s$，其中 $p(\lambda_q) = 1 - \lambda_q$ 不是低通滤波的，因为在 (1,2] 特征值区间内，频率响应函数是负的。

二代图卷积的思路是使用 K 阶多项式来近似表示频率响应函数：

$$g_\theta(\Lambda) \approx \sum_{k=0}^{K-1} \theta_k \Lambda^k$$

三代图卷积直接使用一阶来近似卷积，然后通过训练和堆叠卷积层来达到多阶的效果。

传统的图卷积都是通过训练来学习卷积核参数的，而 AGC 直接自定义了低通图滤波器 G，即图卷积核参数。

综上所述，算法中提出的方法不需要训练顶点的嵌入，直接通过拉普拉斯矩阵进行平滑操作就可以得到顶点的嵌入。

接下来就是使用多阶图卷积来捕获图全局，根据上述的一阶图卷积公式，可得 k 阶图卷积的公式如下：

$$\bar{X} = GX = \left(I - \frac{1}{2}L_s\right)^k X$$

对应的图滤波器和频率响应函数为

$$G = \left(I - \frac{1}{2}L_s\right)^k = U\left(I - \frac{1}{2}\Lambda\right)^k U^{-1}$$

$$p(\lambda_q) = \left(1 - \frac{1}{2}\lambda_q\right)^k$$

顶点特征的 k 阶迭代的计算公式如下：

$$\bar{x}_i^{(0)} = x_i$$

$$\bar{x}_i^{(1)} = \frac{1}{2}\left(\bar{x}_i^{(0)} + \sum_{(v_i,v_j)\in\varepsilon} \frac{a_{ij}}{\sqrt{d_i d_j}}\bar{x}_j^{(0)}\right)$$

$$\bar{x}_i^{(k)} = \frac{1}{2}\left(\bar{x}_i^{(k-1)} + \sum_{(v_i,v_j)\in\varepsilon} \frac{a_{ij}}{\sqrt{d_i d_j}}\bar{x}_j^{(k-1)}\right)$$

虽然 k 阶图卷积可以让附近的顶点具有相似的特征表示，但是 k 并不是越大越好，k 太大会导致过度平滑，不同类间的顶点特征会混合，无法区分。例如，当 $k=1$ 时，还无法分辨出类间结构，但是当 $k=12$ 时，类间就已经显现出了清晰的结构，然而 $k=100$ 时不同集群的顶点就已经混合在一起了。因此考虑用类内距离表示顶点的一种性质，即紧凑性。

一个好的类划分应该是类间距离大，类内距离小的，划分策略是先找到一个局部最小值，然后从 $k=1$ 开始逐渐增加 k，一旦类内距离 intra$[C(t)]$ 的值开始增大，就立即停止迭代，选择 $k=t-1$。

AGC 算法的伪代码可以描述如下：

```
AGC Algorithm
Input: Node set V, adjacency matrix A, feature matrix X, and max-imum
iteration number max_iter
Output: Cluster partition C
1    Initialize t = 0 and intra(C(0)) = +∞.Compute the symmetrically
normalized graph Laplacian Ls=I-D^{-1/2}AD^{-1/2} where D is the degree matrix
of A;
2    repeat
3        Set t= t+1 and k=t;
4        Perform k-order graph convolution and get X̄;
5        Apply the linear kernel K = X̄X̄^T, and calculate the similarity
matrix W =(|K|+|K^T|);
6        Obtain the cluster partition C(t) by performing spectral
clustering on W;
7        Compute intra[C(t)];
8    until d_intra(t-1)>0 or t>max_iter;
9    Set k = t-1and C = C(t-1);
```

AGC 虽然效果很好，但也存在问题，即顶点原始特征经过算法定义的图卷积 AGC 后，顶点特征维度并没有任何变化，因此就不太适用于高维度特征图，只能工作于低维度特征图中。此外，图聚类中簇数量如何选择这个根本问题仍没有解决。

6.5.4　不同输入图的处理

图的顶点聚类会由于输入图的不同而有不同的处理方法，因此厘清输入图的种类和处理方式有助于更清晰地认识图聚类问题。现有的深度图聚类方法的输入图可分为四种类型：纯结构图、属性图、异构图和动态图，每种图都有不同的特点和对应的处理方式，这些图的定义如下。

定义 1　纯结构图(Pure Structure Graph)。

如图 6.10 所示，在纯结构图 $G_S = (V,E)$ 中，$V = \{v_1, v_2, \cdots, v_n\}$ 是包含 K 个类的 n 个顶点的集合，E 是一组包含 M 条边的集合。用矩阵形式表示，纯结构图可以由矩阵 $A \in \mathbb{R}^{n \times n}$ 表示。这里，如果第 i 个顶点连接到第 j 个顶点上，则 $A_{ij} = 1$，如果第 i 个顶点不连接到第 j 个顶点上，则 $A_{ij} = 0$。

定义 2　属性图(Attribute Graph)。

与纯结构图相比，属性图 $G_A = (V,E,X)$ 中附加了顶点的属性信息。$X \in \mathbb{R}^{n \times d}$ 表示属性矩阵，其中 d 是顶点属性的维度数。属性图由邻接矩阵 $A \in \mathbb{R}^{n \times n}$ 和属性矩阵 X 表示，如图 6.11 所示。

定义 3　异构图(Heterogeneous Graph)。

如图 6.12 所示，在一个图中，将顶点和边的类型数分别表示为 T_n 和 T_e。异构图 G_H 满足 $T_n + T_e > 2$，即它包含多种类型的顶点和/或多种类型的边。否则，异构图是一个同质图。

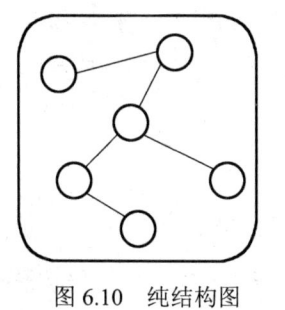 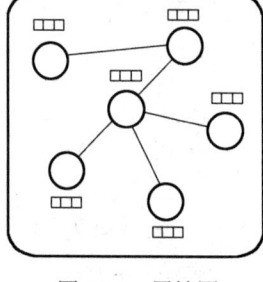 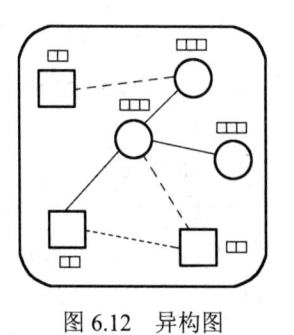

图 6.10　纯结构图　　　　图 6.11　属性图　　　　图 6.12　异构图

定义 4　动态图(Dynamic Graph)。

如图 6.13 所示，动态图 $G_D = \{G(1)_D, \cdots, G(t)_D, \ldots, G(T)_D\}$ 会随着时间动态变化，其中 t 是时间步长。

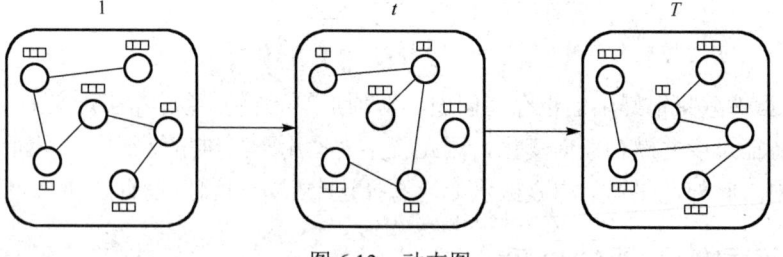

图 6.13　动态图

纯结构图相对较容易处理，因为它只包含结构信息。例如，在早期的研究中，一般使用稀疏自编码器通过结构嵌入进行编码。此外，可以在图中应用随机游走，并使用堆叠去噪自编码器对图结构进行嵌入。对于属性图，额外的属性信息往往会带来更多的处理操作和性能改进。例如，可以将属性与图结构整合，使用图卷积操作。此外，还可以将属性嵌入并传递到 GCN 层中，通过传递运算符实现。属性-结构融合机制也有一定的有效性。异构图更复杂，因为它可能包含不同类型的顶点和边。为了处理异构图，可以采用元路径技术，也可以将其视为多视图。动态图随时间动态变化，增加了聚类的难度。为了解决这个问题，可以使用增量学习的方式进行图聚类。也可以采用变体的门控循环单元(GRU)来捕捉时序信息。

6.6　属性图的聚类

上面介绍的图的聚类和社区检测主要关注没有属性的图。然而，这些模型只提供了对真实世界的部分表示，在实际应用中，通常使用顶点属性来描述参与者的特征，使用边属性来表示它们之间不同类型的关系。我们将这些模型称为带属性的图，简称属性图。因此，现有的图聚类方法可以扩展为可以处理边和顶点属性的方法。本节将主要介绍针对属性图的聚类方法，分为边属性图聚类和顶点属性图聚类。

6.6.1　属性图聚类概述

社会网络分析和社会科学研究人员长期以来已经意识到，在社交图之上表示额外信息具有很大的潜在价值，并且在使用简单顶点和边来表示复杂社交互动时可能导致准确性的损失。真实世界的图(网络)往往与顶点相关联。例如，在社交网络(如Facebook、Google 和 Twitter)中，除用户的友谊关系之外，还有他们的个人信息，如兴趣、年龄、居住地等；蛋白质在蛋白质交互网络中，除它们自身的相互作用关系之外，它们还可能与基因表达相关联。属性图中，顶点表示实体，边表示它们之间的关系，属性描述它们自己的特征。例如，图 6.14 突出显示了属性图可以帮助人们对社交互动有更深入的理解。

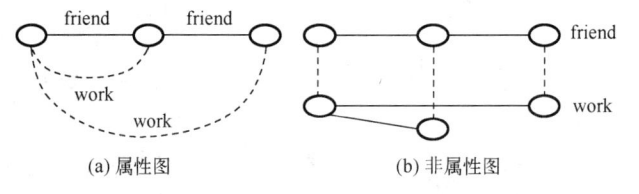

(a) 属性图　　　　　　　　(b) 非属性图

图 6.14　属性图与非属性图对比

由于属性图具有边属性和顶点属性，因而我们可以很自然地将属性图聚类问题分为两类，即边属性图聚类和顶点属性图聚类。此外，属性和边通常提供互补信息，既不能根据顶点的属性推断顶点之间的关系，也不能反过来用边来推断顶点的属性。

属性和边这两种类型的信息都对于在属性图中检测聚类很有价值。传统的属性图聚类方法考虑所有属性来计算相似性。一些属性可能与边的结构无关，因此聚类只存在于属性的子集(子空间)中。目前，人们已经提出了几种在属性图中检测子空间聚类的方法，如 CoPaM 和 SSCG。CoPaM 使用各种修剪策略在属性的子空间中查找最大的连贯模式。其主要问题是它输出了大量的只有少数顶点或属性的聚类,这使得数据分析师不知所措。

SSCG 需要对图的拉普拉斯矩阵进行特征分解，并在每次迭代中更新依赖于子空间的权重矩阵，这对于大规模图来说是不可扩展的。因此，目前如何在属性图中有效地找到聚类仍然是一个巨大的挑战。

6.6.2　边属性图聚类

边属性图聚类是指通过表示个体之间不同类型的边，扩展图模型并向聚类算法提供额外信息的方法。例如，在图 6.14(a) 中，可以看到最左边两个顶点之间的关系包括表示友谊和工作的边。

研究者们已经使用了多种不同的模型来表示这种情况，有时模型会强调不同个体在不同网络中扮演的不同角色。在图 6.14 中，可以观察到相同数据的两种替代表示形式，一种是多重图，一种是互联的图集合。前者有时又称为多重网络，侧重于具有复杂关系的单个顶点集，后者强调同一个顶点可以属于多个(社交)图，也称为层。

尽管在例子中非常相似，但这两种表示强调了边属性图的不同方面。如果不同的算法基于不同的表示，将会影响算法的特性。使用第一个表示模型的研究人员主要专注于将不同的边类型简化为单个边，而使用第二个表示模型的研究人员则寻找跨越不同层和依赖于边类型的多个聚类中的顶点。

处理边属性图的一种基本方法是将其展平，重新构建一个单一的加权图，以便间接应用现有的聚类方法。这种方法如图 6.15 所示，其不仅限于聚类，还可以应用于在加权图上定义的任何操作中。权重可以直接计算，使得两个顶点之间的边的权重与直接连接两个顶点的图的数量成比例。

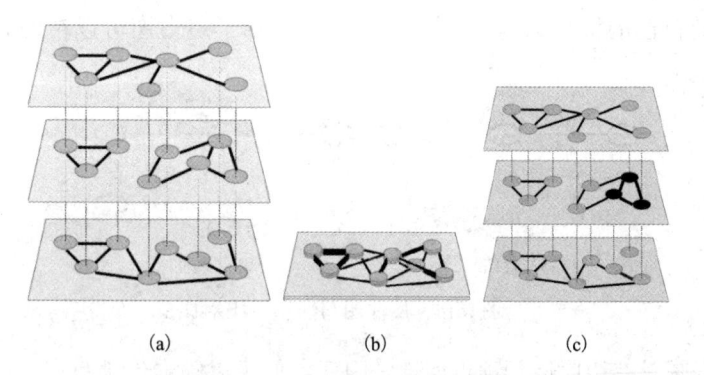

(a)　　　　　　　(b)　　　　　　　(c)

图 6.15　处理边属性图的方法

展平操作如下：对于边属性图 G_i，将其展平得到一个加权图 (E_f, V_f, w_f)，其中 $E_f = \cup E_i$，$V_f = \cup V_i$，$w_f(u,v) = |\{i \mid (u,v) \in E_i\}| / N$，$N$ 是图的总数。

此外，还可以通过子图挖掘算法中基于 Clique 的算法进行边属性图聚类，一个(最大)簇明显对应一个聚类。然而，在真实数据中很难找到大的簇，因为只要有一条边不存在，簇就会被破坏。在社交图中，边缺失的可能原因很多，例如，未报告的数据或者在一个紧密的群体中可能存在两个个体彼此不合得来。因此，当将聚类应用于社交图中时，更明智的做法是寻找更宽松的结构——准团。

准团聚类方法最初是针对通用图数据库开发的，并没有专注于社交图的应用领域。在这个特定领域中，尽管我们可以认为跨越所有图的聚类代表了一个强大的全局聚类，但一组在少数特定图上共享大量边的顶点也可能标识出一个感兴趣的聚类。例如，我们可能发现一组人去同一所学校并加入同一支篮球队。这是一种强关系，不应受到其他关系的负面影响，它们不形成一个群体。然而，向属性图中添加其他边类型(对应于将新图添加到多层图结构中)将减少它们的支持。

6.6.3 顶点属性图聚类

顶点属性图聚类旨在检测在图中位置和属性上具有共同特征的顶点组。大多数解决这个问题的方法都基于分区和同质性：顶点可以属于一个组且仅属于一个组，同一组中的顶点必须在属性上具有相同的值。还有一些其他方法可以生成重叠的聚类，如通过考虑属性的不同组合，这种方法通常称为子空间聚类。

顶点属性图同样具有多种不同的表示方法。社交网络模型具有多个维度：结构维度、组成维度和从属维度等。从属信息通常指已知的群组，但它也可以表示通过聚类过程发现的群组成员资格。顶点属性图的两个主要选项如图 6.16 所示。

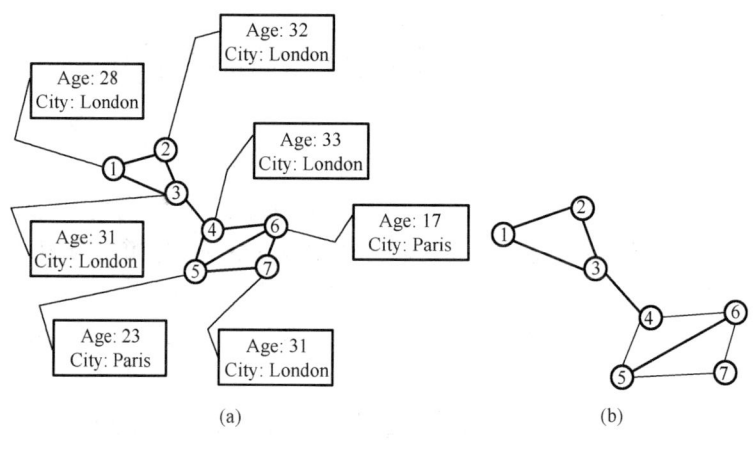

图 6.16 顶点属性图的两个主要选项

第一个选项如图 6.16(a)所示，包括使用描述顶点属性的元组扩展结构图。这可以形式化地表示为三元组 $G=(V,E,F)$，其中每个顶点 v 与一组属性(或特征向量)$\{f_1(v),\cdots,f_a(v)\}$ 关联，存储其组成维度。第二个选项如图 6.16(b)所示，是在一个或多个图上叠加，其中额外的顶点表示特定的属性值或群组。在结构上，这个叠加的图是二部图，因为它将个体连接到群组上，而不是使群组之间或用户之间存在边(后者存储在原始社交网络中)。

顶点属性图聚类的第一类方法基于以下思想：首先将顶点属性图简化为单个加权图，其中权重表示属性相似性。然后，原则上可以应用任何用于加权图的聚类算法。不同的方法使用替代函数来计算顶点相似性，并在计算相似性后更新边权重。然而，在所有这些方法中，权重的改变会影响聚类算法，以优先创建不仅连接良好而且相似的群组。

以图 6.16 为例。仅关注属性，顶点{1, 2, 3, 4, 7}将形成一个同质的群组，与顶点{5, 6}分离开。如果只考虑图的结构，则出现两个明显的群组(顶点{1, 2, 3}和顶点{4, 5, 6, 7})。这两个信息被总结在图 6.16(b) 中的加权图中。尽管具体的最终群组取决于分配的权重，但我们可以看到出现了一个由顶点{1, 2, 3, 4}组成的群组，它具有结构和组成上的相似性，否则很难识别。

第一类方法通过将顶点属性存储在图的边缘中来删除顶点属性，而第二类方法与其恰恰相反，即删除网络：将结构信息存储在顶点之间的相似性(或距离)函数中。在定义了这个函数之后，可以应用经典的基于距离的聚类方法。例如，可以定义顶点之间的距离如下：

$$d_{TS}(i, j) = \alpha \cdot d_T(i, j) + (1 - \alpha)d_S(i, j)$$

其中 $d_T(i, j)$ 和 $d_S(i, j)$ 分别是顶点 i 和 j 之间的属性相似性和结构相似性，$0 \leqslant \alpha \leqslant 1$ 是一个加权因子。该方法保留了聚类方法的选择权，其主要特点是，在社交图中结构上相距较远的顶点在属性值相似的情况下可能相互靠近。因此，根据基于距离的聚类方法的不同，聚类可能包含图中不连通的部分。

6.7　以图为对象的聚类

在本节中，将讨论在多图数据库中对整个图进行聚类的问题，而不是仅仅在单个图中进行顶点聚类的问题。这种情况在 XML 数据的背景下经常遇到，因为每个 XML 文档可以被视为一个结构记录，并且我们可能需要从大量这样的对象中创建聚类。注意到，就数据的结构组织方式而言，XML 数据与图数据非常相似。属性值可以被视为图的标签，相应的半结构化关系可以看作是边，我们可以利用这种结构行为来创建有效的聚类。

本节研究的是对多个图进行聚类，问题实际上可以简化为对任意对象进行聚类的问题，只是在这种情况下，对象是图，具有结构特征。许多传统的算法(如 K-means 类型的分区算法和层次算法)可以扩展到图数据中，为了扩展这些算法，需要进行以下主要更改。

大多数经典聚类算法通常使用某种形式的距离函数来衡量相似性。因此，需要合适的度量函数来定义结构对象之间的相似性(或距离)。许多经典算法(如 K-means)在关键的中间步骤中使用代表性对象，如质心。在多维对象的情况下，这是直观的，但在图对象的情况下则更具挑战性。因此，需要设计适当的方法来创建代表性对象。此外，在某些情况下，很难以单个对象的形式创建代表性对象。可以看到，使用底层对象的代表性摘要通常更加稳健。

在传统技术中，有两种主要的算法已经扩展到结构对象中。这两种算法如下：

1．基于结构距离的算法

该算法计算文档之间的结构距离，并利用它们来计算文档的聚类。最早用于聚类树结构数据的工作之一是 XClust 算法，XClust 算法旨在聚类 XML 模式，以便有效集成大量 XML 源的文档类型定义（DTDs）。它采用聚合层次聚类方法，从单个 DTD 的聚类开始，逐渐将两个最相似的聚类合并为一个较大的聚类。两个 DTD 之间的相似性基于它们元素的相似性，可以根据相应 DTD 中元素的语义、结构和上下文信息计算得出。XClust 算法的一个缺点是它没有充分利用 DTD 的结构信息，而这在树状结构的聚类环境中这是非常重要的。

GRACE 是一种层次聚类算法。在 S-GRACE 中，将 XML 文档转换为结构图（或 s-graph），并根据公共元素子元素关系的数量定义两个 XML 文档之间的距离，该方法可以在某些情况下捕捉到比树编辑距离更好的结构相似关系。

2．基于结构摘要的算法

在许多情况下，可以从底层文档创建摘要。这些摘要用于创建与这些摘要相似的文档群组。最早用于聚类 XML 文档的算法提出于 2005 年，即通过基于摘要的方法将 XML 文档建模为根据顺序标记的有序树。该算法提出了一种利用树的结构摘要对 XML 文档进行聚类的框架，目标是在不影响聚类质量的情况下提高算法效率。

XProj 算法是用于聚类 XML 文档的第二种算法。这种算法是一种基于分区的算法。该算法的主要思想是使用频繁模式挖掘算法来确定数据中频繁结构的摘要。该算法使用一种类似于 K-means 的方法，其中每个聚类中心由一组频繁模式组成。频繁模式是使用上一次迭代中分配给聚类中心的文档进行挖掘的。根据文档与基于本地频繁模式新创建的聚类中心之间的平均相似度，将文档进一步重新分配给聚类中心。在每次迭代中，文档分配和挖掘到的频繁模式被反复重新分配，直到聚类中心和文档分区收敛到最终状态。相关实验表明，基于结构摘要的算法显著优于基于结构距离的算法，因为它使用更健壮的底层结构摘要表示。

第7章 图中的异常检测

异常检测是数据挖掘中的一个经典问题，其目的在于发现那些和大部分对象不同的目标对象，以至于这些对象的分布或形成机制看起来与其他数据是不同的。异常检测在实际的生产生活中也有着广泛的应用。而如何将异常检测应用到图数据上，对拓展异常检测的应用范围有着重要的作用。因此本章将首先介绍传统异常检测的思路和应用，然后介绍面向图的异常检测的应用和面临的挑战，再按照处理的图类型的不同对图异常检测算法进行分类，分别从静态图和动态图两个角度介绍典型的算法。最后，本章还将介绍两个成熟的异常检测系统。

7.1 异常检测概述

7.1.1 异常检测

异常检测是数据挖掘中的一个重要应用，用来发现数据集中不同于其他数据的对象。离群点检测是异常检测的一种常用方法，传统的离群点检测的一般过程如下：首先，根据已有的正常数据建立一个参考模型，对于新的观测数据，检测数据相似度是否在某个阈值之内，以此来判断该数据是否是异常数据。传统的异常检测方法非常多，可以大致分为四类——基于统计的方法、基于距离的方法、基于偏差的方法、基于密度的方法。

- 基于统计的方法：假设数据分布符合一定的概率分布，如果某数据和已有分布有差距，则认为其是异常数据。但是现实数据有可能不符合任何一种理想的概率分布，或者符合的分布模式是未知的；例如假设数据服从高斯分布，那么平均值加减 3 倍标准差以外的部分仅占了 0.2%左右的比例，一般就把这部分数据标记为异常数据。

- 基于距离的方法：正常的数据应该有足够多的邻居，异常数据则有很少的邻居，可通过计算每个点与周围点的距离，来判断一个点是不是存在异常。该方法基于的假设是正常点的周围存在很多个邻居点，而异常点与周围点的距离都比较远。例如，给定一个半径 ε 和比例 π，假设对点 p 进行异常检测，若与 p 点的距离小于半径 ε 的点在所有点中的占比低于 π，则点 p 为异常点。

- 基于偏差的方法：使用模型对数据进行预测，若预测值与实际值的偏差超过一定的阈值，则认为其是异常数据；这是一种比较简单的统计方法，最初是为单维异

常检测设计的。给定一个数据集后，对每个点进行检测，如果一个点自身的值与
整个集合的指标之间存在过大的偏差，则该点为异常点。具体的实现方法是，定
义一个指标 SF（Smooth Factor），这个指标的含义就是当把某个点从集合剔除后
方差所降低的差值，可以通过设定一个阈值，并将偏差值与阈值进行比较来确定
哪些点存在异常。这个方法是在 1996 年首次提出的。

- 基于密度的方法：基于数据点周围的密度可判断数据点是否异常。该方法的核心
  思想是，正常数据点通常会聚集在高密度的区域内，而异常点则位于低密度的区
  域。例如，LOF 算法根据数据点周围的邻近点密度来计算每个数据点的离群分
  数。离群分数越高的数据点被认为越异常。DBSCAN 算法则将数据点分为核心
  点、边界点和噪声点，并通过密度可达性来判断数据点是否异常。

异常检测在许多领域中有广泛的应用。

- 网络安全：异常检测可用于检测网络中的入侵行为，如异常的网络流量、异常的
  用户行为或异常的数据包。
- 金融欺诈检测：异常检测可用于检测信用卡欺诈、保险欺诈或其他金融欺诈行为。
- 工业制造：异常检测可用于检测设备故障、产品缺陷或生产线中的异常情况，以
  提高生产效率和产品质量。
- 健康监测：异常检测可用于检测医疗设备故障、进行疾病的早期诊断或检测患者
  的异常生理状况。
- 社交媒体分析：异常检测可用于检测社交媒体中的虚假账户、网络舆情异常或异
  常用户行为。

7.1.2　面向图的异常检测

面向图的异常检测是将原始问题使用图数据结构进行建模，并使用图挖掘技术和图
论的相关理论知识，从图中找出分布、形成规律和大多数其他的实体不同的顶点、边或
者子结构。

例如，在社交网络中，将每个人作为一个顶点，人与人之间的互动关系是边，则在
庞大的社交圈子中，不同人之间的互动联系就构成了庞大的社交关系图。在社交网络中，
使用图异常检测技术可以识别网络中的异常账号、"僵尸"粉丝、广告推手等。在计算机
网络访问图中，使用图挖掘技术可以找出潜在的攻击者或入侵者。

图异常检测不仅需要考虑对象与对象之间的相似度，而且需要考虑对象与对象之间
的关系信息，比如，通过交易网络图分析哪些交易是欺诈交易、通过用户-商品网络数据
分析"水军"或恶意评价之间的关系、通过关注者-被关注者网络分析网络"僵尸"粉丝
的攻击方向等。

图在异常检测方面提供了一个强大的机制，可以有效捕获相互依赖的数据对象之间
的远程（long-range）相关性。举例子来说，在"评论者-产品"这个图中，评论者的欺诈
程度取决于他/她给哪些产品的打分及其他评论者给这些产品的打分；评分的可信度又取

决于他们评价的其他产品等。可以看出，由于真实世界数据集中的这种大范围相关性，图数据中的异常检测与多维特征空间中的异常检测有着明显的差别。因此，近年来图数据中的异常检测受到广泛关注。

使用图结构进行异常检测的主要原因有三个。

- 数据的相互依赖性：如前所述，数据对象通常彼此相关并表现出依赖关系。事实上，大多数关系数据可以被认为是相互依赖的，因此在查找异常时必须考虑相关对象。此外，这种类型的数据集非常丰富，包括生物数据，如蛋白质-蛋白质相互作用网络、电子邮件和电话网络、博客网络、零售网络、社交网络等。
- 强大的表示能力：图自然地通过在相关对象之间引入连接(即边)来表示相互依赖关系。位于这些相关对象之间的多条路径有效地捕捉了它们的远程相关性。此外，图形表示有助于丰富数据集的表示，从而实现了顶点和边的属性/类型的合并。
- 问题域的关系性质：异常的本质可以表现为关系。例如，在欺诈领域，人们可以想象两种情况：(1)通过口碑传播的机会性欺诈(如果有欺诈行为，他/她的熟人很可能也会这样做)；(2)由相关主题组的密切合作进行的有组织欺诈。这两种情况都指向关系处理异常情况。类似地，机器的故障可以很好地指示与其紧密空间接近的机器的其他故障。

然而在设计图异常检测算法时，研究者将面临许多挑战，主要分为两方面：由数据引发的挑战和由问题引发的挑战。

1. 由数据引发的挑战

简单来说，这方面的挑战是由于大数据的出现带来的，如数据量的增大、数据产生速度的提高、数据种类的增加、流数据的出现等。

规模和产生速度：由于技术的进步，收集和分析大规模数据集越来越容易。时至今日，Facebook 已经包含了超过 10 亿个用户，互联网中包含了超过 400 亿个网页，超过 60 亿个用户拥有手机。不仅实际数据的大小达到 PB 级，而且它产生的速度也很高。Facebook 用户每天产生数十亿个对象(如帖子、图像、视频等)，每天有数十亿次信用卡交易得到执行等。这些数据可以被认为是流图数据。

复杂性：除了数据规模和产生速度，数据集在内容上也十分丰富且复杂；比如，用户的人口统计信息、兴趣、角色及各种各样的关系等。这些附加信息使得图表示变得非常复杂，其中顶点和边可以有不同的类型，并且有各种各样的属性。

因此，如果要提出一个新的方法，它必须可以扩展到非常大的图中，结果的更新速度要快，还可以有效地结合其他数据源的数据。

2. 由内容引发的挑战

标签的缺乏和噪声：数据中经常遇到的问题是，缺少类别标签。重要的是，考虑到数据的大小，人工标记的任务非常具有挑战性。更糟糕的是，即使可以获得无尽的人力资源，但由于某些标记任务十分复杂，标记结果中也会有很多噪声。根据诺贝尔奖获得者丹尼尔卡内曼的说法，"人类在对复杂信息做出总结性判断时是不合理的"。令人惊讶的是，当两次评估相同的信息时，标记者经常给出不同的答案。例如，经验丰富的放射科医师评估胸部 X 线为正常和异常时，他们在不同场合看到相同图像时，20%的时间会自相矛盾。由于获取标签十分困难，监督机器学习算法在异常检测任务的使用往往较少。

类别不平衡：由于异常情况很少，只有非常小的一部分数据会出现异常。此外，错误标记的数据实例与错误实例的成本可能会根据应用场景而改变，并且事先难以估计。例如，将癌症患者标记为健康可能会导致致命后果，而将诚实的客户误认为是欺诈者可能会导致客户忠诚度的损失。如果要采用基于机器学习的技术，那么应该认真考虑关于类别不平衡和非对称错误成本的问题。

新奇的异常：特别是在欺诈检测领域，诈骗分子越了解检测算法的工作方式，他们就越能改变他们的技术，以绕过检测和适应规范。因此，算法不仅应该适应随着时间的推移而变化和增长的数据，而且应该适应并能够检测敌手的新奇异常。

异常的解释：如何在检测后去解释异常？这涉及挖掘异常的根本原因，也就是将"为什么"和"如何"异常串联起来，并且将结果以友好的形式呈现，以供进一步分析。现有的大多数检测技术虽然在查找异常情况方面做得相当出色，但完全忽略了描述或归因阶段，因此很难让人们了解结果。

相互依赖的对象：数据的关联使得量化图对象的异常性成为一项挑战。在传统异常值检测中，对象或数据点被视为独立且相同分布的，而图数据中的对象具有远程(Long-Range)相关性。因此，需要仔细考虑异常的传播。

定义的多样性：考虑到图的丰富表示，图中异常的定义比传统异常更加多样化。例如，与图的子结构有关的新型异常对于许多应用而言是重要的，如交易网络中的洗钱环。

搜索空间的规模：与更复杂的异常(如图的子结构)相关的主要挑战是搜索空间巨大，列举可能的子结构的复杂度是巨大的。当把图结构和属性进行结合时，这个搜索空间更大。因此，基于图的异常检测算法不仅需要考虑有效性，还要考虑效率和可扩展性。

7.1.3　图的异常检测算法概述

传统的图的异常检测技术是异常检测技术和离群点检测技术在图挖掘中的应用，主要包括基于信息论的算法、基于偏差的算法、基于距离的算法及基于社区的算法。近年来，神经网络是人工智能领域兴起的研究热点，随着神经网络的发展，出现了一些使用深度神经网络进行图异常检测的算法。

按照采用的技术，图的异常检测可以分成两类，一是基于有监督学习的算法，通过使用标签数据训练得到非线性分类器，将异常检测问题作为分类问题来处理；二是基于偏差的算法，通过使用编码器-解码器模型对数据进行重建，若重建的误差超过阈值则认为其是异常数据。该算法通常适用于时间序列图。

按照输入图的类型，可以将图的异常检测分为静态图异常检测与动态图异常检测两大类。给定一个问题，从是否可将问题建模为动态图的角度出发，可形成对问题的清晰的解决思路。此外，面向静态图的异常检测算法改进之后也可以应用于动态图的异常检测中，下面分别对其进行介绍。

- 面向静态图的异常检测：根据静态图是否包含属性，面向静态图的异常检测可以分为两类——无权静态图异常检测及有权静态图异常检测。无权静态图异常检测是指给定一个静态同质图，充分利用图的结构信息查找模式并识别异常顶点。该算法可以根据使用的模式进一步分为基于结构的模式和基于群体的模式两类；而加权静态图异常检测是指静态图的顶点或者边具有属性，利用结构信息及顶点和边的属性信息进行异常检测，这些信息如社交网络中用户的兴趣、金融交易网络中的交易数量及交易类型等。
- 面向动态图的异常检测：给定一个无权图的序列或者加权图的序列，从中查找对应的一个事件或者改变对应的图，以及导致该改变或者事件的前 k 个顶点/边/子图。

7.2 图的异常检测算法

通过分析静态图和动态图异常检测的不同情况，可以更好地理解不同算法在处理异常检测问题时的优缺点。接下来，本节将从静态图和动态图两个方向，介绍其中的主流算法，将包括传统算法、基于神经网络的算法和强化学习算法。

7.2.1 静态图异常检测

静态图异常检测面对的图是静态的，也可以是变化网络在某一个时刻的快照，其根据整个图的结构信息和顶点信息，查找异常的实体，如顶点、边、子图。

7.2.1.1 传统算法

在深度学习和其他最新数据挖掘技术取得进展之前，传统的非深度学习技术在许多现实世界的网络中被广泛应用于识别异常实体。这些技术背后的关键思想是将图异常检测转化为传统的异常检测问题。具有丰富结构信息的图数据无法直接通过仅针对表格数据的传统的检测技术处理，为了弥补这一差距，许多算法使用与每个顶点相关的统计特征(如入度、出度)来检测异常顶点。传统算法主要有基于结构的算法、基于社团的算法和基于信任传播的算法。

1．基于结构的算法

OddBall 算法利用从每个顶点及其一跳邻居中提取的统计特征(如一跳邻居边的数量、边的总权重)来检测特定的结构异常，包括以下情况：(1)形成近似团或星形的局部结构；(2)与邻居之间具有大量链接，使得总权重非常大；(3)与某个邻居之间存在单一主要的重链接。接下来详细介绍 OddBall 算法。

OddBall 算法通过观测基于自我网络(Egonet)的特征分布规律,查找不符合该规律的 Egonet，即可以找出图中的异常顶点。其中 Egonet 关注的不是网络整体，而是以个体顶点为中心，收集以该个体所关联顶点的信息，为个体构建一个局部网络。Egonet 指一个中心顶点(Ego)与邻居组成的子图，一般用于研究个体性质及局部社区发现。以个体顶点为中心的一跳范围内的所有邻居顶点，以及这些顶点之间的链接构成一个 Egonet，如图 7.1 所示。

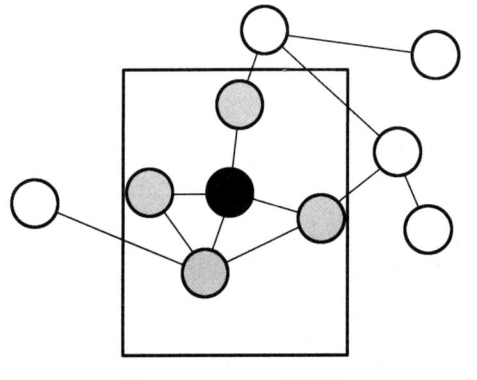

图 7.1　Egonet 示意图

图 7.1 中，黑色顶点为核心顶点，灰色顶点为一跳邻居顶点，方框中包含的顶点和边组成了黑色顶点的 Egonet。

Egonet 有如下特征分布规律：给定一个图 G 和顶点 $i \in V(G)$，顶点 i 的 Egonet g_i 满足以下条件：(1)g_i 中的顶点数目 N_i 和边的数目 E_i 符合幂律分布，即 $1 \leqslant N_i \leqslant E_i \leqslant N_i^{\alpha}$；(2)$g_i$ 中的权重 W_i 和边的数据 E_i 符合幂律分布，即 $1 \leqslant W_i \leqslant E_i \leqslant W_i^{\beta}$。真实的社交网络通常符合这种幂律分布。基于 Egonet 的分布规律，OddBall 算法使用顶点值与拟合曲线的距离作为异常值，距离拟合曲线越远的点被认为是异常值较高的顶点。该算法使用的特征容易计算，可用于大规模网络的异常检测。然而，如果网络不符合幂律分布，则该算法将失效，并且该算法只适用于静态图。

2．基于社团的算法

基于社团的算法的主要思路是通过群体检测将距离较近的顶点归为一个群体，并查找那些连接各个群体但不属于任何一个群体的顶点或边，即桥接顶点或桥接边。因此，基于社团的算法不仅可以检测个体异常，也可以检测群体异常。这类算法的执行通常包括两个步骤：(1)根据顶点的相似性或空间邻近性确定顶点所属的群体；(2)查找群体中的桥接顶点或桥接边。

典型的算法是 GLAD 算法。GLAD 模型利用顶点的特征信息和网络结构信息，自动推断群组的成员组成，同时判断成员的角色。假设一个成员为 p，一个群组为 G_p，一个角色为 R_p。G_p 表示考虑了网络信息相似性的聚类，R_p 表示顶点特征值的聚类。简化起见，定义群组的个数为 M，角色的个数为 K。图 7.2 为 GLAD 模型图。

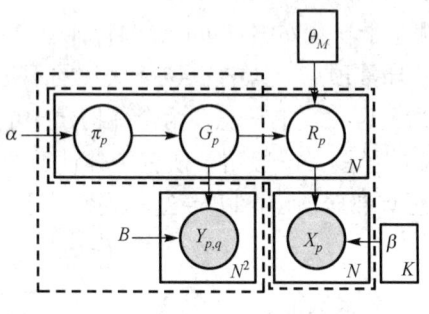

图 7.2　GLAD 模型图

GLAD 算法利用角色混合比例来定义群组的异常值，群组的异常值为 $-\sum_{p\in G}\langle \log p(R_p\mid \theta)\rangle_p$。异常值越高，群组越异常。然而，GLAD 算法的局限性在于它只能对静态图进行建模，无法应用于动态图。除群组的角色比例与其他正常群组不同之外，研究混合比例随网络演进的变化过程也是很有意义的。

除 GLAD 算法外，使用网络结构聚类算法 SCAN 也可以进行异常检测。SCAN 算法已经在第 6 章中进行了详细介绍，读者可以自行查阅。实际上，异常检测就是一种特殊的聚类。只不过异常检测通常会面临数据样本不平衡的情况，如 100 个顶点中可能只有 2～3 个异常点，这就为算法收敛带来了挑战，往往可以使用降采样和过采样的方法来解决数据不平衡的问题。

群体异常检测还可以使用矩阵分解的方法。NrMF 算法利用矩阵分解进行群体检测和异常检测。对于一个图 G 的邻接矩阵 A，如果存在一个秩为 r 的相似矩阵 $\hat{A}$，那么对应的残差矩阵 $R = -A\hat{A}$。通过对矩阵 A 进行低维分解，可以得到 $A \approx FG$，其中 F 和 G 是一个维度为 r 的分解矩阵，而 R 对应着异常顶点。实验证实了该算法能够有效地识别出网络中的异常连接，可用于端口扫描检测和 DDoS 攻击分析。

最后，群体异常检测还可以使用稠密子图挖掘算法，因为异常的群体在很大程度上可能是一个稠密的子图，具体算法可以参考第 5 章的内容。

3. 基于信任传播的算法

互联网上存在大量的网页，搜索引擎是用户获取信息的重要途径。而垃圾网页欺诈（Web Spamming）是一种常见的攻击搜索引擎排序算法的行为。PageRank 和 HITS 算法认为，被许多重要网页所指向的网页也是重要的网页，可通过页面间的超链接传播网页的重要性。为了对抗垃圾网页，检测算法 TrustRank 假设网页之间的链接代表着网页之间的信任传递，例如，网页 A 指向网页 B 表示网页 A 传递信任给网页 B。

然而，TrustRank 算法在种子网页列表的设定上可能存在一定的偏差，导致与种子网站相关领域的网页信任值较高，而与之不同领域的网页信任值较低。为了解决这个问题，改进算法 Topical TrustRank 使用话题划分种子网站列表，并提出了不同话题信息值合并的方法，以更准确地评估网页的信任值。

7.2.1.2　基于神经网络的算法

1. 基于深度神经网络和嵌入的算法

为了从图结构中捕获更有价值的信息用于异常检测，使用深度神经网络来进行图表征学习被广泛应用。通常，这些技术将图结构编码为嵌入向量空间，并通过进一步分析来识别异常顶点。

例如，可以使用有效的嵌入算法来检测与许多社区相连的结构异常。首先，采用图分区算法(如 METIS)将顶点分组为 d 个社区(d 是用户指定的数量)。然后，该算法使用一个特别设计的嵌入过程来学习顶点嵌入，以捕捉每个顶点与 d 个社区之间的连接信息。将顶点 i 的嵌入表示为 $Z_i = \{z_i^1, \cdots, z_i^d\}$，该过程根据顶点 i 属于社区 c 的成员关系初始化每个 $z_i^c \in Z_i$(如果顶点 i 属于该社区，则 $z_i^c = \dfrac{1}{\sqrt{2}}$；否则为 0)。最后，优化顶点嵌入，使直接连接的顶点具有相似的嵌入，而未连接的顶点具有不相似的嵌入。生成顶点嵌入后，进一步对顶点 i 与 d 个社区之间的连接信息进行量化，用于异常检测分析。对于给定的顶点 i，该信息可以表示为

$$\overline{NB(i)} = (y_i^1, \cdots, y_i^d) = \sum_{j \in NB(i)} (1 - \|Z_i - Z_j\|) \cdot Z_j$$

其中 $NB(i)$ 代表顶点 i 的邻居。如果 i 和社区 c 有许多连接，那么 i 在相对应的维度 y_i^c 中就会有很大的价值。算法制定了一个评分函数来给定异常得分，该函数如下：

$$AScore(i) = \sum_{k=1}^{d} \frac{y_i^k}{y_i^*}, \ y_i^* = \max\{y_i^1, \cdots, y_i^d\}$$

正如预期的那样，连接到不同社区的结构异常得分较高。实际上，根据预先定义的阈值，得分高于阈值的顶点被识别为异常顶点。

到目前为止，许多常规的网络表示方法，如 DeepWalk、node2vec 和 LINE，已经显示出它们在生成顶点表示方面的有效性，并被用于异常检测和性能验证。通过将传统的异常检测技术(如基于密度的技术和基于距离的技术)与顶点嵌入技术相结合，可以根据它们的可区分位置(即低密度)识别异常顶点。

除了嵌入算法，许多神经网络模型和自编码器在静态图异常检测上也取得了很好的效果。例如，无监督深度模型 DONE 用于检测属性图中的全局异常、结构异常和社区异常。具体而言，该算法针对每个顶点测量三个异常分数，表示以下情况的可能性：

(1)它与不同社区中的顶点具有相似的属性(o_i^a)；(2)它与其他社区相连(o_i^s)；(3)它在结构上属于一个社区，但其属性遵循另一个社区的模式(o_i^{com})。如果特定顶点展现出这些特征中的任何一个，那么它将被分配一个较高的分数，被认为是异常的。

为了获取这些分数，DONE 算法采用了两个独立的自编码器，即结构自编码器和属性自编码器。这两个自编码器通过最小化重构误差和保持同质性来训练，同质性假设连接的顶点在图中具有相似的表示。

在训练自编码器时，具有预定义特征的顶点难以重构，因为它们的结构或属性模式不符合标准行为，从而引入更多的重构误差。因此，需要减轻异常的不利影响以实现最小化误差。所以，DONE 算法特别设计了一个具有五个项的异常感知损失函数，这五个项为 $L_{\mathrm{str}}^{\mathrm{Recs}}$，$L_{\mathrm{attr}}^{\mathrm{Recs}}$，$L_{\mathrm{str}}^{\mathrm{Hom}}$，$L_{\mathrm{attr}}^{\mathrm{Hom}}$ 和 L^{Com}。$L_{\mathrm{str}}^{\mathrm{Recs}}$，$L_{\mathrm{attr}}^{\mathrm{Recs}}$ 分别表示结构重构误差和属性重构误差，可以表示为

$$L_{\mathrm{str}}^{\mathrm{Recs}} = \frac{1}{N}\sum_{i=1}^{N}\log\left(\frac{1}{o_i^s}\right)\left\|\boldsymbol{t}_i - \hat{\boldsymbol{t}}_i\right\|_2^2$$

和

$$L_{\mathrm{attr}}^{\mathrm{Recs}} \frac{1}{N}\sum_{i=1}^{N}\log\left(\frac{1}{o_i^a}\right)\left\|\boldsymbol{x}_i - \hat{\boldsymbol{x}}_i\right\|_2^2$$

其中，N 是顶点的数量，$\boldsymbol{t}_i$ 和 $\boldsymbol{x}_i$ 分别存储顶点 i 的结构信息和属性，$\hat{\boldsymbol{t}}_i$ 和 $\hat{\boldsymbol{x}}_i$ 是重构向量。$L_{\mathrm{str}}^{\mathrm{Hom}}$ 和 $L_{\mathrm{attr}}^{\mathrm{Hom}}$ 被提出的目的是保持同质性，它们的数学表达式如下：

$$L_{\mathrm{str}}^{\mathrm{Hom}} = \frac{1}{N}\sum_{i=1}^{N}\log\left(\frac{1}{o_i^s}\right)\frac{1}{|N(i)|}\sum_{j\in N(i)}\left\|\boldsymbol{h}_i^s - \boldsymbol{h}_j^s\right\|_2^2$$

$$L_{\mathrm{attr}}^{\mathrm{Hom}} = \frac{1}{N}\sum_{i=1}^{N}\log\left(\frac{1}{o_i^a}\right)\frac{1}{|N(i)|}\sum_{j\in N(i)}\left\|\boldsymbol{h}_i^a - \boldsymbol{h}_j^a\right\|_2^2$$

其中，$\boldsymbol{h}_i^s$ 和 $\boldsymbol{h}_i^a$ 分别代表从结构自编码器和属性自编码器中学习到的隐藏表征。L^{Com} 进一步对两个自动编码器生成的每个顶点的表示进行限制，以使图结构和顶点属性相互补充。其数学表达式如下：

$$L^{\mathrm{Com}} = \frac{1}{N}\sum_{i=1}^{N}\log\left(\frac{1}{o_i^{\mathrm{com}}}\right)\left\|\boldsymbol{h}_i^s - \boldsymbol{h}_i^a\right\|_2^2$$

通过最小化损失函数的和，每个顶点的异常值就能被定量表示，而其中分数最高的前 k 个顶点将被定义为异常顶点。

2. 基于图卷积网络的算法

正如第 2 章所介绍的，GCN 也是一种很好的图表征方法。GCN 在许多图挖掘任务(如

链接预测、顶点分类和推荐)中取得了成功，这归功于它能够捕捉到图结构和顶点属性中的全面信息。因此，许多异常顶点检测技术开始研究 GCN。

例如，DOMINANT 算法使用结构和属性的网络重构误差来度量每个顶点的异常得分，由三部分组成，即图卷积编码器、结构重构解码器和属性重构解码器。图卷积编码器通过多个图卷积层生成顶点嵌入，结构重构解码器试图从学到的顶点嵌入中重构网络结构，而属性重构解码器则重构顶点属性矩阵。整个神经网络将被训练，以最小化以下损失函数：

$$L_{\text{DOMINANT}} = (1-\alpha)R_S + \alpha R_A = (1-\alpha)\|A - \hat{A}\|_{\text{F}}^2 + \alpha\|X - \hat{X}\|_{\text{F}}^2$$

其中，α 是系数，A 表示图的邻接矩阵，R_S 和 R_A 分别量化了与图结构和顶点属性相关的重构误差。当训练完成后，根据每个顶点对总重构误差的贡献，为每个顶点分配一个异常得分，计算方法如下：

$$\text{score}(i) = (1-\alpha)\|a_i - \hat{a}_i\|_2 + \alpha\|x_i - \hat{x}_i\|_2$$

其中，a_i 和 x_i 分别是顶点 i 的结构向量和属性向量，$\hat{a}_i$ 和 $\hat{x}_i$ 分别是对应的重构向量。顶点根据它们的异常分数按降序排列，前 k 个顶点被认定为异常的。

为了提高异常顶点检测的性能，研究人员进一步探索了来自多个属性视图的顶点属性以检测异常。多个属性视图被用于描述对象的不同观点。例如，在在线社交网络中，用户的人口统计信息和发布的内容是两个不同的属性视图，分别描述了个人信息和社交活动。探究不同视图的基本直觉是，在一个视图中可能出现的异常在另一个视图中可能是正常的。

为了捕捉这些信号，ALARM 算法应用多个图卷积网络(GCNs)来编码不同视图中的信息，并采用加权聚合来生成顶点表示。该模型的训练策略与 DOMINANT 类似，旨在最小化网络重构损失和属性重构损失，可表示为

$$L_{\text{ALARM}} = \sum_{i=1}^n \sum_{j=1}^n -[\gamma A_{ij} \log \hat{A}_{ij} + (1 - A_{ij})\log(1 - \hat{A}_{ij})] + \| X - \tilde{X}\|_2^{\text{F}}$$

其中，γ 是用于平衡误差的系数，A_{ij} 是邻接矩阵 A 中坐标 (i, j) 处的元素，$\hat{A}_{ij}$ 是重构邻接矩阵 $\hat{A}$ 中对应的元素，X 是原始顶点特征矩阵，$\tilde{X}$ 是重构顶点特征矩阵。最后，ALARM 采用与 DOMINANT 相同的评分函数，具有前 k 个最高分的顶点被认为是异常顶点。

SpecAE 算法则不同于使用重构误差来检测意外顶点的算法，它通过密度估计方法——高斯混合模型(GMM)来检测全局异常和社区异常。只需考虑顶点属性即可识别全局异常。对于社区异常，需要同时考虑结构和属性，因为它们在邻居顶点中具有不同的属性。因此，SpecAE 算法使用图卷积编码器来学习顶点表示，并通过反卷积解码器重构顶点属性，然后使用顶点表示估计 GMM 中的参数。由于全局异常和社区异常具有不同的属性模式，正常顶点在 GMM 中预计会表现出更大的能量，而具有最低概率的 k 个顶点被视为异常顶点。

基于有监督学习进行异常检测的算法使用正常用户的数据训练了一个神经网络，并将其用于对正常用户和异常用户进行分类。该算法基于电话通信详单记录(CDR)，提取其中的通话事件信息，包括通话次数、通话时长、每天的通话数、每天的短信数量等。然后将用户在两个月内每天的特征数据表示为一个图，并使用交叉验证的方法，使用一个由3个卷积层、2个池化层和1个全连接层组成的7层卷积神经网络进行训练。通过实验比较，可发现这种方法的效果比支持向量机(SVM)、随机森林和梯度提升算法更好。

3. 强化学习算法

　　强化学习(Reinforcement Learning, RL)，又称再励学习、评价学习或增强学习，用于描述和解决智能体(Agent)在与环境的交互过程中通过学习策略达成回报最大化或实现特定目标的问题。换句话说，强化学习是一种学习如何从状态映射到行为以使得获取的奖励最大的学习机制。这样的一个 Agent 需要不断地在环境中进行实验，通过环境给予的反馈(奖励)来不断优化状态-行为的对应关系。因此，反复实验和延迟奖励是强化学习最重要的两个特征。

　　强化学习在应对现实世界决策问题方面的成功引起了异常检测社区的广泛兴趣。检测异常顶点可以自然地被视为一个判断顶点属于哪个类别(异常或良性)的问题。

　　以 NAC(Neural Accumulator)模型为例，作为一种特殊情况下的普遍选择性收获任务，NAC 算法直观地将强化学习和网络嵌入技术结合起来进行选择性收获。NAC 通过有标签的数据进行训练，无须任何人为干预。具体而言，它首先选择一个由部分观测顶点和边组成的种子网络，然后，从种子网络开始，采用强化学习来学习顶点选择方案，以便可以识别未探索区域中的异常顶点。通过奖励能够选择具有更高收益的带标签异常的选择方案。通过离线训练，NAC 将逐步学习一个最优/次优的异常顶点选择策略，并逐步发现未知图中的潜在异常。

　　不同于 NAC，我们还可以在属性图中使用强化学习进行异常顶点检测。GraphUCB 算法同时考虑属性信息和结构信息，并继承了"上下文多臂赌博"技术的优点，以输出潜在的异常。其根据顶点的特征将其分组成 k 个簇，形成了一个 k 臂赌博模型，并测量选择特定顶点作为潜在异常时进行专家评估的回报。通过专家对预测异常的反馈，决策策略不断优化，最终选出最有可能的异常点。

7.2.2　动态图异常检测

　　现实世界中的网络是动态变化的，随着时间的推移，网络的结构和顶点属性也在不断变化，例如，新顶点的加入、个体之间关系的新增或消失、顶点属性的变化等。动态图的异常检测主要研究在某个特定时刻下的异常顶点、关系或特殊情况。动态图异常检测主要检测与大多数网络演进行为不同的异常情况，具有许多重要的实际应用，如生态失衡研究、网络系统入侵研究、社交网络中的异常用户和事件研究、社交网络用户舆情检测等。虽然近年来有许多用于静态图异常检测的算法，但这些算法不能直接应用于动态图，这是因为动态图异常检测与静态图异常检测的模型不同，主要表现在以下几方面。

- 图异常的种类不同：静态图中存在异常顶点、异常关系和异常子结构；而动态图中除了包含上述几种异常，还包括图断层、图子结构的消失或偶尔出现的社交群体等异常。
- 网络原型的变化具有时间维度，需要同时存储和分析时间维度数据，在每个时间维度，需要对原始图和增量图进行存储和分析。静态图可以将所有数据加载到内存中进行计算，而动态图由于数据量过大无法实现上述方法。
- 动态图网络原型与时间的关联性具有多样性，如社交网络变化较快而基因网络变化较慢。

有些图异常会跨越多个时间域，分析起来更加困难。下面将分别从个体异常检测和群体异常检测两个角度来讲解动态图异常检测算法。

7.2.2.1　个体异常检测

动态图通常可以表示为图和与时间相关的序列。在动态图中，检测异常的个体是相互独立的，没有依赖关系。针对动态图个体异常检测，可以使用基于偏差、基于社区等算法。

1．基于偏差的算法

动态图异常检测最基本的算法是构建每个时刻网络对应的特征，然后进行异常分析。例如，Pincombe 定义了图结构特征的距离来衡量两个连续时刻图结构的差异，如权重、边数、顶点数、网络直径等。该算法用于检测网络异常演化的时间顶点。给定一个时间段和度量方式，构建一个网络特征的序列。对于每种图特征，算法构建一个与时间相关的序列，并使用自回归滑动平均模型(ARMA 模型)进行建模。ARMA 模型是研究时间序列的重要方法，由自回归模型(AR 模型)和移动平均模型(MA 模型)组合而成。 针对 ARMA 模型无法考虑一段时间内网络特征变化的特点，研究者们提出了使用长短期记忆网络(LSTM)进行异常检测。LSTM 是一种时间递归神经网络，适用于处理和预测时间序列中间隔和延迟相对较长的重要事件。通过在 LSTM 中包含循环隐层，可以使网络使用更稀疏的表示，从而学习到更高层次的时序特征。该算法首先使用不包含异常的数据进行训练，得到一个与时间相关的预测函数，预测结果的误差应符合多元高斯分布，然后进行异常检测。算法模型如下：对于一个时间序列模型 $X=\{x(1),x(2),x(3),\cdots,x(n)\}$，其中，对于每个时刻 t 对应的 $x(t) \in \mathbb{R}^n$，是一个 n 维的向量 $\{x(1),x(2),x(3),\cdots,x(n)\}$，其中每个值对应一个输入变量。训练一个预测模型来预测输入变量的值，训练使用交叉验证的方法，将正常的数据集分成 4 部分：正常数据、正常验证数据 1、正常验证数据 2、正常测试数据。首先使用 LSTM 训练模型，然后计算预测错误的分布函数。

图 7.3 显示了 LSTM 算法的模块单位。LSTM 的网络架构如下：使用实验数据集中的每个点对应一个错误向量，该错误向量的分布符合多元高斯分布 $N(\mu, \Sigma)$。使用最大似然估计的方法来估计参数 μ 和 Σ 的值。在 t 时刻，通过 t 时刻的错误向量计算相似度 p_t。如果 p_t 小于阈值 T，该时刻的数据被视为异常数据；否则为正常数据。阈值 T 可以通过最大化 F-score（将异常数据作为正样本，正常数据作为负样本）进行计算获得。

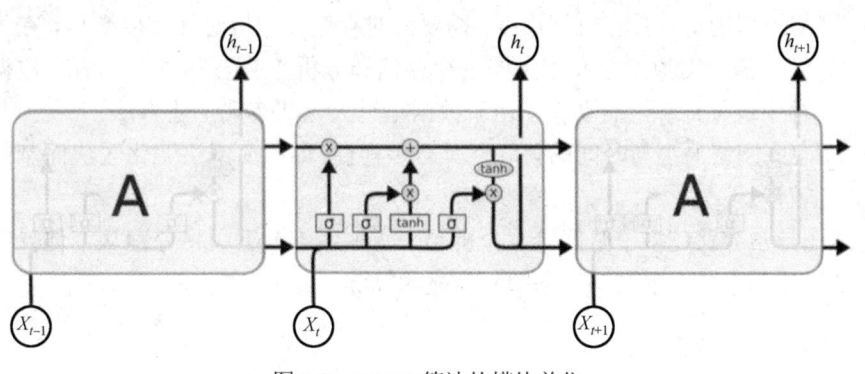

图 7.3　LSTM 算法的模块单位

2. 基于社区的算法

基于社区的算法用于追踪网络社区随时间推移的变化及顶点关系的变化，并进行异常检测。这类算法主要应用于社区的网络结构中，其差异主要体现在两方面：

- 根据不同社区结构分析方法，采用不同的社区检测方法。
- 社区定义的方法不同，有些方法认为顶点可以属于多个社区，即存在重叠的社区发现，而其他方法认为顶点只能属于一个社区。

动态图中基于社区的异常检测，可以分为异常顶点的检测和异常关系的检测。在一个社区中，顶点应该具有一定的相似性。如果一个顶点在某个时间段内新增了大量的边，那么其他顶点也应该新增大量的边。如果其他顶点没有新增大量的边，那么该顶点被视为异常顶点。

针对动态图中社区演进模式难以发现且存在干扰因素的问题，研究人员提出了一种有效的检测网络演进趋势异常的方法：首先对正常的网络社区演进进行建模，使用潜在的模式挖掘进行建模，然后计算顶点演进与正常演进模式之间的距离，以此来计算偏差。

dMMSB 模型用于识别网络中的角色及角色随时间变化的过程，但该模型需要用户指定一个超参数。为了解决 dMMSB 模型需要超参数及算法可扩展性差的问题，可扩展的时序行为模型 DBMM 被提出，其分析顶点行为随时间变化的过程，学习一个预测模型来估计顶点行为，并能够检测异常的时序行为转移情况。

3. 异常边识别的算法

通过对图结构的变化进行建模并捕捉每个时间步骤中的边分布，可以区分异常边。

如果一个社交网络在某些方面进行了重要的改变，那么意味着在大多数情况下存在一些个体通联比以往更少或者更多，或者进行通联的不同个体的数量比平时更多或更少。由此，可以提出一种在动态图中进行异常检测的两步算法：第 1 步清理数据库，找到潜在的网络异常顶点子数据集，第 2 步使用该子数据集构建一个子图。该算法可以完全并行执行。收敛到有问题的快照和顶点对数据后，可使用谱聚类的方法查找网络中的顶点簇，收敛计算结果，提高准确性。

还有一种算法的基本思路是将动态图结构信息编码为边的表示，并应用上述传统的异常检测技术来发现异常边。这个思路很直观，但在图结构演化时生成/更新信息丰富的边表示仍然面临重要挑战。为了缓解这个问题，NetWalk 算法被提出，其能够检测动态图中的异常边。NetWalk 按照基于距离的异常检测的思路，使用顶点嵌入将边编码为共享的潜在空间，根据它们与潜在空间中最近的边簇中心的距离来识别异常。在实际中，NetWalk 将边表示成由源顶点和目标顶点表示的 Hadamard 乘积，即 $Z_{u,v} = Z_u \odot Z_v$。当新的边到达或现有边消失时，从每个时间戳的临时图中的随机游走中更新顶点和边的表示，重新计算边簇中心和边的异常分数。最后，将与边簇最远的前 k 个边报告为异常的。

4．基于 GAN 的算法

在实践中，由于缺乏真实的异常数据，异常检测面临着巨大的挑战。因此，许多研究工作致力于对异常或正常对象进行特征建模，以便能够有效地识别异常。在这些技术中，生成对抗网络(GAN)因其在捕捉真实数据分布和生成模拟数据方面的卓越性能而受到广泛关注。

例如，可以通过仅使用观察到的正常用户属性来解决欺诈者检测问题。基本思想是抓住正常的活动模式，并检测表现明显不同的异常情况。OCAN 算法首先使用用户历史社交行为(如历史帖子、帖子的 URL)提取正常用户的内容特征，因此该算法被归类为动态类别。可采用基于长短期记忆(LSTM)的自编码器来实现这一目标，并假设正常用户和恶意用户在特征空间中处于不同的区域。接下来，训练了一个新颖的单类对抗网络，包括一个生成器和一个鉴别器。具体而言，生成器产生定位在正常用户相对低密度区域的补充数据点，而鉴别器的目标是区分生成的样本和正常用户。训练完成后，鉴别器学习到了正常用户的区域，因此可以根据其位置识别异常情况。

7.2.2.2　群体异常检测

区别于动态图个体异常检测，动态图群体异常检测考虑到时间维度，难度更大。因为首先要根据给出的时间序列数据提取所有的社团信息，这需要使用社团发现的相关算法。随着时间的改变，社团的组成结构也在变化，每个时间快照数据中的社团信息需要进行匹配，这需要使用社团匹配技术。追踪网络社团演进方法可用于社团匹配和社团演进研究。确定匹配的社团之后，可以使用异常检测的方法对社团的变化情况进行比较，例如比较子图的边的权重、比较子图在相邻时间上的三角形数目的变化情况。在动态图中，异常子图主要包括社团分解、社团合并、社团消失或频繁再现等，这些与其他大多数社团变化不同。动态图异常群体检测在不同领域关注的异常群体类型也不一样，如可以用于分析交通情况或社交网络中的异常群体。

1. 基于社团检测的算法

基于社团检测的算法首先对每一个时间的网络快照数据进行社团检测，然后分析社团的演进过程。基于社团的无参数的异常检测算法将社团异常分为 6 种类型：社团的收缩、社团的增长、社团的合并、社团的切分、新社团的诞生和社团的消亡。算法使用社团代表集合，比较邻近时刻的社团代表集合，并将社团的变化归为 6 种异常类型之一。算法采用了有重叠的社团检测技术，其中社团代表集合表示一个社团。社团代表定义为在该社团中存在且在其他社团中存在次数最少的顶点。通过使用社团代表集合，算法能够有效降低时间复杂度。

基于增量张量分解的异常群体检测算法可以发现临时的社团或者周期性不断出现的社团。算法使用最小描述长度(MDL)进行社团分析，并使用张量分解收敛计算结果集合。研究人员提出了一种近似算法，该算法首先为每个起点和终点的时间对打分，选取候选社团集合，并根据得分值进行排序，找到重要的社团。然后使用 MDL 确定社团的大小，最后根据检测到的社团并再次使用张量分解多次迭代，以找到最优结果集合。

2. 基于分解的算法

基于分解的算法是指使用矩阵分解或者张量分解的算法进行异常检测。基于 PARAFAC 的分解算法可以检测出动态图中微小的团或微小的变化，并进一步用于异常检测。例如，TENSORSPLAT 可以检测动态图中的变化，如在 DBLP 数据集中，可以检测作者研究领域的转换。此外，该算法还可以检测随时间改变的异常情况，如在计算机连接网络或社交网络交互中的异常情况。该算法又可以检测顶点聚类信息，如具有相同研究领域或在相同会议上发表论文的作者。

尽管已经有了成熟的张量分解算法，但在许多实际情况下，数据量太大而无法加载到内存中。针对无法加载超大张量的情况，研究者们提出了可并行执行并加速的张量分解算法，该类算法可以提供非常快的运行速度，并给出了分解结果的正确理论下限。

总而言之，基于分解的算法主要是在静态图的基础上考虑时间维度信息，并使用张量分解的算法分析网络变化情况以进行异常检测。

7.3　图异常检测系统

由于图异常检测具有广泛的应用，已经有多个公司开发出了成熟的图异常检测系统。

7.3.1 GraphRAD

GraphRAD 由 Amazon 公司开发，目的是阻止黑产通过窃取支付信息在 Amazon 的在线零售商户购买商品获利。假设在"欺诈社区"中，欺诈账户之间连接紧密，而与社区外的账户连接稀疏。检测系统的目标为，给予账户之间关系图和一批黑种子，系统检测出有潜在风险的社区及账户供专家调查。检测系统应满足以下特性：

- 检测需要做到准确实时，以及时止损；
- 返回的可疑社区不能太大和有重叠，以减少专家工作量；
- 每个账户需要有风险评分，专家根据评分决定优先级；
- 旨在对已有规则引擎进行补充，还可额外发现未识别的欺诈账户。

1. 系统框架

系统的大致思路为，首先通过最近的交易事件提取一批黑种子账户，构建账户之间的关系网络，然后发现和过滤社区，为社区中顶点打分，最后返回结果，系统框架如图 7.4 所示。

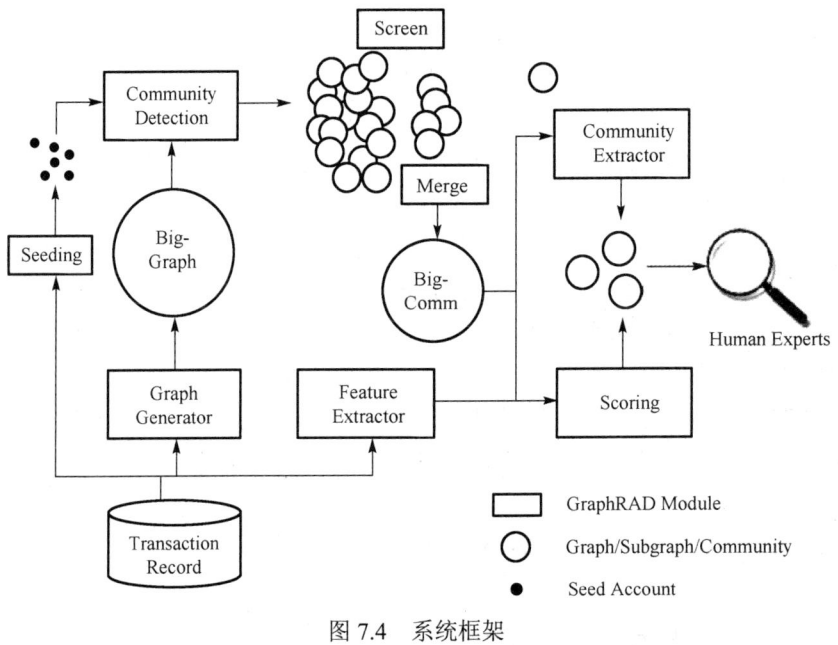

图 7.4 系统框架

- Transaction Record：交易事件数据查询接口模块，交易事件字段包括交易时间、账户 ID、收货地址、决策引擎结果(Trusted、Fraud、Risky)，提供一段时间内查询交易事件的接口。
- Graph Generator：构建账户之间关系图——Big-Graph 模块，通过某些共享属性(如收货地址等)建立连边。

- Seeding：筛选黑种子模块，在决策引擎中将其标记为 Fraud 及部分 Risky 的账户（根据启发式规则）。
- Community Detection：局部社区发现模块，以黑种子账户为输入，识别出围绕种子的一个个局部社区。算法是 Personal PageRank（PPR）的变种 ACL（Access Control Lists），算法复杂度仅取决于输出结果。
- Screen + Merge：过滤及合并。根据风险大小过滤一些局部社区，然后合并这些局部社区为 Big-Comm（局部社区之间会部分重叠，合并后可以减少冗余）。
- Community Extractor：社区抽取，基于上面 ACL 算法得到基于 PPR 的向量，通过层次聚类得到最终的社区。
- Feature Extractor：提取 Big-Comm 中的顶点特征，基于交易数据，特征使用决策引擎规则。
- Scoring：基于图的惩罚项，训练半监督模型，为每个顶点评分。

2. 核心模块

1）构建账户之间关系图（Graph Generator）

例如，有两以下个交易事件。

交易事件 1：账户 A，收货地址为 A 市 B 区 C 街道 D 小区××幢。

交易事件 2：账户 B，收货地址为 A 市 B 区 C 街道 D 小区××幢。

因为账户 A 和账户 B 共享同一个收货地址，所以它们会有同一条边，以此来建立账户与账户之间关系网络。实践中，共享同一个设备、同一个 IP 地址都可以作为连边条件。

2）社区发现与过滤

该模块是本系统中的比较重要的模块，包含"局部社区发现"和"过滤及合并"两个子模块。该模块不是对图进行全局划分，而是先以欺诈账户为种子顶点，找到每个种子顶点所在的局部社区，然后对这一个个局部社区进行过滤和合并，得到一个大社区，最后对这个大社区进行划分，得到一个个不重叠的社区。

这样做的优势有两个：一是计算复杂度非常低，局部社区发现的计算复杂度仅与输出的结果线性相关；二是发现降噪和充分考虑用户需求，通过加入黑种子、社区过滤等人为干预方式，降低数据噪声，控制社区规模和冗余，方便专家进行审查。

图 7.5 为一个全局和局部社区发现的对比图。

图 7.5　一个全局和局部社区发现的对比图

① 局部社区发现（Community Detection）

算法使用电阻率（Conductance）作为评价指标（模块度是全局的），计算公式如图 7.6 所示。

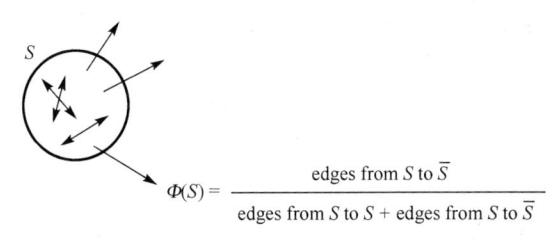

$$\Phi(S) = \frac{\text{edges from } S \text{ to } \overline{S}}{\text{edges from } S \text{ to } S + \text{edges from } S \text{ to } \overline{S}}$$

图 7.6 电阻率计算公式

② 过滤及合并（Screen + Merge）

因为局部社区发现模块返回的结果是一个个围绕黑种子的局部社区，所以必然会有冗余。另外局部社区规模非常小，可能存在个体风险，而不是群体风险，所以需要对局部社区进行过滤。这里先过滤掉规模较小的局部社区，然后对每个局部社区建立一个风险评分模型，再过滤掉风险较低的局部社区。

过滤完后，再对这一个个局部社区进行合并，组成一个"大社区"（将所有顶点和边都放在一起）。

③ 社区提取（Community + Extractor）

因为局部社区发现用的是基于 PPR 的方法，所以可以得到每个顶点的一个 PageRank 向量，表示顶点与其他顶点的相似度。可以将一个个该向量转换成矩阵，并用层次聚类的方法得到最终的社区。社区数量 k 的设置用于控制社区规模，方便专家分析。

3）顶点评分（Scoring）

在大社区上为每个顶点评分，方便专家分析时确定优先级及过滤低评分的顶点。

该算法在提出时，人们对比了 node2vec、GCN（Graph Convolutional Network）和基于图惩罚项的模型为顶点评分的效果，发现基于图惩罚项的模型效果是最好的。

基于图惩罚项的模型指在有监督损失（如交叉熵）中加入图的惩罚项（邻居顶点的预测结果是相近的），这样在训练时不仅考虑了有标签顶点，还考虑了无标签的邻居顶点，故该过程称为半监督学习。

其中特征使用了决策引擎中的规则，标签的定义就是否欺诈。

3．效果评估

该系统的目标是发现更多规则引擎没有发现的欺诈账户，而不是去与规则引擎对比，因此评价标准是 missed bad——检测到未发现的欺诈账户的占比（通过专家标注实现，用比例的原因是基于对准确率的考量）。

首先与随机抽样对比系统每个模块的 missed bad 情况，证明好的系统中每个模块的 missed bad 应该是递增的。

● 随机抽样：0.017%。

- 经过"局部社区发现"和"过滤及合并"得到的大社区：0.054%。
- 经过社区提取：1.51%。
- 经过顶点评分：2.77%。

上述模块中的 missed bad 没有考虑被决策引擎判为正常的欺诈账户，由此可知 missed bad 的真实结果应该会更高。

另外，对比简单规则——将与欺诈顶点直接相连的邻居视为欺诈的对比，GraphRAD 检测得到了较大的增益。

7.3.2 Perseus 系统

Perseus 是一个面向大图的分析系统，通过支持图属性和结构的耦合概括，引导用户关注异常值，并允许用户积极探索正常和异常的顶点行为，从而能够对大图进行综合分析。具体而言，Perseus 提供了以下操作：

- 通过在 Hadoop 上执行可伸缩的、离线的批处理来自动提取图形不变量(如度、PageRank、真实特征向量)；
- 交互式地可视化单变量和双变量在那些不变量中的分布；
- 总结用户选择的顶点的属性；
- 通过递增地显示其邻居顶点，有效地可视化选定顶点及其邻近顶点的诱导子图。

如何有效地探索一个大图，并进行正式建模和假设检验？在图挖掘中，虽然通常有明确的动机来观察数据及其底层连接，但它并不总是清楚地知道人们应该寻找什么。大多数传统的方法假设用户具有编码知识和/或知道他在寻找什么。因此，用户通常关注以下任务之一：单个图属性的分析和建模；支持查询图的专用引擎；加速现有的图算法；异常检测算法的设计；基于布局的图可视化(交互式)。然而，用户经常不知道如何编码，也不知道他应该在数据中寻找什么。相反，其需要交互式地探索图及其属性，以便找出数据中的内容，并能够指定复杂的问题。

Perseus 是一个交互式的、大规模的图形挖掘系统，它解决了没有编程经验的用户面临的问题——用户需要进行具有引导性的、初步的探索，以获得对其图数据的洞察力。Perseus 系统由三个主要部分组成。

- 全自动模式摘要：为了总结输入图中的模式，Perseus 系统利用了一些 Pegasus 算法，这些算法以分布式离线方式执行。Perseus 将提取和总结图属性的过程完全自动化，并将分布区域可视化。此过程还生成有关顶点和数据依赖的信息，这些都用于链接所显示的图。
- 快速异常检测：除生成用于图属性可视化的分布之外，Perseus 还使用处理后的数据来检测异常值。为此，Perseus 利用 GFADD(一种快速、基于密度的异常检测算法)在两个或多个维度中找到局部和全局异常值。异常值的候选者对于分析和注意的路径有着很大的价值，因为它们揭示有趣的关系模式，如可疑用户。

- 交互式可视化：Perseus 为分析师将前两个组件提供的数据合并为全面交互式可视化通道。它显示了提取模式的单变量和双变量分布，这可能揭示其遵守或偏离一般规律，如幂律，并引导人们关注异常值。Perseus 还将选定的点链接到其他图中的对应点，从而允许用户交互式地探索不同分布的模式。同时，对所选顶点的性质、EGONET（顶点及其邻近的诱导子图）及一些"相似"顶点的性质做了总结，以供用户进一步探索。因此，通过可视化不同方面的特征，Perseus 向用户提供了对数据中非正常和异常模式的全局理解。

第8章 图 缩 减

随着大数据时代的到来，数据规模以前所未有的方式不断增长，数据结构也呈现出复杂性和多样性。图数据更是如此，随着图在各个领域的广泛应用，传统的图存储结构已经不能支持超大规模图数据的管理和分析。比如具有一百万个顶点的社交网络，邻接矩阵的大小（2 个顶点之间的 1 条边存储空间为 1 比特）大约为 116GB，大多数计算机不会有这么大的主存储器来加载图并进行分析。除大规模网络图特征的挖掘和分析需要消耗大量的计算资源外，大规模网络图的可视化展示也面临视觉混乱的问题，严重降低了可视化的可行性和有效性。因此，需要对大规模的图数据进行一定的处理，以在减少其规模和占用的存储空间之余又不丢失数据中的重要信息。具体而言，可以利用图摘要、图压缩和图采样等技术来实现图缩减，这些处理有些是无损失的，即不丢失原图的任何信息；有些是有损失的，如使用聚类和子图挖掘技术来提取图中的主要信息。本章将分别介绍这些技术的主要思想和算法，以方便读者掌握图缩减技术，选择更为适配应用场景的技术和处理方法。

8.1　图缩减概述

图缩减（Graph Reduction），又称图归约，是指以一定规则将图数据中的某些顶点、边、权重等信息删去以缩小图的大小，而图中包含的用户关心的信息不减少。一个图缩减的例子如下。

当计算机在计算表达式 3×2+2×4 的值时，执行的示意图如图 8.1 所示。

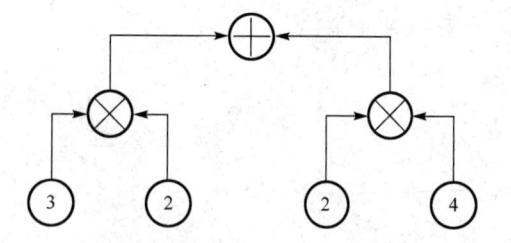

图 8.1　计算机计算表达式 3×2+2×4 的执行示意图

如果可以用某种规则提取其中类似的部分，则可以将其转换成图 8.2。

可以看出，如此操作可以节省一个顶点的空间。在这个例子中，原本的示意图是一个具有 7 个顶点、6 条边的有向图；而缩减之后的图是一个具有 6 个顶点、6 条边的有向图，存储顶点的空间节省了 1/7。同样地，如果用同样的操作方式来缩减表达式

$2×1+2×2+2×2+⋯+2×n$，那么可以缩减 n 个顶点。当 n 趋于无穷大的时候，大约节省了 $1/2$ 的存储空间。

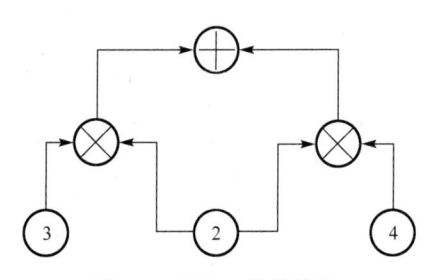

图 8.2　图 8.1 的转换图

从上面的例子可以看出，如果能将较为复杂的事务表示为图，并且基于一些规则对其进行缩减，则可以达到节省存储空间的目的。本节通过介绍有穷自动机和有向无环图这两类较简单情况下的图缩减方法展示图缩减技术。

8.1.1　有穷自动机的缩减

1. 有穷自动机

有穷自动机（Finite Automation，FA），有时也叫有穷状态机（Finite State Machine）。有穷自动机不仅包含一个有限状态的集合，还包含从一个状态到另一个状态的转换。从图的角度，有穷自动机是一个有向图，其中状态表示为图的顶点，而状态转换则表现为图的边。此外，这些状态中还必须有一个初始状态和至少一个接受状态。

有穷自动机是一种非常有力的工具，其完备的理论知识读者可以参考编译原理或者形式语言与自动机相关的教材。从某种定义角度而言，图灵机也是有穷自动机的一种。有穷自动机根据状态转移的性质又分为确定有穷自动机（DFA）和非确定有穷自动机（NFA）。有穷自动机的表达能力等价于正规表达式或者正规文法。

可以将有穷自动机视为一个有向带权图，图的顶点集为自动机的状态集合，图的权重集为自动机的字母集合，图的边代表了自动机中状态变化的情况。此外，根据需要，有穷自动机还需指定初始状态和终止状态。有穷自动机最基本的作用就是进行形式化描述，而且有利于编程实现。

2. 确定有穷自动机

确定有穷自动机（DFA）的定义如下：

$$A = (\Sigma,\ S,\ S_0,\ F,\ N)$$

其中：

Σ：输入字母表（Alphabet），是一个输入字符的集合。

S：状态的集合。

S_0：　初始状态。

F：终止状态集合，$F \subseteq S$。

N：转换公式，实现 $S \times \Sigma \to S$。

确定有穷自动机中的"确定"意味着对于一个输入字符，只有唯一的可能状态。即图中的顶点不可能有不接受任何输入就能转移的出边。

与 DFA 有关的定义如下：

自动机等同：若两个自动机接受相同的语言，则这两个自动机等同。

状态等同：若对于所有的输入字符串 w，　有且只有 $N^*(S_j,\ w) \in F$ 并且 $N^*(S_k,\ w) \in F$，那么 w 是被自动机所接受的。注意，一个非终止状态永远不可能与一个终止状态等同。

一个 DFA 的例子如图 8.3 所示。

对于一些自动机来说，如果存在一些不影响自动机识别字符串的冗余部分，可以对其进行缩减操作，以达到节省空间的目的，以图 8.4 为例。

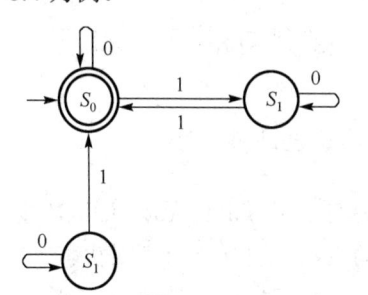

图 8.3　一个 DFA 的例子　　　　　　　图 8.4　缩减操作

如果两个状态等同，那么其中一个可以被消除，来简化自动机。注意这里的缩减有个前提，即状态不能是初始状态，因为初始状态不能被消除。该操作很简单，就是遍历自动机，寻找两个出边和入边完全一致，并且与其相邻的顶点也完全一致的顶点，从二者中删除一个即可。

无法到达的状态消除：如果一个状态是无法从初始状态到达的，那么它可以被消除，如图 8.4 中的 S_3。操作也很简单，遍历自动机，删除所有除自环外没有入边的顶点即可。

2. 不确定有穷自动机

不确定有穷自动机(NFA)：对一个输入符号，有两种或两种以上可能的状态，所以是不确定的。 NFA 可以转换成 DFA，NFA 和 DFA 的主要区别在于：

● DFA 没有输入空串之上的转换动作；

● DFA 对于一个特定的符号输入，有且只能得到一个状态，而 NFA 就有可能得到一个状态集。

NFA 的定义如下：

$$A = (\Sigma,\ S,\ S_0,\ F,\ N)$$

所有被该自动机接受的字符串就是这个自动机的语言。

如果语言 L 被一个 NFA 所接受,那么一定存在一些 DFA 也接受这一语言 L,因此当我们需要一个顶点多而边少的图时,可以先将 NFA 转化为 DFA,再对该 DFA 进行缩减,接下来简要介绍如何将 NFA 转化为 DFA。

首先要对状态转化图进行改造,如图 8.5 所示,增加状态 X,Y,使之成为新的唯一的起始状态和终止状态,从 X 引 ε 弧到原起始状态顶点,从原终止状态顶点引 ε 弧到 Y 顶点。

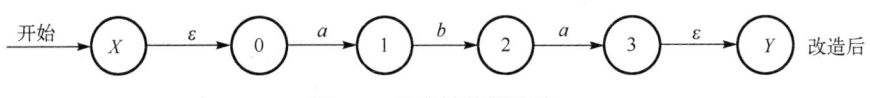

图 8.5 状态转化图改造

然后利用子集法对 NFA 进行确定化。子集法可以将 NFA 转化为接受同样语言的 DFA。其中 DFA 的每一个状态对应 NFA 的一组状态;DFA 使用它的状态去记录 NFA 读入一个符号后可能达到的所有状态。

如图 8.6 所示,A 对应 NFA 的 0 和 1 状态,A 代表的是一组状态。因此,DFA 使用它的状态去记录 NFA 读入一个符号后可能达到的所有状态。

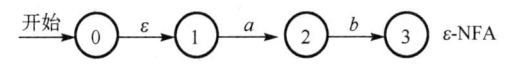

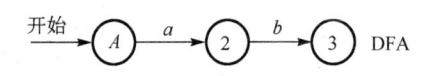

其中,$A = \{0, 1\}$

图 8.6 确定化 NFA

接下来构造状态转化表,构造状态转化表需要引入一个概念:ε-closure(ε-闭包)。状态集 I 的 ε-闭包也是一个状态集:

● 任何状态 $q \in I$,有 $q \in$ ε-closure(I);

● 任何状态 $q \in I$,有 q 经任意条 ε 弧而能到达的状态 $q' \in$ ε-closure(I)。

例如,假设 $I = \{0\}$,那么 $0 \in$ ε-closure(I);并且 0 经 ε 弧能到达 1 状态,因此,$1 \in$ ε-closure(I),即 ε-closure$(\{0\}) = \{0,1\}$。

接下来通过一个例子来加深理解,已知图 8.7 所示的 NFA,求确定后的 DFA:

● 改造状态图:在起始状态的基础上分别加上 X、Y 状态,连接输入符号为 ε,如图 8.8 所示。

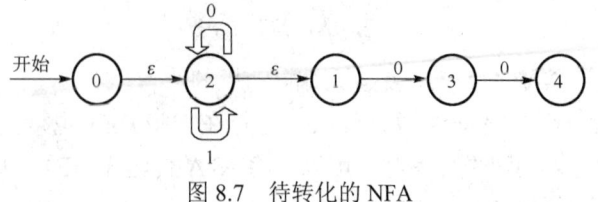

图 8.7　待转化的 NFA

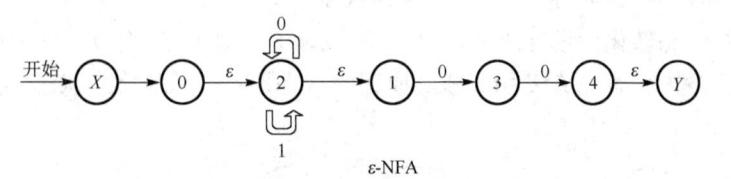

图 8.8　改造后的 NFA

● 状态转化表如表 8.1 所示。

表 8.1　状态转化表

状态集	0	1
$A=\{X,\ 0,\ 2,\ 1\}$	$B=\{2,\ 3,\ 1\}$	$C=\{2,\ 1\}$
$B=\{2,\ 3,\ 1\}$	$D=\{2,\ 4,\ 3,\ 1,\ Y\}$	$C=\{2,\ 1\}$
$C=\{2,\ 1\}$	$B=\{2,\ 3,\ 1\}$	$C=\{2,\ 1\}$
$D=\{2,\ 4,\ 3,\ 1,\ Y\}$	$D=\{2,\ 4,\ 3,\ 1,\ Y\}$	$C=\{2,\ 1\}$

注意：A,B,C,D 表示状态集；0,1 分别表示状态 0 和 1。第二行第二列表示状态集 A 的状态在输入符号 0 后到达的状态的 ε-closure 为 $B=\{2,\ 3,\ 1\}$。

获得改造后的状态图后，我们找到起始状态为 X，由于 X 与 0 之间是输入的 ε 符号，所以 X 与 0 等价；同理，0 与 2 等价，1 与 2 等价。所以，起始状态有 $\{X,0,2,1\}$，命名为状态 A。

再看第二列，处于起始状态 A 时，当输入为 0 时，到达的状态分别有：2 输入 0 到达 2 本身，1 输入 0 到达 3，因此还有 3 状态。与 2 等价的状态有 1；没有与 3 等价的状态。因此，输入字符 0 时，到达的状态有 $\{2,\ 3\}$，它的闭包是 $\{2,\ 3,\ 1\}$。

第三列同理，处于起始状态 A 时，当输入字符为 1 时，到达的状态只有 2。2 的等价状态有 1。因此，输入字符 1 时 A 到达的状态有 $\{2\}$，它的闭包是 $\{2,\ 1\}$。

最后得到的 DFA 如图 8.9 所示。

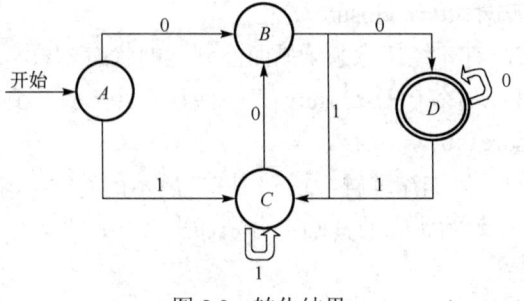

图 8.9　转化结果

8.1.2 有向无环图的缩减

有向无环图指的是不存在任何回路(包括自环)的有向图,英文缩写为 DAG。在软件开发中,一个应用程序的各个子程序可以视为顶点,各个子程序的时序关系可以视为边,由此,一个应用程序的执行流程可以视为一个有向无环图。由于有向无环图的缩减在程序优化中的应用比较典型,本小节将以此为例进行介绍。

在一个应用程序中,任意两个子任务间的依赖关系是固定的,且只能由一方指向另一方。另外,如果应用程序中的多个子任务间的依赖关系构成了一个环,那么这些任务会一直循环执行,不会停止,相应地,这种情况会使得应用程序的执行无法停止。这显然既不利于子程序的复用,也不符合一个应用程序会在一段有限的时间内停止执行的有限性约束。所以一个应用程序中的子任务不可能构成环。

在本节中,将一个应用程序建模成一个有向无环图。其中,有向无环图的顶点代表应用程序中的子任务,而有向无环图中的边用来指示子任务间的依赖关系。显然,有向无环图中没有重边,即任意两个子任务间不会有多重依赖关系。如果有,多重依赖关系也可以合并成一个依赖关系。

给定有向无环图 $G=(V,E)$,其中 V 表示图中的顶点集,每个顶点表示对应的应用程序中的一个子任务;E 表示图中有向边的集合,有向边的存在表示两个顶点所代表的子任务间有数据通信。顶点的数量可以记为 $n=|V|$,边的数量可以记为 $m=|E|$。令 $V=\{t_0,t_1,\cdots,t_{n-1}\}$,即每个顶点可以用 t_i 表示,那么有向边可以用 (t_i,t_j) $(0<i, j<n)$ 表示,其中 t_i 称为有向边 (t_i,t_j) 的头顶点(Head),t_j 称为有向边 (t_i,t_j) 的尾顶点(Tail)。另外,有向边 (t_i,t_j) 象征了顶点 t_j 所代表的子任务只有在顶点 t_i 所代表的子任务完成后才能开始执行。因此,t_i 是 t_j 的前驱顶点(Predecessor),记作 $t_i \in \mathrm{pred}(t_j)$,而 t_j 是 t_i 的后继顶点(Successor),记作 $t_j \in \mathrm{succ}(t_i)$。

如果有向无环图中的顶点没有前驱顶点,只有后继顶点,那么该顶点就称为入口顶点(Entry)。而如果有向无环图中的顶点只有前驱顶点,没有后继顶点,那么该顶点就称为出口顶点(Exit)。本节所研究的有向无环图只有一个入口顶点和一个出口顶点,这是因为在一个应用程序开始执行时,如果存在几个子任务可以没有约束地同时执行,那么总存在一个子任务负责将该应用程序引导激活,这个子任务只可能有一个,这样的子任务在应用程序对应的有向无环图中会被建模成入口顶点。同样,在应用程序中,总有一个子任务负责在其余的子任务都执行完毕后通知系统终结该应用程序,释放其所占用的资源,这样的子任务在应用程序对应的有向无环图中会被建模成出口顶点。除了入口顶点和出口顶点对应的应用程序中第一个和最后一个执行的子任务,其余的子任务必然会被其前驱任务激活执行,在执行完毕后再激活其后继任务的执行,否则该子任务在应用程序中是无意义的。那么,在应用程序对应的有向无环图中,没有任何顶点是孤立的,而且除了入口顶点和出口顶点,其余顶点都至少有一个前驱顶点和一个后继顶点。基于这些特征,可以设计图缩减方案。

不可归约、可归约、嵌套的有向无环图如图 8.10 所示。如果一个有向无环图是可归约的，那么将其中的一个可归约子图归约成一个顶点时，任何两个顶点间的依赖关系依然保持不变。因此，一个可归约的有向无环图可以被一个更小规模的有向无环图表示而不破坏原图中各个顶点间的依赖关系，这就可以在将应用程序映射到片上网络时，在不降低映射方案解质量的同时，减少获取最优映射方案的时间。

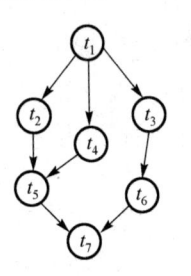

(a) 不可归约的有向无环图   (b) 可归约的有向无环图

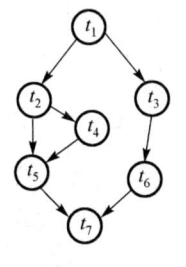

(c) 嵌套图

图 8.10　不可归约、可归约、嵌套的有向无环图

当且仅当有向无环图 $G=(V,E)$ 存在一个子图 $G'=(V',E')$（$V'\subseteq V,E'\subseteq E$），只有一个入口顶点 v_i 和一个出口顶点 v_j，而且其有向边的集合 E' 包含了由其顶点集 V' 导出的所有有向边（除了以 v_i 为头顶点和以 v_j 为尾顶点的有向边）时，一个有向无环图 $G=(V,E)$ 是可归约的。这样的一个子图 $G'=(V',E')$ 就称为一个可归约子图。

换句话说，如果一个有向无环图中包含了至少一个可归约子图，那么该有向无环图就是可归约的。由于可归约子图也可以由它的入口顶点 v_i 和出口顶点 v_j 唯一地确定，因此可归约子图也可以被表示成如 $\langle v_i,v_j\rangle$ 的形式。

给定一个只有一个入口顶点和一个出口顶点的有向无环图，可以通过遍历找出其所包含的所有可归约子图。这些可归约子图在原有向无环图被归约时，都可能被替换成一个顶点，以达到归约图中顶点的目的。

根据对可归约子图特性的分析可以看出，存在一种递归结构：如果两个可归约子图 $\langle v_i,v_j\rangle$ 和 $\langle v_j,v_k\rangle$ 的出口顶点和入口顶点重合，那么子图 $\langle v_i,v_k\rangle$ 也是一个可归约子图。因此，以有向无环图中的每一个顶点作为一个可归约子图的入口顶点，找出以该顶点为入口顶点的最小可归约子图，所有这样找出的可归约子图均为该有向无环图中的不可进一步分割的原子级可归约子图。以这些可归约子图为基础，根据之前发现的可归约子图的递归结构，就可以组合出原有向无环图中的所有可归约子图。因此，在本节阐述的可归约子图搜索算法中，只要找出了所有原子级可归约子图，其他可归约子图就自然而然得到了。在将初始的有向无环图向片上网络映射时，可以根据需要将找出的所有可归约子图有选择地归约成单个顶点。

1. 算法思想

在搜索可归约子图的串行算法中，使用信息传递矩阵 M 来记录每个顶点所产生的一份消息被哪些顶点接收到，以及所接收消息的完整程度。在矩阵 M 中，$M[t_x][t_y]$ 代表由顶点 t_y 产生的消息是否能被 t_x 接收到，如果能，则考虑接收到的消息的完整程度如何。如果 $M[t_x][t_y]$ 的值为 0，则意味着 t_x 不能接收到 t_y 产生的消息，如果 $M[t_x][t_y]$ 的值为 1，那么 t_x 能够接收到 t_y 产生的完整消息，意味着子图 $\langle t_y, t_x \rangle$ 可能是一个可归约子图。另外需要说明，由于在串行算法中只查找原子级的、不可能进一步分割的可归约子图，因此当 $M[t_x][t_y]$ 的值为 1 时，t_x 不再继续将其所收到的 t_y 产生的消息向 t_x 的后继顶点转发。这样，$\langle t_y, t_x \rangle$ 如果不是一个可归约子图，那么就不存在以 t_y 为入口顶点的可归约子图。此外，若 $M[t_x][n+1]$ 的值不为 0，则意味着 $\langle t_{M[t_x][n+1]}, t_x \rangle$ 是一个可归约子图。

算法按照有向无环图拓扑排序(Topology Order)的顺序逐个遍历有向无环图中的所有顶点。对于每一个顶点 t_i，算法都先识别该顶点拥有多少个后继顶点。如果只有一个后继顶点，那么很可能 t_i 与其后继顶点可以构成一个可归约子图。故算法首先检查该后继顶点是否只有一个前驱顶点，如果只有一个前驱顶点，可以判定这两个顶点能够构成一个可归约子图；如果不止一个，则肯定构不成一个可归约子图。接着，算法将 t_i 能接收到的来自其前驱顶点的消息向其后继顶点转发，即检查消息传递矩阵从 t_i 行、t_1 列到 t_{i-1} 列的各项是否不为 0，如果表项 $M[t_i][t_x]$ $(1 \leqslant i \leqslant x)$ 不为 0，且不为 1，就将该值平均分割，然后添加到顶点 t_i 的各个后继顶点行的 t_x 列的表项内。最后，顶点自己产生一份消息，其值为 1，也将 1 平均分割，添加到顶点 t_i 的各个后继顶点列的 t_i 行表项内。这样，串行算法在一个顶点 t_i 上的操作都执行完毕，继续对下一个顶点执行相同的操作。在串行算法遍历了所有的顶点后，将检查消息传递矩阵的每一行是否有值为 1 的表项，选取其中最靠近有向无环图入口顶点的顶点 t_y，通过比较两个顶点所能接收到的产生于子图 $\langle t_y, t_i \rangle$ 以外的顶点消息的量是否相同来判断子图 $\langle t_y, t_i \rangle$ 是否是一个可归约子图。如果是，就将值 y 填充到 $M[t_i][n+1]$ 内。

2. 并行化

实际上，有向无环图中下一个顶点不必在上一个顶点发送完全部产生于其他顶点和自身的消息后才能开始执行操作，所有顶点都可以同时接收和发送消息而不干扰其他顶点的操作。而且各个顶点在接收完所有能够接收到的消息后，可以各自独立判断自身是否是一个可归约子图的出口顶点，从而找出所有的原子级可归约子图。

在并行算法中，每个顶点都是用一个消息记录表 Tab 记录自身能接收到产生于哪些顶点的消息，以及消息完整程度如何。在消息记录表 Tab 中，表项 Tab[t_i]表示自身顶点接收到的产生于顶点 t_i 的消息的完整程度。在顶点间传递消息时，实际上是传递了一个元组 (t_x,val)，它表示所传递的消息产生于顶点 t_x，其消息的完整程度是 val。当顶点 t_i 从它的前驱顶点接收到一个元组 (t_j,val) 时，顶点 t_i 将更新自身的消息记录表，将表项 Tab[t_j]现有的值和 val 相加，再存回表项 Tab[t_j]中，并在转发给 k 个后继顶点之前，将表项中的 val 更新为 val/k，再将元组传递给所有 k 个后继顶点。与串行算法相同，如果表项的值为 1，该元组不会被顶点 t_i 转发给自身的后继顶点，所以后继顶点的消息记录表中表项 Tab[t_j]的值永远不可能为 1。如果顶点 t_i 的前驱顶点集为空，意味着 t_i 已经接收完了所有能够接收到的消息，顶点 t_i 会把自身从所有后继顶点中的前驱集合中删去，并开始检查自身的消息记录表中是否有值为 1 的表项。如果有，就用与串行算法相同的逻辑判断 t_i 自身是否是一个原子级可归约子图的出口顶点，进而探测出有向无环图中所有的原子级可归约子图。除了有向无环图的入口顶点 t_1(因为没有前驱顶点)不需要转发其他顶点的消息外，其余顶点既转发其他顶点消息，自身也要产生消息并发送。

8.2 图 摘 要

另一种缩减图数据的方式是图摘要(Graph Summarization)。图摘要算法通过将图表达为规模更小的数据结构而将复杂而庞大的图数据转化为更紧凑、更小的图数据，同时保留原有的拓扑结构、模式、属性、分布等信息。

图摘要是寻找原始图的紧凑表示形式的基本任务，它能够减少图的占用空间并进行更高效地查询。图摘要还能够实现有效的可视化，从而更好洞察大规模图的性质。对于注重隐私的图分析，图摘要也提供了重要的隐私保护功能。

图摘要可采用多种不同的技术，如压缩技术用于减少描述图所需的字节数，稀疏化技术用于删除较不重要的顶点/边以使图更具信息性，以及基于某种有趣度量将顶点合并为超级顶点。最常用的图摘要方法是基于分组的方法，因为它使用户能够在逻辑上将图摘要与原始图关联起来。

具体来说，根据图是否带有属性信息，可以将图摘要分为基于属性的图摘要、基于拓扑结构的图摘要和基于属性和拓扑结构的混合型图摘要；根据图是否是动态的，可以将图摘要分为动态图摘要和静态图摘要；根据方法思想的不同，可以将图摘要分为基于分组的图摘要、基于简化的图摘要、基于压缩的图摘要、基于影响流的图摘要和基于图模式挖掘的图摘要。这些不同的方法具体解释如下：

- 基于分组的图摘要：这种方法是图摘要领域最流行的方法。基于分组思想的图摘要通过合并顶点为超级顶点，压缩边为超级边，并使用超级边连接超级顶点来生成摘要图。在合并顶点和边的过程中，目标是最小化一个特定的目标函数。基于分组的方法主要分为三个主要类别：基于效用的方法、基于纠错集的方法和用于推断摘要的预期邻接矩阵的方法。

- 基于简化的图摘要：这类图摘要方法通过删除原图中不重要的边来达到简化的目的。与基于分组的方法相比，该方法得到的是原图的一个子图。
- 基于压缩的图摘要：压缩是图摘要中的一种常用技术。许多图摘要问题可以被看作通过摘要描述输入图，以最小化所需存储空间的问题。在压缩过程中，通常会发掘图中的某些特定结构模式，并使用更节省存储空间的数据结构或其他方式进行存储，从而减少对存储空间的需求。
- 基于影响流的图摘要：基于影响流的图摘要方法旨在发现大规模图中影响流的紧凑表示。这类方法通常将图摘要问题视为一个优化过程，保留了与影响传播相关的一些顶点。例如，基于社区层面的社会影响（CSI）的图摘要方法通过扩展独立级联模型来提取一系列社区及其相互关系，而不仅仅使用独立顶点。在模型选择方面，通常使用 MDL 准则和贝叶斯信息准则来平衡数据拟合和模型复杂度。
- 基于图模式挖掘的图摘要：基于图模式挖掘的图摘要方法旨在通过挖掘结构模式来进行图摘要。这类方法可以分为两类：一类通过挖掘图中存在的频繁模式，并使用特殊的数据结构或其他方法来表示挖掘到的模式，从而减小输入图的大小；另一类通过挖掘网络中的异常模式、图的分布、属性等图形特征（如添加虚拟顶点等方式）来压缩输入图的规模。

下面详细介绍基于分组的图摘要方法和针对动态图的图摘要方法，并将简要地介绍一些其他方法的思路和典型工作。

8.2.1 基于分组的图摘要

1. 顶点分组方法

顶点分组方法使用现有的集群技术来查找集群，并将其映射到超级顶点中。还有一些方法基于依赖于应用程序的优化函数，通过递归地将顶点聚合为超级顶点，并通过超级边连接它们。

顶点分组和聚类是相关的（图聚类技术在第 6 章中进行了详细介绍），因为它们都输出了顶点集，但它们有不同的目标。在摘要的上下文中，顶点分组是为了使结果图摘要具有特定的属性，如查询特定属性或边权重的维护。而聚类或分割通常是以最小化交叉聚类边或其他变体为目标，而不是生成图摘要。此外，与角色挖掘或结构等效不同，摘要方法旨在将在结构上相似且彼此连接或接近的顶点分组在一起，以便用一个超级顶点代替它们。

虽然聚类的目标不是生成图摘要，但聚类算法的输出可以很容易地转换为图的摘要。简而言之，可以通过以下方式将输入图的表示缩小：

- 将属于同一聚类/社区的所有顶点映射到一个超级顶点中；
- 使用超级边将它们连接起来，其权重等于交叉聚类边的权重之和或原始边的权重之和。聚类的输出可以看作是一个摘要图，但与定制摘要技术的一个根本区别是后者以类似的方式将连接到图的其余部分的顶点分组在一起,而聚类只是将密集连接的顶点分组。

基于层次聚类的顶点分组方法的一个代表性算法是 GraSS,其目标是实现精确的查询处理。该算法支持查询两个顶点之间的邻接关系,以及顶点的度和特征向量中心度。图摘要是通过贪心地分组顶点生成的,以最小化归一化重建误差。重构误差的损失函数定义如下:

$$reconstructed\_error = \frac{1}{|v|^2}\sum_{iev}\sum_{jev}|\overline{A}(i,j) - A(i,j)|$$

其中,A 是图的原始邻接矩阵,$\overline{A}$ 是实值近似邻接矩阵,其每个条目直观地表示了给定摘要中对应边存在的概率。摘要的结果是一组顶点集,其中包含有关簇内和簇间边数的信息。这些集合用于生成一个概率近似邻接矩阵,在该矩阵上进行查询。在一些 GraSS 算法的变体中,GraSS 算法还可以利用最小描述长度(MDL)自动找到最佳的超级顶点数量。

除摘要本身的最终目标之外,顶点分组方法还可以应用于许多基于图的任务(如实体解析)。例如,CoSum 算法对 k 个异构图进行分组,以改善数据集之间的记录链接。它将输入的 k 型图转换为由超级顶点和超级边组成的 k 型摘要图,利用不同类型之间的链接来提高实体解析的精度。与一般方法相比,结果摘要在实体解析方面具有更好的性能。

2. 边分组方法

边分组方法将边聚合到压缩器或虚拟顶点中,以无损失或有损失的方式减少图中的边数。例如,Graph Dedensification 是一种边分组方法,它压缩高阶顶点周围的邻域,加快查询处理速度,并在压缩后的图上实现直接操作。它引入了"压缩器顶点"的概念,假设高阶顶点被冗余信息包围,可以合成和消除。在查询处理过程中,只有当每个顶点最多有一个指向压缩顶点的传出边,并且每个高阶顶点都有来自压缩顶点的传入边时,才会进行去失真。这些可以保证来查询处理算法在压缩图上直接进行模式匹配查询。

8.2.2 动态图摘要

对时间演化网络的图摘要技术的研究尚未像静态网络一样得到充分重现,可能是因为时间维度引入了新的挑战。动态图摘要对时间粒度非常敏感,即输入图序列中每个网络的时间戳,通常是任意选择的(例如,可以设置为分钟、小时、天、周、月、年或其他有意义的单位)。摘要或简化这些图有助于节省存储空间、减少数据噪声,并实现有效的分析和可视化。根据动态图摘要的基本思想的不同,动态图摘要可以分为基于影响流的方法和基于压缩的方法两类。

基于影响流的动态图摘要旨在摘要社交网络中的主要影响传播过程。其中一个典型算法是 OSNET,它通过兴趣驱动的影响流扩散过程来实现动态图摘要。该算法的目标是捕获影响流的传播过程，并在有向图中解释动态影响流的流动。摘要图的输出由原始输入图中的"有趣"顶点组成的子图构成,其中兴趣度定义为顶点的出度(即在影响流扩散过程中被"感染"顶点的数量)和最大传播半径(即从影响传播过程的根顶点到当前传播顶点路径的长度)的线性组合。其核心思想是构建影响流传播树，并通过熵和阈值来实现快速收敛以计算兴趣度。通过在它们对应的时间空间中应用余弦相似性来跟踪主题随时间的演化。余弦相似性用于确保时间上的一致性。

　　基于压缩思想的动态图摘要是利用压缩思想从时序数据中提取有意义的模式。其中一个代表性算法是 TimeCrunch，它简洁地描述了具有重要时间结构的动态图，是面向静态图的 VoG 算法的有效扩展。在静态图摘要中，VoG 算法通过定义静态图词汇表(例如团、近似团、二分图、近似二分图、星形图、链)来寻找结构，并以结构加损失的方式进行存储，以减少存储空间。而 TimeCrunch 算法则将时间图摘要问题形式化为一个信息优化问题，旨在识别局部静态结构并以动态描述的方式达到全局最小描述长度的目标。该算法引入了描述时间行为的词汇，如闪烁、周期出现、单次出现等，并将动态图标签引入静态图词汇表中。该算法首先识别每个时间戳中的静态结构，然后使用动态词汇标记这些结构，并将静态词汇以动态词汇的顺序在时间序列上进行汇总。通过使用静态标签和动态标签的存储方式，达到了图的摘要目的。

8.2.3　其他方法

1. 统计学摘要

　　统计学摘要是基于事件计数和量化方法的摘要方式。它的基本思想是对图数据进行模式挖掘和采样分析。模式挖掘主要分析图数据各个顶点和边之间的关系模式，采样分析主要分析子图的拓扑结构、顶点分布等特征。

　　统计学摘要主要侧重于总结地理知识方面的图数据。研究者们面向基于图数据的统计学摘要提出了地理空间归纳偏差(geo-spatial inductive bias)的概念，它可以通过汇总顶点的层次信息来有效地发现隐藏在地理知识与数据中的知识模式。

2. 目标导向摘要

　　目标导向摘要可以满足动态图数据上进行摘要的需求。在动态图数据的摘要领域，算法常常是目标导向的，比如优化内存占用量、提升计算速度等。

　　在这些目标的导向下，算法面临最大的问题是图的动态变化，图中的权重、边和顶点都可能产生变化。在基于窗口的模型中，一组不断变化的图数据称为"图流"(graph stream)。图流需要一种方式来进行摘要，以确保在查询时可以得到更高的效率。

　　目前已有的图流摘要算法都利用了一个共同的原理：找到最适合内存结构的表示方法。

　　例如，研究者们在 2019 年提出了针对带权图的摘要方式。在该研究中，图中的权重与时间戳有关。该摘要方式主要利用哈希算法来压缩邻接矩阵。对于稀疏图，该算法可以将其邻接矩阵的不同行列压缩到同一行列，并用哈希指纹来区分。该算法适用于大多数拓扑学查询(可达性查询、相邻顶点查询等)。

此外，研究者们在 2020 年提出了一种基于 K-means 的线性聚类算法，使得图流的存储更适合内存结构。该算法的主要思想是：首先将邻接矩阵的时间序列保存下来，每一个带有时间戳的邻接矩阵代表某时刻的静态图，可以用一个三阶张量表示。然后计算出带有最后 w 个时间戳的张量的汇总摘要。

3. 基于属性的图摘要

由于许多现实世界中的图的顶点和边都带有属性注释，因此存在一些考虑顶点和边属性的拓扑和语义的图摘要方法。例如，FUSE 是一种用于蛋白质交互网络的功能性摘要技术，有助于理解与疾病相关的蛋白质交互作用网络(如阿尔茨海默病网络)中的高级功能关系。SNAP 和 OLAP 方法允许在异构网络上以各种分辨率进行交互式摘要。

8.3　图　压　缩

图数据压缩是一种从减少对图内冗余信息存储角度出发，来实现在内存中存储大规模图数据的技术。相较于利用外存和分布式的方法，图压缩可以减少 I/O、CPU 资源和通信的开销，同时加快数据操作分析速度。下面通过一个例子来直观地讲解图压缩的思想：在对无向图的邻接矩阵存储中，由于该矩阵是对称矩阵(沿对角线对称)，因此在压缩存储时只需要存储一半的三角形矩阵即可，这样就减少了存储空间的开销。在实际操作中，情况往往比这个例子要复杂得多，但本质都是减少冗余信息，优化存储空间。

本节将从基于邻接矩阵的压缩、基于邻接表的压缩和基于形式化方法的压缩三个角度来介绍图压缩技术，其中基于形式化方法的压缩比前两者更有优势。

8.3.1　基于邻接矩阵的压缩

大部分图特征函数服从幂律分布，其邻接矩阵具有一定的稀疏性和聚类性，这为邻接矩阵的压缩提供了可能。一种有效的方法是使用 k^2-tree 算法对邻接矩阵的特征进行提取。k^2-tree 的构造需要经过以下两个步骤。

- 步骤 1：对于给定的 $n \times n$ 邻接矩阵，首先判断 n 是否为 k 的幂。若是，则转到步骤 2；若 n 不是 k 的幂，则增加矩阵中的行和列使得 $n = k \times s$(s 为正整数)，其中增加的行和列的元素用 0 填充，再转到步骤 2 进行递归划分。
- 步骤 2：进行递归划分。根据 MXQ 树规则将矩阵划分为 k^2 个大小一致的子矩阵。如果子矩阵中的元素至少有一个为 1，那么将这种矩阵标记为 1，否则标记为 0。将这些值从上到下，从左到右排列，它们将作为根节点的 4 个儿子节点，树的

第 1 层节点构造完毕。对标记为 1 的矩阵再进行递归处理，它们的值将作为树的第 2 层节点，如此重复，直到划分后的矩阵全部为 0 或者已经划分到原始矩阵中的某个元素，递归停止。

图 8.11 所示是一个具有 4 个顶点的网页图所对应的邻接矩阵及 k^2-tree (n 是 k 的幂)。图 8.12 所示是一个具有 11 个顶点的网页图所对应的邻接矩阵及 k^2-tree (n 不是 k 的幂)，矩阵中的深色部分是为满足条件所增加的行和列。

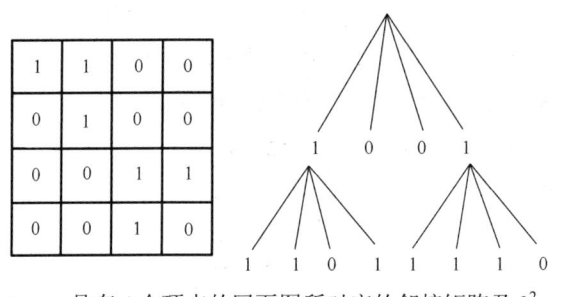

图 8.11　具有 4 个顶点的网页图所对应的邻接矩阵及 k^2-tree

如图 8.12 所示，若用邻接矩阵来存储顶点数为 11 的网页图，需要的存储空间为 121 位。若采用 k^2-tree 存储，需要的存储空间为 72 位。可见，k^2-tree 比邻接矩阵具有更好的空间利用率，并且随着图顶点数目的不断增加，k^2-tree 节省的存储空间会越来越多。不仅如此，k^2-tree 还支持在常数时间范围内查询顶点的直接邻居和反向邻居。

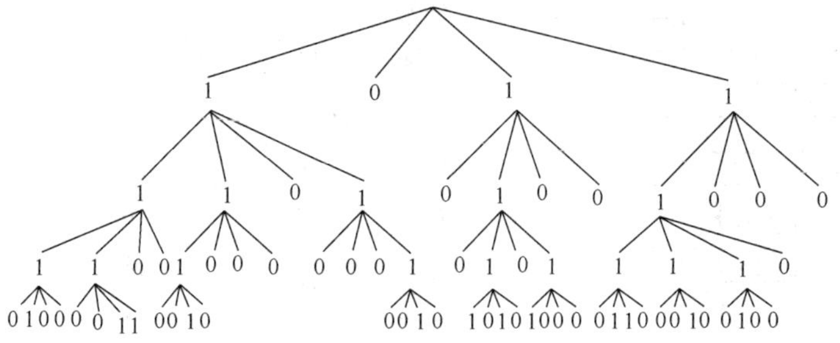

图 8.12　具有 11 个顶点的网页图所对应的邻接矩阵及 k^2-tree

k^2-tree 能够紧凑地表示图数据，但在图的邻接矩阵压缩方面还存在不足：

- 网页图中的顶点和链接分布严重依赖于 URL 排序。若采用传统的 k^2-tree 思想机械地划分网页图，会导致稠密区域和稀疏区域划分到同一个子矩阵中，这会使得空间利用率降低。
- k^2-tree 的邻居查询时间与 k^2-tree 的高度成正比，面对上亿个顶点的图数据，若不对其进行处理，邻居查询时间会大大增加。

为了更加有效、紧凑地压缩表示网页图，研究者们利用网页图中域特有的规律，提出了 k^2-partition。他们沿着对角线把图划分成不同的域，如图 8.13 所示，对不同的域用传统的 k^2-tree 表示，如图 8.14 所示，实现了较好的时间/空间均衡。采用 k^2-partition 表示图 8.13 和图 8.14 中的矩阵，需要的存储空间为 64 位，存储空间需求有所改善，并且随着图顶点的增加，效果会越来越明显。在传统的 k^2-tree 中查询给定顶点的邻居信息的时间与树的高度成正比，在 k^2-partition 中，由于降低了树的高度，因此能获得更好的查询时间。

0	1	0	0	0	0	0	0	0	0	0
0	0	1	1	1	0	0	0	0	0	0
0	0	0	0	0	0	0	0	0	0	0
0	0	0	0	0	0	0	0	0	0	0
0	0	0	0	0	0	0	0	0	0	0
0	0	0	0	0	0	1	0	0	0	0
0	0	0	0	0	0	0	0	0	0	0
0	0	0	0	0	0	1	0	0	1	0
0	0	0	0	0	0	1	0	1	0	1
0	0	0	0	0	0	1	0	0	1	0

图 8.13　将图划分为不同的域

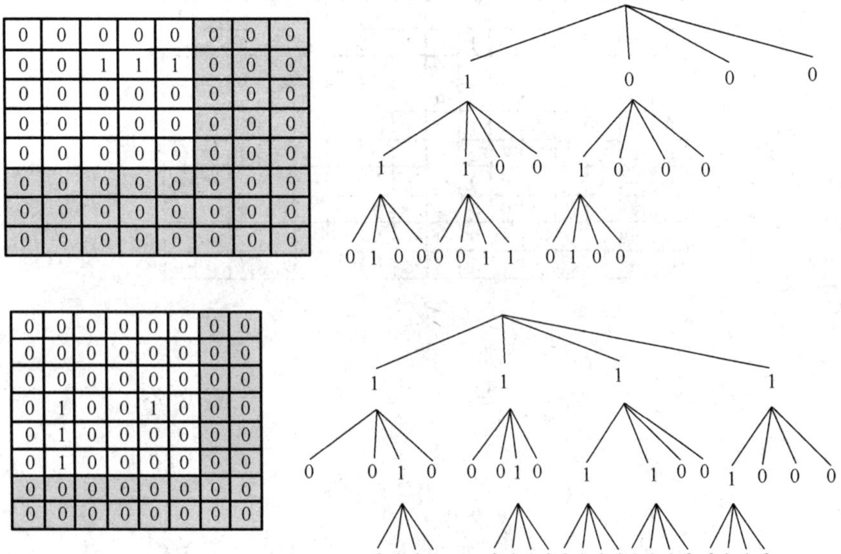

图 8.14　对不同的域采用传统的 k^2-tree 表示

出于对多维数据，如时序图（顶点关系随时间改变的动态图）、社交网络图和引文网络图紧凑表示的需要，利用 k^2-tree 的构造思想提出了 k^d-tree。k^d-tree 是 k^2-tree 的一般化形式，通常用来表示 d 维的二元矩阵。对于一个规模为 $n_1 \times n_2 \times \cdots \times n_d$ 的 d 维矩阵，将其递归地划分为 k^d 个子矩阵，每个树中的节点都拥有 k^d 个儿子节点来表示对应的子矩阵。对于每个子矩阵，按照从高维到低维的次序来确定 k^d-tree 中的第 1 层至最后 1 层的值，如果子矩阵存在 1 值的元素，使用 1 来表示，如果为 0，使用 0 来表示。

8.3.2 基于邻接表的压缩

图不仅可以使用邻接矩阵来存储，还可以使用邻接表来存储。在实际应用中，邻接表经常用于网页图的存储。研究表明，如果将所有网页图的 URL 按照字典排序，大多数的网页图具有以下两种特性。

● 局部性：对于某个网页来说，它的直接邻居集合彼此之间挨得很近。

● 相似性：位置上靠得很近的一些网页集，它们的后继集很相似。

为了利用网页的局部性，研究者们提出了空隙编码的思想。空隙编码是指用两个连续的顶点标签值来替代原始顶点标签值。设 $A(x) = (a_1, a_2, a_3, \cdots, a_n)$ 为第 x 个顶点的标签值，其中 $a_1, a_2, a_3, \cdots, a_n$ 为 x 的直接邻居。那么 x 对应的空隙编码为 $B(x) = (c(a_1 - x),$ $a_2 - a_1 - 1, a_3 - a_2 - 1, \cdots, a_n - a_{n-1} - 1)$，下式表示计算 $A(x)$ 中 a_1 的空隙编码标签值。

$$c(x) = \begin{cases} 2x, x \geqslant 0 \\ 2|x| - 1, x < 0 \end{cases}$$

图数据规模的不断增加使得顶点标签值的位数不断增加，空隙编码的本质是压缩顶点的标签值，以减少所需的存储空间。

利用网页的相似性，可以引入参考压缩的思想。参考压缩使用一个顶点的邻接表来表示其他顶点的邻接表。其中，$s(x)$ 和 $s(y)$ 分别为两个顶点的出度表，$s(x)$ 称为参考表，$s(y)$ 称为复制表，$y - x$ 称为参考系数，用 r 表示。如果 $s(x)$ 的后继在 $s(y)$ 中也存在，那么复制表中对应位置为 1，否则为 0。进一步，如果 $s(y)$ 的后继在 $s(x)$ 中不存在，则这些顶点称为额外顶点。

上述两种技术都要求顶点的直接邻居集合是有序的。如果网页图需要保留最原始的链接顺序，则上述方法并不适用。

研究者们发现，邻接表的顶点之间的后继关系存在许多相似的信息，这意味着数据中存在一定的冗余。为了解决这个问题，出现了 Repair 算法。该算法的思想是将所有顶点的后继看作一个序列 T，并在序列中用 s（s 为从未在 T 中出现的符号）替换最频繁出现的符号对，直到序列 T 不再出现频繁模式。假设图 $G = (V, E)$，$T(G) = v_1 v_{1.1} v_{1.2} v_{1.3} \cdots v_{1.n} \cdots$ $v_2 v_{2.1} v_{2.2} v_{2.3} \cdots v_{2.n} \cdots v_n v_{n.1} v_{n.2} v_{n.3} \cdots v_{n.n}$，其中 v_1 是第一个顶点的标签值，$v_{1.n}$ 是第一个顶点的后继。Ptrs[m] 是一个指针数组，记录每个顶点在序列 T 中的起始位置，图 8.15 展示了给定图的邻接表的 Repair 压缩示例。

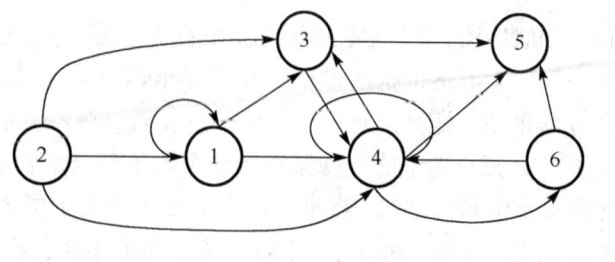

$T(G)=$ | -1 | 1 | 3 | 4 | -2 | 1 | 3 | 4 | -3 | 4 | 5 | -4 | 3 | 4 | 5 | 6 | -5 | -6 | 4 | 5 |

Add rule 7→45 | -1 | 1 | 3 | 4 | -2 | 1 | 3 | 4 | -3 | 7 | -4 | 3 | 7 | 6 | -5 | -6 | 7 |

Add rule 8→43 | -1 | 8 | 4 | -2 | 8 | 4 | -3 | 7 | -4 | 3 | 7 | 6 | -5 | -6 | 7 |

Add rule 9→84 | -1 | 9 | -2 | 9 | -3 | 7 | -4 | 3 | 7 | 6 | -5 | -6 | 7 |

Remove<0 | 9 | 9 | 7 | 3 | 7 | 6 | 7 |

1　2　3　4　5　6　7

Ptrs[1] = 1, Ptrs[2] = 2, Ptrs[3] = 3, Ptrs[4] = 4, Ptrs[5] = 7, Ptrs[6] = 7

图 8.15　邻接表的 Repair 压缩示例

Repair 算法将一个邻接表压缩成一个字典规则 R 的集合，一个指针数组 Ptrs，一个序列 T。每次查询顶点的信息时，仅需找到该顶点的起始位置和终止位置，然后进行部分解压缩即可。然而，对于大规模图而言，如果每次添加新的规则，那么字典规则 R 的集合越来越大。Bille 等人对该算法进行了改进，取得了很好的时间/空间均衡。

另一种基于邻接表的压缩算法称为 LZ78 算法，其思想是建立一个字典表，每读入一个字符，判断其是否在字典表中。若不存在，则保存字符并建立索引；若存在，则保存索引并加上新的字符作为该字符串的表示。

LZ78 算法包括三个步骤。

- 步骤 1：建立字典表，并将字典表设置为空。
- 步骤 2：依次读取文本中的一个新的字符，设新字符为 C。
- 步骤 3：在字典中查找当前的前缀和新的字符的组合，即 $P+C$。

具体的算法流程如下。

- 如果在字典表中找到了这个新组合，将前缀 P 重新进行改写，需要加上新读取的字符 C。
- 如果字典表中没有这个新组合，执行保存新组合的操作：输出当前前缀的索引及字符 C，将前缀和新读取的字符串保存在字典表中，重新改写前缀 P，将其设置为空。
- 重复前面两个流程，直到所有的字符串都完成编码。

LZ78 算法和 Repair 算法在对文本进行压缩时有一个区别：

$$T(G)=v_{1.1}v_{1.2}v_{1.3}\cdots v_{1.n}\cdots v_{2.1}v_{2.2}v_{2.3}\cdots v_{2.n}\cdots v_{n.1}v_{n.2}v_{n.3}\cdots v_{n.n}$$

表 8.1 展示了图 8.15 所示的邻接表的 LZ78 压缩。

表 8.1 邻接表的 LZ78 压缩

输出	索引	字符
(0,1)	1	1
(0,3)	2	3
(0,4)	3	4
(1,3)	4	1,3
(3,4)	5	4,4
(0,5)	6	5
(2,4)	7	3,4
(6,6)	8	5,6
(3,5)	9	4,5

　　LZ78 算法和 Repair 算法最大的区别在于在压缩时不需要存储和维护字典表，因为字典表以结果形式输出。因此，LZ78 算法在查询顶点信息时的速度比 Repair 算法快。然而，由于每次解压缩过程都需要从结果的起始位置开始构建字典 R，所以 LZ78 算法只能对邻接表的边表进行压缩，这限制了 LZ78 算法的性能。

8.3.3　基于形式化方法的压缩

　　二叉决策图（Binary Decision Diagram，BDD）是一种新型的数据结构，它不仅是解决布尔代数表达和计算有效的工具，还是符号模型检验技术的核心。2007 年，杨志飞等人将符号计算运用到大规模图数据的压缩表示中，核心思想是对图中的顶点进行二进制编码，将图中的连接关系转化为布尔代数，进一步通过有序二叉决策图（Ordered Binary Decision Diagram，OBDD）求解布尔代数。利用布尔代数中顶点取值的冗余，衍生出OBDD 的化简规则和删除规则，以此来共享子图，提高存储效率。在这种表示形式下，查询图中顶点的度数、判断两个顶点是否存在连接关系、向图中增加或删除边以及图的同构问题分别可以转化为 OBDD 的可满足性问题、OBDD 的求值操作、OBDD 的应用操作和 OBDD 的等价性判定。将图转化为 OBDD 的具体思想是：对于一个具有 n 个顶点的有向图，利用布尔变量对顶点和边进行编码，将其转化为布尔表达式。

　　例如，在图 8.16（a）中有 4 个顶点，因此需要 2 个布尔变量。对于图 8.16（a）中的有向边，则需要 2 组布尔变量来分别表示起点和终点，可以将有向边的起点用 $x=x_1x_2$ 表示，终点用 $y=y_1y_2$ 表示，其中 x_1、x_2、y_1、$y_2 \in \{0,1\}$。由于顶点 0 和顶点 1 之间存在有向边，设顶点 0 的编码为 $x'_1x'_2$（表示 x_1 取 1，x_2 取 1），顶点 1 的编码为 y'_1y_2（表示 y_1 取 1，y_2 取1），则有向边可表示为 $x'_1x'_2y'_1y_2$。基于上述方法，编码每一条边，便可得到该图对应的OBDD，如图 8-11（b）所示。由于 OBDD 的终点只能为 0 或 1，所以它只能表示无权图。而代数决策图 ADD（Algebraic Decision Diagram）进一步将布尔代数拓展到伪布尔代数，将无权图拓展到带权图，丰富了图的布尔代数表示方法。将图转化为 ADD 的思想和转化为 OBDD 类似，其中的区别在于 ADD 的终点不再是 0 或 1，而是图中存在的每一条边的权重值。图 8.17 所示是带权图的 ADD 转化，图中包括具有 4 个顶点的带权有向图所对应的邻接矩阵 M_G 及代数决策图。

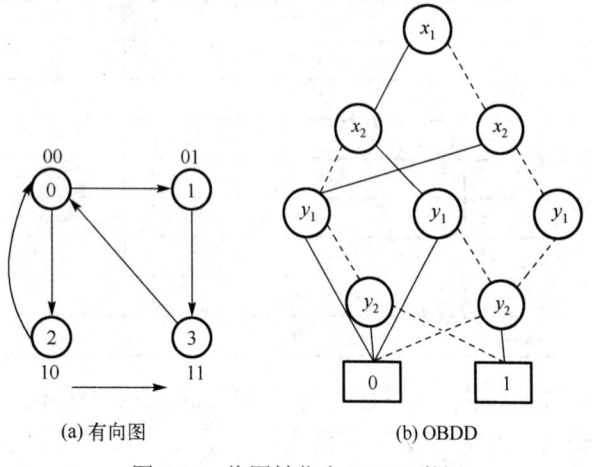

(a) 有向图　　　　　　(b) OBDD

图 8.16　将图转化为 OBDD 举例

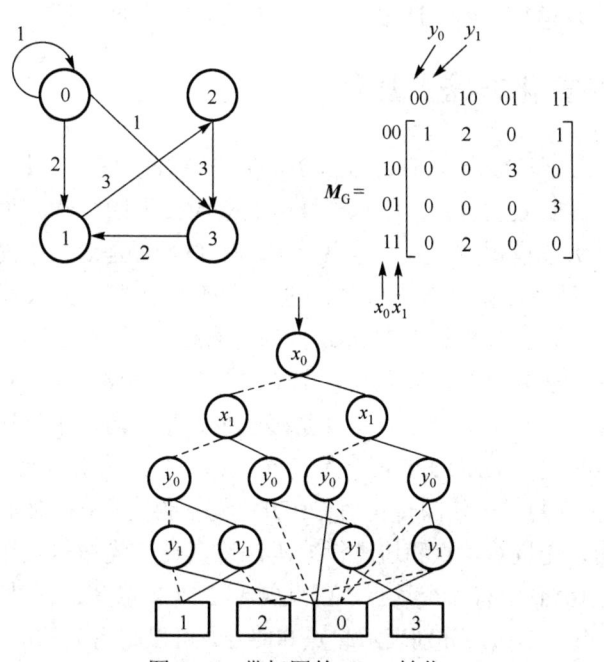

图 8.17　带权图的 ADD 转化

　　随着图数据规模的增加，有效地紧凑表示图数据成为当前的研究重点。上文提到的 k^2-tree 是一种能够很好地压缩邻接矩阵、实现时间/空间均衡的方法。然而，k^2-tree 仍然面临以下问题：

- k^2-tree 中存在大量同构子树。
- k^2-tree 只能对稀疏图进行压缩。
- k^2-tree 只能表示静态图，不能增加或删除边。

为了解决上述问题，研究者们提出了 k^2-MDD，将多值决策图 MDD 和 k^2-tree 进行结合。k^2-MDD 利用 MDD 的删除规则、化简规则及多变量取值性质来合并相同子图，其构造过程包括以下三个步骤：

- 步骤 1：使用传统的 k^2-tree 表示给定的邻接矩阵。
- 步骤 2：删除 k^2-tree 中所有的 0 顶点，并合并 k^2-tree 叶子顶点中为 1 的顶点。
- 步骤 3：对 k^2-tree 的每个分支进行二进制编码($k=2$)，合并顶点值相等且子顶点相同的顶点(共享子图)。

上文中的图 8.12 已展示了一个包含 11 个顶点的网页图所对应的邻接矩阵及 k^2-tree。图 8.18 展示了该传统 k^2-tree 中同构子树的分布，用相同大小的方框标注相同的子树。图 8.19 表示了 k^2-tree 的 MDD。

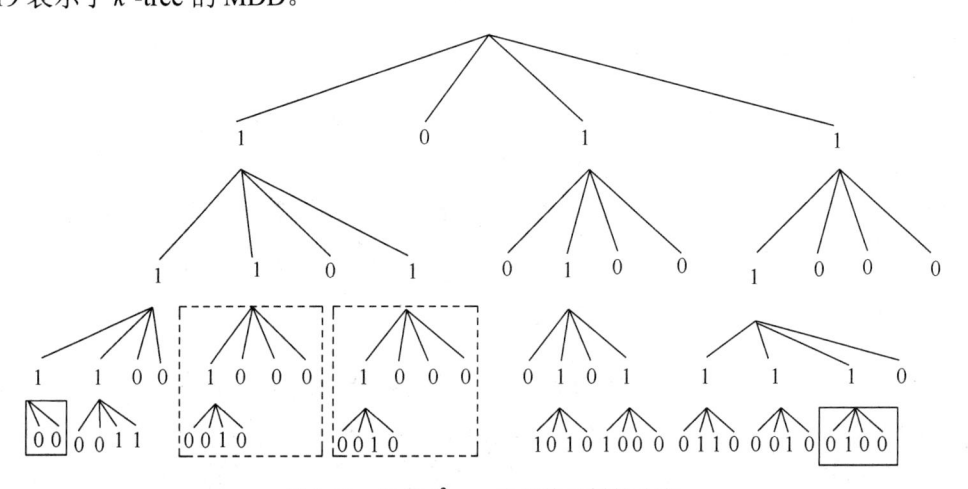

图 8.18　传统 k^2-tree 中同构子树的分布

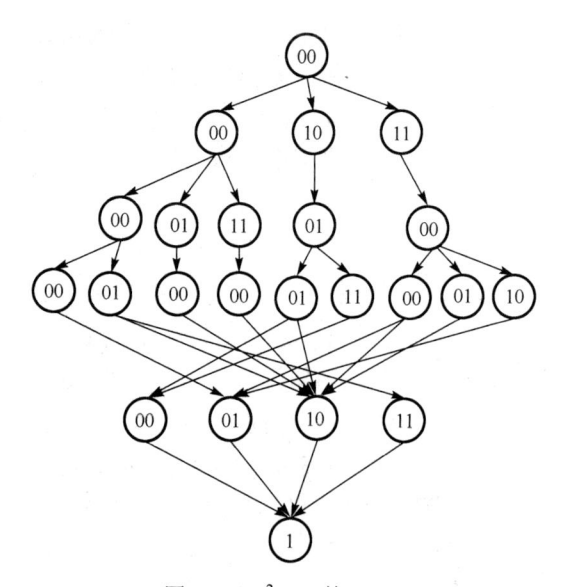

图 8.19　k^2-tree 的 MDD

8.4 图 采 样

图采样指从原始大规模网络中选取具有代表性的点和边的技术，该技术能够有效地降低大图数据规模，显著地提升大图计算效率和可视化效果，被广泛应用于社交网络、地理交通等领域。图采样可以分为随机图采样和基于特征的图采样。随机图采样通过随机地对点和边进行采样来保持网络图的随机分布特征，还可以采用第 2 章中讲解的随机游走和图嵌入方法。基于特征的图采样从保持图内特征的角度出发，可以使用第 5 章和第 6 章中讲解的子图挖掘和图聚类算法。

8.4.1 随机图采样

随机图采样强调在点或边的选择上具有随机性，它具有复杂度低、采样效率高等优势，可以有效地保持网络图的随机分布特征。主要包括三类方法：随机点采样方法、随机边采样方法和随机游走采样方法。其中随机游走已经在第 2 章中进行了详细讲解，本节重点介绍前两种方法。

1. 随机点采样方法

根据顶点的选择方式，经典的随机点采样方法包括随机顶点(Random Node, RN)采样、随机度顶点(Random Degree Node, RDN)采样和随机 PageRank 顶点(Random PageRank Node, RPN)采样等。其中，随机顶点采样方法侧重于均匀选择顶点，它在原始网络中随机选择一组顶点，然后选择与这些顶点连接的边来获得采样结果。在随机度顶点采样中，顶点的选择概率与其度数成正比。而在随机 PageRank 顶点采样过程中，顶点的选择概率与 PageRank 值成正比。由于具有较大度数和 PageRank 值的顶点具有较强的属性特征，随机度顶点采样和随机 PageRank 顶点采样可以通过增加重要顶点被选择的概率来保持采样结果中的重要网络结构特征。

2. 随机边采样方法

与随机点采样方法类似，随机边采样方法通过随机选择边来实现大图采样。它包括随机边(Random Edge, RE)采样、随机顶点边(Random Node Edge, RNE)采样、随机边顶点(Random Edge Node, REN)采样和均匀随机边(Uniform Random Edge, URE)采样等方法。在随机边采样中，随机选择一组边，并选择与这些边连接的所有顶点来形成采样结果。该方法在顶点的选择过程中倾向于选择高度顶点。随机顶点边采样先随机选择一个顶点，然后随机选择与该顶点连接的边，以达到大图采样的目标。随机边顶点采样类似于随机顶点边采样，它先随机选择一条边，然后在边的顶点中选择与顶点相连的边，通过逐步递归获得采样结果。均匀随机边采样按照恒定的概率随机选择边及与边相连的顶点，它能够很好地保持原始的割集权重。一些研究进一步探讨了均匀随机边采样的优点，认为它较好地保留了由割集扩展而来的 4 种边集度量指标，即体积、关联、互补体积和互补关联，有效地提高了图挖掘效率。

在随机边采样方法中，边和顶点的随机选择方式容易导致它们相互独立，从而导致采样结果中存在大量的稀疏连接。因此，一些方法对其进行了改进，如图诱导方法。研究者们在随机边采样方法的基础上研究了图诱导方法，对所有采样顶点之间的边进行采样，有助于保持高度顶点周围的连通性。此外，该算法还提出了一种全诱导边采样方法（Totally-Induced Edge Sampling, TIES），它利用边采样方法获得初步的采样结果，然后采用图诱导的方式添加采样顶点之间的所有边，以提高采样结果的连通性。进一步地，人们提出了适合流图挖掘的部分诱导边采样方法（Partially-Induced Edge Sampling, PIES），该方法同时进行基于边的顶点采样和图诱导方法，动态地保持代表性样本，从而有效地保持图的连通性。

8.4.2　基于特征的图采样

随着计算机存储、计算和显示能力的不断增强，大图采样的目标也不再仅限于降低数据规模，逐渐出现了许多能够保持原始网络特征的大图采样方法。这些方法和之前讲解的子图挖掘与图聚类有许多相通之处，为了避免重复叙述，本节将从不同特征的角度重新梳理。按照目标特征对大图采样方法进行总结和划分，详细介绍以下两类大图采样方法。

- 拓扑结构特征驱动的大图采样方法：这类方法侧重于保持原始网络的拓扑结构特征，如顶点度分布、聚集系数等，通过随机顶点或随机边的选择，保持原始网络的随机性和分布特征。
- 社区结构特征驱动的大图采样方法：这类方法考虑到网络中的社区结构特征，即顶点之间的紧密连接和组织，通过选择具有社区内部边和顶点的采样子图，保留原始网络中的社区结构。

1. 拓扑结构特征驱动的大图采样方法

网络拓扑结构特征表现为顶点和边之间的结构关系，有效地保持网络的拓扑结构特征，有利于网络全局特征的感知和探索。为在采样结果中保持网络图的全局拓扑结构特征，研究者们使用影响力采样（Influence Sampling, IS），根据大图中顶点的度数来选择顶点，实现具有较高影响力顶点的保留，较好地保持了网络度分布、聚类等拓扑结构。保留原始图的重要顶点属性有利于更好地识别网络中有影响力的传播者。此外，研究者们还使用秩度采样方法（Rank Degree Sampling, RD），用确定性图探索方法代替采样过程中随机图遍历方法，均匀、随机地选择初始顶点，根据顶点度的大小选择其邻居顶点和边，生成的样本保留原始图的重要/中心顶点，可保持初始图的多个拓扑属性。在上述方法的基础上，研究者们将秩度图采样方法扩展至 12 种不同类型的网络上，实验证明，其显著地提高了图采样效率，并有效地保持了原始图的拓扑结构。连通性指空间或集合的一种简单的拓扑性质。为保持原始图的连通性和拓扑结构，研究者们使用光谱顶点采样（Spectral Vertex, SV）方法，将图类比于电网络，通过计算为顶点赋予电阻值，在采样过程中选择电阻值较高的点，在保持原始图连通性的同时较好地保持了网络图的全局拓扑结构。在 SV 采样的基础上，进一步使用基于连通性的光谱顶点采样方法（Block Cut-Vertex Spectral Vertex Sampling, BC-SV），紧密结合 BC（Block Cut-Vertex）树的分解计算与谱稀疏化方法，通过将大规模的复杂图分解为一组双连通分量，进一步提高原始图中拓扑结构特征的保持能力，在保持采样质量的同时明显提升采样效率。最后，RASI（Random Areas Selection and Graph Induction）采样方法将随机顶点作为不同初始区域的顶点，通过对权重较大的顶点进行采样来不断地扩展点的区域，并结合图诱导增加区域之间的连通性，显著提高了社交网络中频繁子图的挖掘效率。

保持全局拓扑结构的大图采样方法往往关注的是网络中多数的、大空间结构的保持，而忽略了局部拓扑结构（如网络图中的小结构）的保持。小结构指网络图中很少产生且仅包含少数顶点的结构，在网络分析中同样有重要作用。例如，研究者们设计了小结构中心图采样（Mino-Centric Graph Sampling, MCGS）来保持网络中的小结构，基于三角形的快速算法和快速切点算法实现小结构的准确识别；根据提出的小结构重要性评估标准进行小结构排名，利用改进的随机区域选择（Random Areas Selection, RAS）采样选取与小结构相关的重要顶点及其邻居顶点，保持原始网络图的小结构。如图 8.20 所示，与 RDN 采样方法、生成树采样（Sampling with Spanning Trees, SST）方法相比，其在保持网络的小结构的同时较好地保持了网络全局的拓扑结构特征。

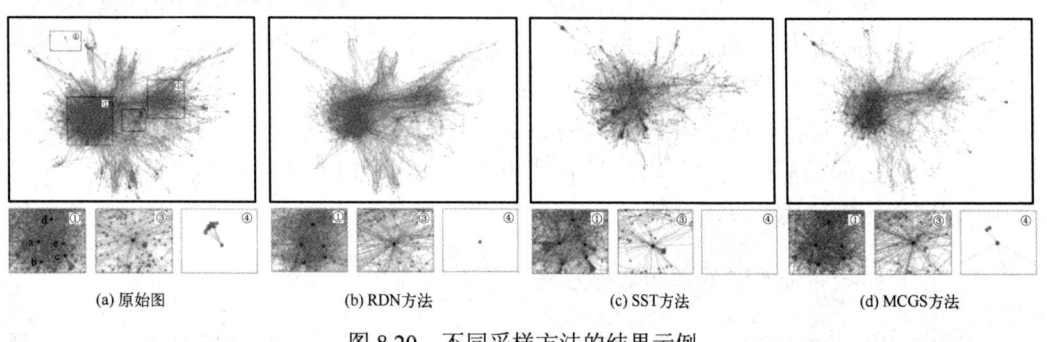

| (a) 原始图 | (b) RDN方法 | (c) SST方法 | (d) MCGS方法 |

图 8.20　不同采样方法的结果示例

2. 社区结构特征驱动的大图采样方法

社区结构是复杂网络重要的拓扑结构，表现为点、边关系的局部聚集性，描述了顶点的聚集性和边的不均匀分布。下面介绍几种典型的社区结构特征驱动的大图采样方法。

IFFST-PR 采样方法：为了保持采样结果中的社区结构特征，研究者们基于 PageRank 和森林火灾算法提出了 IFFST-PR 采样方法，选择网络中社区系数最大的顶点（社区簇中心），利用 PageRank 获得网络图中顶点的秩，根据顶点的秩使用 FF 采样，较好地保持原始网络图的社区结构。

扩展采样方法：使用基于扩张图对局部社区结构进行保持的采样方法——扩展采样，其采样结果能够较好地保持原始网络图的社区结构，从而有效地应用于大规模网络中社区关系的识别；通过该采样方法获得的采样结果样本能够用于推断样本中不存在的顶点社区从属关系，可以有效地推断更大网络图中的社区联系。

CBS 方法：基于社会网络社区结构的采样(CBS)方法可在每个社区内独立采样，利用社区的公共边拼接多个采样结果作为一个总的采样结果，在保留社区图的相关属性的同时提高了采样效率；其在不牺牲简单性和效率的前提下，显著提升了经典大图采样方法的性能。

SGP 方法：基于图划分的社会网络采样(SGP)方法，将原始网络划分为若干子图，并对各个子图进行随机采样，可有效地保持整体社区结构稳定性；其在保留采样过程随机采样方法性能的同时，保持了采样结果与其原始网络图之间的拓扑相似性和社区结构相似性。

ComPAS 方法：流图的动态变化给流图社区结构的保持带来了极大的挑战，为此，针对流图设计了社区保持采样(ComPAS)方法，结合图采样和社区检测方法，在采样结果中保留原始图的社区结构特征。